Z-KAI

# 理系数学入試の核心
## 標準編 新課程増補版

## 問題

会編集部 編

Z-KAI

# 理系数学入試の核心

## 標準編 新課程増補版

## 問題

Z会編集部 編

# はじめに

本書は理系学部・学科を志望する受験生を対象とする，理系入試数学における頻出・典型問題を集めた入試標準問題集です。

2005 年の発刊以来，多くの先生方・受験生の皆様にご支持いただき，近年の理系入試で頻出の重要事項を，確実に，かつ効率よく身につけられるようにするための改訂を経て，今に至っています。

厳選された 150 題，3 題× 50 回の取り組みやすい構成，計画を立てるのに役立つチェックシート，理解を助ける「Process」と「核心はココ！」などの特長はそのままに，さらにパワーアップした内容になっています。

最後になりましたが，本書の制作に多大なるご協力をいただきました十九浦理孝先生，三浦聡文先生をはじめ，編集に関わってくださった皆様に，この場を借り厚く御礼申し上げます。

Z会編集部

## 新課程増補版について

新課程の入試対策として，学習する必要性が確実に高くなる「期待値」と「統計的な推測」の問題を計 3 題追加しました。
合わせて活用して，志望大学合格を勝ち取ってください。

# チェック表

| 章 | 回 | P | 正解・不正解 | | | 日付 |
|---|---|---|---|---|---|---|
| 第1章<br>数と式，集合と論理 | 第1回 | 8 | 1 | 2 | 3 | ／ |
| 第2章<br>式と証明，方程式と不等式 | 第2回 | 9 | 4 | 5 | 6 | ／ |
| | 第3回 | 10 | 7 | 8 | 9 | ／ |
| 第3章<br>整数 | 第4回 | 11 | 10 | 11 | 12 | ／ |
| | 第5回 | 12 | 13 | 14 | 15 | ／ |
| 第4章<br>場合の数と確率 | 第6回 | 13 | 16 | 17 | 18 | ／ |
| | 第7回 | 14 | 19 | 20 | 21 | ／ |
| | 第8回 | 15 | 22 | 23 | 24 | ／ |
| | 第9回 | 16 | 25 | 26 | 27 | ／ |
| | 第10回 | 18 | 28 | 29 | 30 | ／ |
| 第5章<br>図形と計量，平面図形 | 第11回 | 20 | 31 | 32 | 33 | ／ |
| | 第12回 | 21 | 34 | 35 | 36 | ／ |
| 第6章<br>いろいろな関数，図形と方程式 | 第13回 | 22 | 37 | 38 | 39 | ／ |
| | 第14回 | 23 | 40 | 41 | 42 | ／ |
| | 第15回 | 24 | 43 | 44 | 45 | ／ |
| | 第16回 | 25 | 46 | 47 | 48 | ／ |
| | 第17回 | 26 | 49 | 50 | 51 | ／ |
| | 第18回 | 27 | 52 | 53 | 54 | ／ |
| | 第19回 | 28 | 55 | 56 | 57 | ／ |

| 章 | 回 | P | 正解・不正解 | | | 日付 |
|---|---|---|---|---|---|---|
| 第7章<br>微分・積分（数学Ⅱ） | 第20回 | 29 | 58 | 59 | 60 | ／ |
| | 第21回 | 30 | 61 | 62 | 63 | ／ |
| 第8章<br>数列 | 第22回 | 31 | 64 | 65 | 66 | ／ |
| | 第23回 | 32 | 67 | 68 | 69 | ／ |
| | 第24回 | 33 | 70 | 71 | 72 | ／ |
| | 第25回 | 34 | 73 | 74 | 75 | ／ |
| | 第26回 | 35 | 76 | 77 | 78 | ／ |
| 第9章<br>ベクトル | 第27回 | 36 | 79 | 80 | 81 | ／ |
| | 第28回 | 37 | 82 | 83 | 84 | ／ |
| | 第29回 | 38 | 85 | 86 | 87 | ／ |
| | 第30回 | 39 | 88 | 89 | 90 | ／ |
| | 第31回 | 40 | 91 | 92 | 93 | ／ |
| 第10章<br>式と曲線 | 第32回 | 41 | 94 | 95 | 96 | ／ |
| | 第33回 | 42 | 97 | 98 | 99 | ／ |
| 第11章<br>複素数平面 | 第34回 | 43 | 100 | 101 | 102 | ／ |
| | 第35回 | 44 | 103 | 104 | 105 | ／ |
| 第12章<br>極限 | 第36回 | 45 | 106 | 107 | 108 | ／ |
| | 第37回 | 46 | 109 | 110 | 111 | ／ |
| | 第38回 | 47 | 112 | 113 | 114 | ／ |

## チェック表

| 章 | 回 | P | 正解・不正解 | | | 日付 |
|---|---|---|---|---|---|---|
| 第13章<br>微分法・積分法（数学III） | **第39回** | 48 | 115 | 116 | 117 | ／ |
| | **第40回** | 49 | 118 | 119 | 120 | ／ |
| | **第41回** | 50 | 121 | 122 | 123 | ／ |
| | **第42回** | 51 | 124 | 125 | 126 | ／ |
| | **第43回** | 52 | 127 | 128 | 129 | ／ |
| | **第44回** | 53 | 130 | 131 | 132 | ／ |
| | **第45回** | 54 | 133 | 134 | 135 | ／ |
| | **第46回** | 56 | 136 | 137 | 138 | ／ |
| | **第47回** | 57 | 139 | 140 | 141 | ／ |
| | **第48回** | 58 | 142 | 143 | 144 | ／ |
| | **第49回** | 59 | 145 | 146 | 147 | ／ |
| | **第50回** | 60 | 148 | 149 | 150 | ／ |
| 補章<br>統計的な推測，<br>場合の数と確率（期待値） | — | 62 | ❶ | —<br>— | —<br>— | ／ |
| | — | 64 | ❷ | ❸ | —<br>— | ／ |

# 本書の構成と利用法

## ✦本書の構成

### ■厳選された150題

理系入試において「この解法は押さえておいてほしい」，「このタイプの問題はよく出るので慣れてほしい」という問題を厳選しました。また，理系入試における出題頻度を分析し，「場合の数と確率」「数列」「ベクトル」「微分法・積分法（数学Ⅲ）」の４分野については他の分野より多めに収録しています。したがって，本書の150題を学習することで，理系入試の頻出・典型問題をバランスよく押さえることができます。

### ■ステップアップ式の３題が１回分

本書では，150題を１回３題×50回の構成にし，回ごとに難易度順に問題を配列することで，１回ごとの学習がしやすいようにしています。

また，問題番号の隣で問題の難易度を３段階で表示しています。難易度の見方は右の通りです。

Lv.★☆☆ やや易：目標解答時間15分
Lv.★★☆ 標　準：目標解答時間25分
Lv.★★★ やや難：目標解答時間35分

## ✦本書の利用法

### ■推奨する学習法…1日 1回（3題）× 50日

１回３題の全50回構成であり，１回あたりの学習時間の目安は１～２時間です。したがって，１日１回３題ずつを解いていけば，全50回を50日で無理なく終わらせることができます。

### ■入試直前期や短期集中には…1日 2回× 25日

入試直前期などの残された時間が少ないときや，もっと短期間で集中して終わらせたい場合は，１日２回６題ずつを解いて，全50回を25日で終わらせるという取り組み方でもよいでしょう。

### ■苦手分野の回から

他にも，第１回から順番に学習するのではなく，注力したい分野が収録されている回から優先的に学習を進めていくという使い方も効率的です。

いずれにしても，無理のない計画を立てて学習を進めていくことが大切です。「問題編」の巻頭に「チェック表」を設けていますので，有効に活用してください。また，できなかった問題については繰り返し解くようにしましょう。本書に収録している問題はいずれも頻出・典型問題なので，確実に解けるようにしてから次のステップに進むようにしましょう。

# 第1章　数と式，集合と論理

第1回

## 1　Lv. ★★★

解答は12ページ

次の問いに答えよ。

（1）$a^2+b^2+c^2=1$ をみたす複素数 $a$，$b$，$c$ に対して，$x=a+b+c$ とおく。このとき，$ab+bc+ca$ を $x$ の2次式で表せ。

（2）$a^2+b^2+c^2=1$，$a^3+b^3+c^3=0$，$abc=3$ をすべてみたす複素数 $a$，$b$，$c$ に対して，$x=a+b+c$ とおく。このとき，$x^3-3x$ の値を求めよ。

（早稲田大）

## 2　Lv. ★★★

解答は13ページ

$x$，$y$ を実数とする。下の（1），（2）の文中の $\boxed{\phantom{00}}$ にあてはまるものを，次の（ア），（イ），（ウ），（エ）の中から選べ。

（ア）必要条件ではあるが，十分条件ではない。
（イ）十分条件ではあるが，必要条件ではない。
（ウ）必要条件であり，かつ，十分条件である。
（エ）必要条件でも，十分条件でもない。

（1）$x^2+y^2<1$ は，$-1<x<1$ であるための $\boxed{\phantom{00}}$

（2）$-1<x<1$ かつ $-1<y<1$ は，$x^2+y^2<1$ であるための $\boxed{\phantom{00}}$

（関西大改）

## 3　Lv. ★★★

解答は14ページ

次の各設問に答えよ。

（1）① $\sqrt{2}$ が無理数であることを証明せよ。

② 実数 $\alpha$ が $\alpha^3+\alpha+1=0$ をみたすとき，$\alpha$ が無理数であることを証明せよ。

（2）① $n$ を自然数とするとき，$n^3$ が3の倍数ならば，$n$ は3の倍数になることを証明せよ。

② $\sqrt[3]{3}$ が無理数であることを証明せよ。

（明治大）

# 第2章　式と証明，方程式と不等式

第2回

## 4　Lv.★★★

解答は16ページ

3 次方程式

$$x^3-2x^2+3x-4=0$$

の 3 つの解を複素数の範囲で考え，それらを $\alpha$，$\beta$，$\gamma$ とする。このとき，$\alpha^4+\beta^4+\gamma^4$ の値は □ である。また，$\alpha^5+\beta^5+\gamma^5$ の値は □ である。

（慶應義塾大）

## 5　Lv.★★★

解答は18ページ

$\alpha=\dfrac{3+\sqrt{7}\,i}{2}$ とする。ただし，$i$ は虚数単位である。次の問いに答えよ。

（1）$\alpha$ を解にもつような 2 次方程式 $x^2+px+q=0$（$p$，$q$ は実数）を求めよ。

（2）整数 $a$，$b$，$c$ を係数とする 3 次方程式 $x^3+ax^2+bx+c=0$ について，解の 1 つは $\alpha$ であり，また $0\leqq x\leqq 1$ の範囲に実数解を 1 つもつとする。このような整数の組 $(a,\ b,\ c)$ をすべて求めよ。

（神戸大）

## 6　Lv.★★★

解答は20ページ

$p$，$q$ を整数とし，$f(x)=x^2+px+q$ とおく。

（1）有理数 $a$ が方程式 $f(x)=0$ の一つの解ならば，$a$ は整数であることを示せ。

（2）$f(1)$ も $f(2)$ も 2 で割り切れないとき，方程式 $f(x)=0$ は整数の解をもたないことを示せ。

（愛媛大）

第3回

## 7 Lv. ★★★

解答は21ページ

（1）$x$ の整式 $p(x)$ を $x-3$ で割った余りは $2$，$(x-2)^2$ で割った余りは $x+1$ である。$p(x)$ を $(x-2)^2$ で割った商を $q(x)$ とするとき，$q(x)$ を $x-3$ で割った余りを求めよ。

（2）$p(x)$ は（1）と同じ条件をみたすものとする。このとき，$xp(x)$ を $(x-3)(x-2)^2$ で割った余りを求めよ。

（鹿児島大[改]）

## 8 Lv. ★★★

解答は22ページ

以下の問に答えよ。

（1）正の実数 $x$，$y$ に対して

$$\frac{y}{x}+\frac{x}{y} \geqq 2$$

が成り立つことを示し，等号が成立するための条件を求めよ。

（2）$n$ を自然数とする。$n$ 個の正の実数 $a_1$，$\cdots$，$a_n$ に対して

$$(a_1+\cdots+a_n)\left(\frac{1}{a_1}+\cdots+\frac{1}{a_n}\right) \geqq n^2$$

が成り立つことを示し，等号が成立するための条件を求めよ。

（神戸大）

## 9 Lv. ★★★

解答は24ページ

（1）実数 $x \neq 0$ に対して $\left|x+\dfrac{1}{x}\right|$ のとり得る値の範囲を求めよ。

（2）$a$，$b$ を実数の定数とする。方程式 $x^4+ax^3+bx^2+ax+1=0$ が実数解をもたないとき，点 $(a,\ b)$ の存在範囲を図示せよ。

（早稲田大）

# 第3章 整数

第4回

## 10 Lv. ★★★

解答は26ページ

$p$, $q$, $r$ は不等式 $p \leqq q \leqq r$ をみたす正の整数とする。このとき次の各問に答えよ。

（1） $\dfrac{1}{p}+\dfrac{1}{q}=1$ をみたす $p$, $q$ をすべて求めよ。

（2） $\dfrac{1}{p}+\dfrac{1}{q}+\dfrac{1}{r}=1$ をみたす $p$, $q$, $r$ をすべて求めよ。

（鳥取大）

## 11 Lv. ★★★

解答は27ページ

$a$, $b$, $c$ を正の整数とする。

（1） $a^2$ を3で割った余りは0または1であることを示せ。

（2） $a^2+b^2=c^2$ を満たすとき，$a$, $b$, $c$ の積 $abc$ が3の倍数であることを示せ。

（3） $a^2+b^2=225$ を満たす $a$, $b$ の値を求めよ。

（関西大）

## 12 Lv. ★★★

解答は29ページ

（1） $p$, $2p+1$, $4p+1$ がいずれも素数であるような $p$ をすべて求めよ。

（2） $q$, $2q+1$, $4q-1$, $6q-1$, $8q+1$ がいずれも素数であるような $q$ をすべて求めよ。

（一橋大）

第5回

## 13 Lv. ★★★

解答は31ページ

7 進法で表わすと 3 けたとなる正の整数がある。これを 11 進法で表わすと，やはり 3 けたで，数字の順序がもととちょうど反対となる。このような整数を 10 進法で表わせ。

（神戸大）

## 14 Lv. ★★★

解答は32ページ

（1） 自然数 $a$，$b$，$c$，$d$ に $\dfrac{b}{a}=\dfrac{c}{a}+d$ の関係があるとき，$a$ と $c$ が互いに素であれば，$a$ と $b$ も互いに素であることを証明せよ。

（2） 任意の自然数 $n$ に対し，$28n+5$ と $21n+4$ は互いに素であることを証明せよ。

（大阪市立大）

## 15 Lv. ★★★

解答は33ページ

3 以上 9999 以下の奇数 $a$ で，$a^2-a$ が 10000 で割り切れるものをすべて求めよ。

（東京大）

第6回

## 16 Lv. ★★★

解答は34ページ

何人かの人をいくつかの部屋に分ける問題を考える。ただし，各部屋は十分大きく，定員については考慮しなくてよい。

（1）7人を二つの部屋A，Bに分ける。

（i）部屋Aに3人，部屋Bに4人となるような分け方は全部で アイ 通りある。

（ii）どの部屋も1人以上になる分け方は全部で ウエオ 通りある。そのうち，部屋Aの人数が奇数である分け方は全部で カキ 通りある。

（2）4人を三つの部屋A，B，Cに分ける。どの部屋も1人以上になる分け方は全部で クケ 通りある。

（3）大人4人，子ども3人の計7人を三つの部屋A，B，Cに分ける。

（i）どの部屋も大人が1人以上になる分け方は全部で コサシ 通りある。そのうち，三つの部屋に子ども3人が1人ずつ入る分け方は全部で スセソ 通りある。

（ii）どの部屋も大人が1人以上で，かつ，各部屋とも2人以上になる分け方は全部で タチツ 通りある。　（センター試験）

## 17 Lv. ★★★

解答は36ページ

$a$，$a$，$b$，$b$，$c$，$d$，$e$，$f$ の8文字をすべて並べて文字列をつくる。文字 $a$ と文字 $e$ は母音字である。

（1）文字列は全部で何通りできるか。

（2）同じ文字が連続して並ばない文字列は何通りできるか。

（3）母音字が3つ連続して並ぶ文字列は何通りできるか。

（4）母音字が連続して並ばない文字列は何通りできるか。　（同志社大）

## 18 Lv. ★★★

解答は38ページ

$xy$ 平面上に $x=k$（$k$ は整数）または $y=l$（$l$ は整数）で定義される碁盤の目のような街路がある。4点 $(2,\ 2)$，$(2,\ 4)$，$(4,\ 2)$，$(4,\ 4)$ に障害物があって通れないとき，$(0,\ 0)$ と $(5,\ 5)$ を結ぶ最短経路は何通りあるか。　（京都大）

第7回

## 19 Lv.★☆☆

解答は39ページ

次の各問に答えよ。

（1）白色，赤色，だいだい色，黄色，緑色，青色，あい色，紫色の同じ大きさの球が1個ずつ全部で8個ある。これらの8個の球を2個1組として4つに分ける。このような分け方は全部で何通りあるか。

（2）（1）の8個の球にさらに同じ大きさの白色の球2個をつけ加える。これらの10個の球を2個1組として5つに分ける。このような分け方は全部で何通りあるか。

（名古屋市立大）

## 20 Lv.★★☆

解答は40ページ

5桁の自然数$n$の万の位，千の位，百の位，十の位，一の位の数字をそれぞれ$a$，$b$，$c$，$d$，$e$とする。次の各条件について，それをみたす$n$は，何個あるか。

（1）$a$，$b$，$c$，$d$，$e$が互いに異なる。

（2）$a>b$

（3）$a<b<c<d<e$

（姫路工業大）

## 21 Lv.★★☆

解答は41ページ

正七角形について，以下の問いに答えなさい。

（1）対角線の総数を求めなさい。

（2）対角線を2本選ぶ組み合わせは何通りあるか答えなさい。

（3）頂点を共有する2本の対角線は何組あるか答えなさい。

（4）共有点を持たない2本の対角線は何組あるか答えなさい。

（5）正七角形の内部で交わる2本の対角線は何組あるか答えなさい。

（長岡技術科学大）

## 22 Lv. ★★★

解答は42ページ

1つのさいころを続けて5回投げて，出た目を順に $x_1$, $x_2$, $x_3$, $x_4$, $x_5$ とする。このとき，$x_1 \leqq x_2 \leqq x_3$ と $x_3 \geqq x_4 \geqq x_5$，両不等式が同時に成り立つ確率を求めよ。

（浜松医科大）

## 23 Lv. ★★★

解答は43ページ

$n$ を2以上とし，$n$ 組の夫婦が，$2n$ 人掛の円卓に着席するものとする。着席位置を無作為に決めるとき，次の問いに答えよ。

（1）男女が交互に着席する確率を求めよ。

（2）どの夫婦も隣り合わせに着席する確率を求めよ。

（3）男女が交互になり，かつ，どの夫婦も隣り合わせに着席する確率を求めよ。

（大阪市立大）

## 24 Lv. ★★★

解答は44ページ

1から6までの数字を書いた6枚のカードを左から右に1列に並べるとき，次のようにカードが並ぶ確率を求めなさい。

（1）1，2，3のカードのうちの2枚が両端に並ぶ。

（2）1のカードが2または3のカードの隣に並ぶ。

（3）1と6のカードの間に2枚以上のカードが並ぶ。

（4）任意のカードについて，そのカードより左側にあるカードのうち，奇数カードの枚数が，偶数カードの枚数より少なくないように並ぶ。

（埼玉医科大）

## 25 Lv. ★★★

解答は46ページ

正三角形の頂点を反時計回りにA，B，Cと名付け，ある頂点に1つの石が置いてある。次のゲームをおこなう。

袋の中に黒玉3個，白玉2個の計5個の玉が入っている。この袋から中を見ずに2個の玉を取り出して元に戻す。この1回の試行で，もし黒玉2個の場合反時計回りに，白玉2個の場合時計回りに隣の頂点に石を動かす。ただし，白玉1個と黒玉1個の場合には動かさない。

このとき，以下の各問に答えよ。

（1）1回の試行で，黒玉2個を取り出す確率と，白玉2個を取り出す確率を求めよ。

（2）最初に石を置いた頂点をAとする。4回の試行を続けた後，石が頂点Cにある確率を求めよ。

（岐阜大）

## 26 Lv.★★★

解答は47ページ

座標平面上を点Pが次の規則にしたがって動くとする。1回サイコロを振るごとに

・1または2の目が出ると，$x$軸の正の方向に1進む。

・3または4の目が出ると，$y$軸の正の方向に1進む。

・5または6の目が出ると，直線$y=x$に関して対称な点に動く。ただし，直線$y=x$上にある場合はその位置にとどまる。

点Pは最初に原点にあるとする。

（1）4回サイコロを振った後の点Pが直線$y=x$上にある確率を求めよ。

（2）$m$を$0 \leqq m \leqq n$をみたす整数とする。$n$回サイコロを振った後の点Pが直線$x+y=m$上にある確率を求めよ。

（名古屋工業大）

## 27 Lv.★★★

解答は49ページ

さいころを20個同時に投げたときに1の目が出たさいころの個数を数える試行を考える。この試行では1の目の出たさいころの個数が［　　］である確率が一番大きくなる。

（早稲田大）

## 28 Lv.★★★

解答は50ページ

甲，乙２人でそれぞれ勝つ確率が下表で示されるゲームを続けて行う。甲乙のどちらか一方が続けて２度ゲームに勝ったときは試合を終了し，２度続けて勝った者が勝者となる。

（1）3回以内のゲーム数で試合が終了する確率を求めよ。

（2）4回のゲームで試合が終了することがわかっている。このとき，甲が勝者となっている確率を求めよ。

| | 第1回目のゲーム | 甲が勝った次のゲーム | 乙が勝った次のゲーム |
|---|---|---|---|
| 甲の勝つ確率 | $\frac{2}{3}$ | $\frac{2}{3}$ | $\frac{1}{5}$ |
| 乙の勝つ確率 | $\frac{1}{3}$ | $\frac{1}{3}$ | $\frac{4}{5}$ |

（名古屋市立大）

## 29 Lv.★★★

解答は51ページ

偶数の目が出る確率が $\frac{2}{3}$ であるような，目の出方にかたよりのあるさいころが２個あり，これらを同時に投げるゲームをおこなう。両方とも偶数の目が出たら当たり，両方とも奇数の目が出たら大当たりとする。このゲームを $n$ 回繰り返すとき，次の問いに答えよ。

（1）大当たりが少なくとも１回は出る確率を求めよ。

（2）当たりまたは大当たりが少なくとも１回は出る確率を求めよ。

（3）当たりと大当たりのいずれもが少なくとも１回は出る確率を求めよ。

（関西学院大）

## 30 Lv.★★★

解答は53ページ

複数の参加者がグー，チョキ，パーを出して勝敗を決めるジャンケンについて，以下の問いに答えよ。ただし，各参加者は，グー，チョキ，パーをそれぞれ $\frac{1}{3}$ の確率で出すものとする。

（1）4人で一度だけジャンケンをするとき，1人だけが勝つ確率，2人が勝つ確率，3人が勝つ確率，引き分けになる確率をそれぞれ求めよ。

（2）$n$ 人で一度だけジャンケンをするとき，$r$ 人が勝つ確率を $n$ と $r$ を用いて表わせ。ただし，$n \geqq 2$，$1 \leqq r < n$ とする。

（3）$\sum_{r=1}^{n-1} {}_n\mathrm{C}_r = 2^n - 2$ が成り立つことを示し，$n$ 人でジャンケンをするとき，引き分けになる確率を $n$ を用いて表わせ。ただし，$n \geqq 2$ とする。

（大阪府立大）

# 第5章　図形と計量，平面図形

第11回

## 31　Lv. ★★★

解答は55ページ

3辺の長さが $a-1$，$a$，$a+1$ である三角形について，次の問いに答えよ。

（1）この三角形が鈍角三角形であるとき，$a$ の範囲を求めよ。

（2）この三角形の1つの内角が $150^\circ$ であるとき，外接円の半径を求めよ。

（鳴門教育大）

## 32　Lv. ★★★

解答は56ページ

3辺 AB，BC，CA の長さがそれぞれ 7，6，5 の三角形 ABC において，$\cos B=\boxed{\phantom{00}}$，$\sin\frac{B}{2}=\boxed{\phantom{00}}$ であり，三角形 ABC の面積 $S$ は，$S=\boxed{\phantom{00}}$ である。したがって，三角形 ABC の内接円 $I$ の半径 $r$ は，$r=\boxed{\phantom{00}}$ となる。

さらに，2辺 AB，BC および内接円 $I$ に接する円の半径を $r_1$ とし，$\sin\frac{B}{2}$ を $r$，$r_1$ で表すと $\sin\frac{B}{2}=\boxed{\phantom{00}}$ となる。よって，$r_1$ の値は $r_1=\dfrac{8\sqrt{6}-\boxed{\phantom{00}}}{9}$ である。ただし，半径 $r_1$ の円は，内接円 $I$ とは異なるものとする。

（関西大）

## 33　Lv. ★★★

解答は57ページ

四角形 ABCD が，半径 $\dfrac{65}{8}$ の円に内接している。この四角形の周の長さが 44 で，辺 BC と辺 CD の長さがいずれも 13 であるとき，残りの2辺 AB と DA の長さを求めよ。

（東京大）

第12回

## 34 Lv. ★★★

解答は59ページ

△ABCに対し，点Pは辺ABの中点，点Qは辺BC上のB，Cと異なる点，点Rは直線AQと直線CPとの交点とする。このとき，次の各問に答えよ。

（1）$a=\dfrac{\mathrm{CR}}{\mathrm{RP}}$，$b=\dfrac{\mathrm{CQ}}{\mathrm{QB}}$とおくとき，$a$と$b$の関係式を求めよ。

（2）△ABCの外接円$O$と直線CPとの点C以外の交点をXとする。
AP＝CR，CQ＝QBであるとき，CR：RP：PXを求めよ。

（宮崎大）

## 35 Lv. ★★★

解答は60ページ

1辺の長さが2の正三角形ABCを底面とし

$$\mathrm{OA}=\mathrm{OB}=\mathrm{OC}=2a \quad (a>1)$$

である四面体OABCについて，辺ABの中点をMとし，頂点Oから直線CMに下ろした垂線をOHとする。$\angle\mathrm{OMC}=\theta$とするとき，次の問いに答えよ。

（1）$\cos\theta$を$a$を用いて表せ。

（2）OHの長さを$a$を用いて表せ。

（3）OHの長さが$2\sqrt{3}$になるときの$a$の値を求めよ。

（成城大）

## 36 Lv. ★★★

解答は62ページ

AB＝5，BC＝7，CA＝8およびOA＝OB＝OC＝$t$を満たす四面体OABCがある。

（1）∠BACを求めよ。

（2）△ABCの外接円の半径を求めよ。

（3）4つの頂点O，A，B，Cが同一球面上にあるとき，その球の半径が最小となるような実数$t$の値を求めよ。

（千葉大）

# 第6章　いろいろな関数，図形と方程式

第13回

## 37 Lv. ★☆☆

解答は64ページ

$a$ を正の実数とする。2 次関数 $f(x)=ax^2-2(a+1)x+1$ に対して，次の問いに答えよ。

（1）関数 $y=f(x)$ のグラフの頂点の座標を求めよ。

（2）$0 \leqq x \leqq 2$ の範囲で $y=f(x)$ の最大値と最小値を求めよ。

（千葉大）

## 38 Lv. ★★☆

解答は66ページ

$a$ を実数の定数とする。区間 $1 \leqq x \leqq 4$ を定義域とする 2 つの関数

$$f(x)=ax,\quad g(x)=x^2-4x+9$$

を考える。以下の条件をみたすような $a$ の範囲をそれぞれ求めよ。

（1）定義域に属するすべての $x$ に対して，$f(x) \geqq g(x)$ が成り立つ。
　このような $a$ の範囲は $a \geqq$ □ である。

（2）定義域に属する $x$ で，$f(x) \geqq g(x)$ をみたすものがある。
　このような $a$ の範囲は $a \geqq$ □ である。

（3）定義域に属するすべての $x_1$ とすべての $x_2$ に対して，$f(x_1) \geqq g(x_2)$ が成り立つ。このような $a$ の範囲は $a \geqq$ □ である。

（4）定義域に属する $x_1$ と $x_2$ で，$f(x_1) \geqq g(x_2)$ をみたすものがある。
　このような $a$ の範囲は $a \geqq$ □ である。

（慶應義塾大）

## 39 Lv. ★★☆

解答は68ページ

$f(x)=|2x^2-10x+9|$ とおく。

（1）$y=f(x)$ のグラフをかけ。

（2）$y=f(x)$ のグラフと直線 $y=ax+1$ がちょうど 4 個の共有点をもつような，実数の定数 $a$ の値の範囲を求めよ。

（法政大）

## 第14回

### 40 Lv.★☆☆

解答は69ページ

$a$を定数とする。放物線 $y=x^2+a$ と関数 $y=4|x-1|-3$ のグラフの共有点の個数を求めよ。

（大阪府立大）

### 41 Lv.★★☆

解答は70ページ

実数 $a$，$b$ に対し，$x$ についての 2 次方程式

$$x^2-2ax+b=0$$

は，$0 \leqq x \leqq 1$ の範囲に少なくとも 1 つ実数解をもつとする。このとき，$a$，$b$ がみたす条件を求め，点 $(a,\ b)$ の存在する範囲を図示せよ。

（大阪市立大）

### 42 Lv.★★☆

解答は71ページ

座標平面上に 4 点 O$(0,\ 0)$，A$(2,\ 0)$，B$(2,\ 1)$，C$(0,\ 1)$ がある。実数 $a$ に対して 4 点 P$(a+1,\ a)$，Q$(a,\ a+1)$，R$(a-1,\ a)$，S$(a,\ a-1)$ をとる。このとき，次の設問に答えよ。

（1）長方形 OABC と正方形 PQRS が共有点を持つような $a$ の範囲を求めよ。

（2）長方形 OABC と正方形 PQRS の共通部分の面積が最大となる $a$ の値と，そのときの共通部分の面積を求めよ。

（早稲田大）

第15回

## 43 Lv.★★★

解答は73ページ

［A］$0 \leqq x < 2\pi$ のとき，関数

$$y = \sin^2 x + \sqrt{3}\sin x \cos x - 2\cos^2 x$$

の最大値と最小値，および，そのときの $x$ の値を求めよ。

（富山大）

［B］点 $(x,\ y)$ が原点を中心とする半径1の円周上を動くとき，$xy(x+y-1)$ の最大値と最小値を求めよ。

（関西大改）

## 44 Lv.★★★

解答は75ページ

関数 $f(\theta) = a(\sqrt{3}\sin\theta + \cos\theta) + \sin\theta(\sin\theta + \sqrt{3}\cos\theta)$ について，次の各問に答えよ。ただし，$0 \leqq \theta \leqq \pi$ とする。

（1）$t = \sqrt{3}\sin\theta + \cos\theta$ のグラフをかけ。

（2）$\sin\theta(\sin\theta + \sqrt{3}\cos\theta)$ を $t$ を用いてあらわせ。

（3）方程式 $f(\theta) = 0$ が相異なる3つの解をもつときの $a$ の値の範囲を求めよ。

（島根大）

## 45 Lv.★★★

解答は77ページ

$x$ を正の実数とする。座標平面上の3点 A(0，1)，B(0，2)，P($x$，$x$) をとり，△APB を考える。$x$ の値が変化するとき，∠APB の最大値を求めよ。

（京都大）

## 第16回

### 46 Lv.★★★

解答は79ページ

実数$x$に対して，$t=2^x+2^{-x}$，$y=4^x-6\cdot2^x-6\cdot2^{-x}+4^{-x}$とおく。次の問に答えよ。

（1）$x$が実数全体を動くとき，$t$の最小値を求めよ。

（2）$y$を$t$の式で表せ。

（3）$x$が実数全体を動くとき，$y$の最小値を求めよ。

（4）$a$を実数とするとき，$y=a$となるような$x$の個数を求めよ。

（大阪教育大）

### 47 Lv.★★★

解答は81ページ

$6^n$が39桁の自然数になるときの自然数$n$を求めよ。その場合の$n$に対する$6^n$の最高位の数字を求めよ。ただし$\log_{10}2=0.3010$，$\log_{10}3=0.4771$とする。

（東北大）

### 48 Lv.★★★

解答は83ページ

$\log_x y+2\log_y x\leqq3$を満たす点$(x,\ y)$の存在する領域を図示せよ。

（信州大）

第17回

## 49 Lv. ★★★

解答は85ページ

平面上に，原点Oを中心とする半径1の円$C$と，点$(3,\ 0)$を通る傾き$m$の直線$l$がある。$l$と$C$が異なる2点A，Bで交わるとき，$m$の値の範囲は［　　］である。また，三角形OABの面積が$\frac{1}{2}$のとき，$m=$［　　］である。

（南山大）

## 50 Lv. ★★★

解答は87ページ

直線$l:(1-k)x+(1+k)y+2k-14=0$は定数$k$の値によらず定点Aを通る。このとき，次の各問に答えよ。

（1）定点Aの座標を求めよ。

（2）$xy$平面上に点Bをとる。原点Oと2点A，Bを頂点とする三角形OABが正三角形になるとき，正三角形OABの外接円の中心の座標を求めよ。

（3）直線$l$と円$C:x^2+y^2=16$の2つの交点を通る円のうちで，2点P$(-4,\ 0)$，Q$(2,\ 0)$を通る円の方程式を求めよ。

（都立科学技術大）

## 51 Lv. ★★★

解答は89ページ

点Aを中心とする円$x^2+(y-a)^2=b^2$が，放物線$y=x^2$と異なる2点P，Qで接している。ただし，$a>\frac{1}{2}$とする。次の各問に答えよ。

（1）$a$と$b$の関係式を求めよ。

（2）△APQが正三角形のとき，円と放物線で囲まれた三日月形の面積を求めよ。

（熊本大）

## 第18回

### 52 Lv.★★★

解答は91ページ

座標平面上で点(0, 2)を中心とする半径1の円を$C$とする。$C$に外接し$x$軸に接する円の中心P$(a,\ b)$が描く図形の方程式を求めよ。

(津田塾大)

### 53 Lv.★★★

解答は92ページ

$k$を実数とする次の2つの方程式に関し，以下の各問に答えよ。

$$y=x^2-2x-2 \quad \cdots\cdots① \qquad y=kx-(k^2+2) \quad \cdots\cdots②$$

(1) 式①と式②の表すグラフが2点で交わるための，$k$の値の範囲は［ア］である。

(2) 2つの交点をA，Bとすると，線分ABの中点Cの座標を，$k$を用いて表すと(［イ］，［ウ］)である。

(3) $k$の値を変化させるとき，点Cの軌跡を表す方程式は［エ］であり，その式の成り立つ$x$の範囲は［オ］である。

(秋田県立大)

### 54 Lv.★★★

解答は93ページ

原点Oを中心とし，半径1の円を$C$とする。次の問いに答えよ。

(1) 直線$y=2$上の点P$(t,\ 2)$から円$C$に2本の接線を引き，その接点をM，Nとする。直線OPと弦MNの交点をQとする。点Qの座標を$t$を用いて表せ。ただし，$t$は実数とする。

(2) 点Pが直線$y=2$上を動くとき，点Qの軌跡を求めよ。

(長崎大)

第19回

## 55　Lv. ★★★

解答は95ページ

点 $\mathrm{P}(\alpha,\ \beta)$ が $\alpha^2+\beta^2+\alpha\beta<1$ をみたして動くとき，点 $\mathrm{Q}(\alpha+\beta,\ \alpha\beta)$ の動く範囲を図示せよ。

（岐阜大）

## 56　Lv. ★★★

解答は96ページ

平面上の 2 点 $\mathrm{P}(t,\ 0)$，$\mathrm{Q}(0,\ 1)$ に対して，P を通り，PQ に垂直な直線を $l$ とする。$t$ が $-1\leqq t\leqq 1$ の範囲を動くとき，$l$ が通る領域を求めて，平面上に図示せよ。

（関西大）

## 57　Lv. ★★★

解答は97ページ

座標平面上で不等式

$$2(\log_3 x-1)\leqq \log_3 y-1\leqq \log_3\left(\frac{x}{3}\right)+\log_3(2-x)$$

をみたす点 $(x,\ y)$ 全体のつくる領域を $D$ とする。

（1） $D$ を座標平面上に図示せよ。

（2） $a<2$ の範囲にある定数 $a$ に対し，$y-ax$ の $D$ 上での最大値 $M(a)$ を求めよ。

（三重大）

# 第7章　微分・積分（数学Ⅱ）

第20回

## 58 Lv.★★★

解答は99ページ

$a$ を実数とする。$f(x)=x^3+ax^2+(3a-6)x+5$ について以下の問いに答えよ。

（1）関数 $y=f(x)$ が極値をもつ $a$ の範囲を求めよ。

（2）関数 $y=f(x)$ が極値をもつ $a$ に対して，関数 $y=f(x)$ は $x=p$ で極大値，$x=q$ で極小値をとるとする。関数 $y=f(x)$ のグラフ上の2点 $\mathrm{P}(p,\ f(p))$，$\mathrm{Q}(q,\ f(q))$ を結ぶ直線の傾き $m$ を $a$ を用いて表せ。

（名古屋大）

## 59 Lv.★★★

解答は101ページ

縦 $x$，横 $y$，高さ $z$ の和が12，表面積が90であるような直方体を考える。

（1）$y+z$ および $yz$ を $x$ の式で表せ。

（2）このような直方体が存在するための $x$ の範囲を求めよ。

（3）このような直方体のうち体積が最大であるものを求めよ。

（朝日大）

## 60 Lv.★★★

解答は102ページ

$a$ を実数とし，関数

$$f(x)=x^3-3ax+a$$

を考える。$0\leqq x\leqq 1$ において，$f(x)\geqq 0$ となるような $a$ の範囲を求めよ。

（大阪大）

# 第7章　微分・積分（数学Ⅱ）

## 61　Lv.★★★

解答は104ページ

2つの関数

$$f_1(x)=-x^2+8x-9,\ f_2(x)=-x^2+2x+3$$

に対して，関数 $F(x)$ を次のように定義する。

$$F(x)=\begin{cases} f_1(x) & (x\text{ が } f_1(x)\geqq f_2(x)\text{ をみたすとき}) \\ f_2(x) & (x\text{ が } f_1(x)<f_2(x)\text{ をみたすとき}) \end{cases}$$

以下の問いに答えよ。

（1）$y=F(x)$ のグラフをかけ。

（2）曲線 $y=F(x)$ 上の異なる2点で接する直線 $l$ を求めよ。

（3）$y=F(x)$ と $l$ とで囲まれた図形の面積を求めよ。

（名古屋市立大）

## 62　Lv.★★★

解答は106ページ

3次曲線 $C$：$y=x^3-4x$ とその上の点 P(2, 0) について考える。点Pで曲線 $C$ に接する直線が曲線 $C$ と交わる点をQとする。またRは，Pと異なる曲線 $C$ 上の点であって，そして直線PRは曲線 $C$ に点Rで接するものとする。このとき，次の各問に答えよ。

（1）点Qの $x$ 座標を求めよ。

（2）点Rの $x$ 座標を求めよ。

（3）直線PRと曲線 $C$ で囲まれた部分の面積を求めよ。

（姫路工業大）

## 63　Lv.★★★

解答は107ページ

$y=x^2$ のグラフを $\Gamma$ とする。$b<a^2$ をみたす点 P$(a,\ b)$ から $\Gamma$ へ接線を2本引き，接点をA，Bとする。$\Gamma$ と2本の線分PA，PBで囲まれた図形の面積が $\dfrac{2}{3}$ になるような点Pの軌跡を求めよ。

（東京都立大）

# 第8章　数列

第22回

## 64　Lv. ★★★

解答は108ページ

数列 $\{a_n\}$ の初項から第 $n$ 項までの和を $S_n$ とする。$S_n=-2a_n+3n$ が成り立つとき

（1）$a_1$ と $a_2$ を求めよ。

（2）$a_{n+1}$ を $a_n$ を用いて表せ。

（3）$a_n$ を $n$ を用いて表せ。　　（明星大）

## 65　Lv. ★★★

解答は109ページ

数列 2，6，12，20，30，42，… について，$n$ を自然数として

（1）第 $n$ 項 $a_n$ と，初項から第 $n$ 項までの和 $S_n$ を求めよ。

（2）$\dfrac{1}{a_1}+\dfrac{1}{a_2}+\dfrac{1}{a_3}+\cdots+\dfrac{1}{a_n}$ を求めよ。

（3）$\dfrac{1}{S_1}+\dfrac{1}{S_2}+\dfrac{1}{S_3}+\cdots+\dfrac{1}{S_n}$ を求めよ。　　（滋賀大）

## 66　Lv. ★★★

解答は111ページ

年齢1の1つの個体から始めて，以下の操作1，2を $n$ 回おこなった後の全個体の年齢数の合計を $S_n$ とする。

操作1．年齢1の各個体から年齢0の $k$ 個の個体を発生させる。ただし，$k>1$ とする。

操作2．全個体の年齢をそれぞれ1増やす。

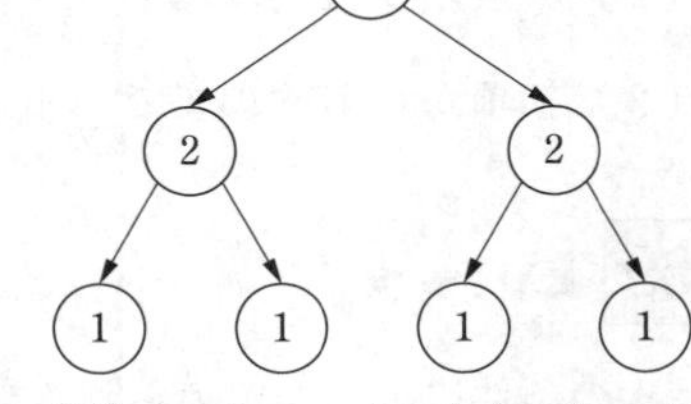


（例）$k=2$，$n=2$ のとき　$S_2=11$

次の問いに答えよ。

（1）$k=2$ のとき $S_4$ を求めよ。

（2）操作1，2を $n$ 回おこなった後の平均年齢を $A_n$ とするとき，

$A_n<\dfrac{k}{k-1}$ となることを示せ。　　（名古屋市立大）

# 第8章　数列

第23回

## 67　Lv.★☆☆

解答は112ページ

$a_1=1,\ a_{n+1}=\dfrac{a_n}{4a_n+1}\ (n=1,\ 2,\ \cdots)$ で定まる数列 $\{a_n\}$ に関して，次の各問に答えよ。

（1）$\dfrac{1}{a_n}$ を $n$ の式で表せ。

（2）$\displaystyle\sum_{k=1}^{n}\left(\frac{12}{a_k-a_{k+1}}+9\right)$ を $n$ の式で表せ。　（群馬大）

## 68　Lv.★★☆

解答は113ページ

［A］数列 $\{a_n\}$ は

$$a_1=9,\ a_{n+1}=4a_n+5^n\quad (n=1,\ 2,\ 3,\ \cdots)$$

をみたす。このとき，次の問いに答えよ。

（1）$b_n=a_n-5^n$ とおく。$b_{n+1}$ を $b_n$ で表せ。

（2）数列 $\{a_n\}$ の一般項を求めよ。　（立教大㊁）

［B］　$a_1=2,\ a_{n+1}=2a_n-2n+1\quad (n=1,\ 2,\ 3,\ \cdots)$

によって定められる数列 $\{a_n\}$ について，次の問いに答えよ。

（1）$b_n=a_n-(\alpha n+\beta)$ とおいて，数列 $\{b_n\}$ が等比数列になるように定数 $\alpha$，$\beta$ の値を定めよ。

（2）一般項 $a_n$ を求めよ。

（3）初項から第 $n$ 項までの和 $S_n=\displaystyle\sum_{k=1}^{n}a_k$ を求めよ。　（滋賀大）

## 69　Lv.★★☆

解答は115ページ

次の条件によって定められる数列 $\{x_n\}$，$\{y_n\}$ を考える。

$$x_1=1\quad y_1=5\quad x_{n+1}=x_n+y_n\quad y_{n+1}=5x_n+y_n\quad (n=1,\ 2,\ 3,\ \cdots)$$

次の問いに答えよ。

（1）$a_n=x_n+cy_n$ とおいたとき，数列 $\{a_n\}$ が等比数列となるように定数 $c$ の値を定め，$a_n$ を $n$ の式で表せ。

（2）$x_n$ および $y_n$ を $n$ の式で表せ。　（早稲田大㊁）

第24回

## 70 Lv.★★★

解答は117ページ

$n$ を自然数とするとき，$4^{2n-1}+3^{n+1}$ は 13 の倍数であることを示せ。

（信州大）

## 71 Lv.★★★

解答は118ページ

$n$ が自然数のとき，次の各問に答えよ。

（1）不等式 $n!\geqq 2^{n-1}$ が成り立つことを証明せよ。

（2）不等式 $1+\frac{1}{1!}+\frac{1}{2!}+\cdots+\frac{1}{n!}<3$ が成り立つことを証明せよ。

（佐賀大）

## 72 Lv.★★★

解答は119ページ

数列 $a_0$，$a_1$，$a_2$，…，$a_n$，… を次のように定義する。

$$a_0=\frac{1}{2},\ a_{n+1}=\frac{1}{n+1}\sum_{k=0}^{n}a_ka_{n-k}\quad (n=0,\ 1,\ 2,\ \cdots)$$

以下の各問に答えよ。

（1）$a_1$，$a_2$，$a_3$ を求めよ。

（2）一般項 $a_n$ を求めよ。

（3）$b_n=\sum_{k=0}^{n}\frac{n!}{k!(n-k)!}a_ka_{n-k}\ (n=0,\ 1,\ 2,\ \cdots)$ を求めよ。

（信州大）

第25回

## 73 Lv.★★☆

解答は121ページ

数列 1, 1, 3, 1, 3, 5, 1, 3, 5, 7, 1, 3, 5, 7, 9, 1, … において，次の問いに答えよ。ただし，$k$，$m$，$n$ は自然数とする。

（1）$k+1$ 回目に現れる 1 は第何項か。

（2）$m$ 回目に現れる 17 は第何項か。

（3）初項から $k+1$ 回目の 1 までの項の和を求めよ。

（4）初項から第 $n$ 項までの和を $S_n$ とするとき，$S_n>1300$ となる最小の $n$ を求めよ。

（名古屋市立大）

## 74 Lv.★★★

解答は123ページ

実数 $x$ に対し，$[x]$ を $x$ 以下の最大の整数とする。たとえば，$[2]=2$，$\left[\dfrac{7}{5}\right]=1$ である。数列 $\{a_k\}$ を

$$a_k=\left[\frac{3k}{5}\right]\ (k=1,\ 2,\ \cdots)$$

と定めるとき，以下の問いに答えよ。

（1）$a_1$，$a_2$，$a_3$，$a_4$，$a_5$ を求めよ。

（2）$a_{k+5}=a_k+3\,(k=1,\ 2,\ \cdots)$ を示せ。

（3）自然数 $n$ に対して，$\displaystyle\sum_{k=1}^{5n}a_k$ を求めよ。

（三重大）

## 75 Lv.★★★

解答は125ページ

次の問いに答えよ。

（1）$k$ を 2 以上の自然数とする。$x$ の整式 $(1+x)^k$ において $x^2$ の係数を求めよ。

（2）$n$ を 2 以上の自然数とする。$x$ の整式 $\displaystyle\sum_{k=1}^{n}(1+x)^k$ において $x^2$ の係数を $a_n$ とする。

（i）$a_n$ を求めよ。

（ii）$S_n=\dfrac{1}{a_2}+\dfrac{1}{a_3}+\cdots+\dfrac{1}{a_n}$ を求めよ。

（静岡大）

## 76 Lv. ★★★

解答は126ページ

各項が正である数列$\{a_n\}$を次の(ｉ)，(ⅱ)によって定める。

(ｉ) $a_1=1$

(ⅱ) 座標平面上の点$(0,\ -a_n)$から放物線の一部$C：y=x^2\ (x\geqq 0)$に接線$l_n$を引き接点を$\mathrm{A}_n$とする。点$\mathrm{A}_n$において$l_n$と直交する直線$m_n$を引き，$y$軸との交点を$(0,\ 3a_{n+1})$とする。

次の各問に答えよ。

(1) $a_n$と$a_{n+1}$との関係式を求めよ。

(2) $a_n$を求めよ。　　(名古屋工業大)

## 77 Lv. ★★★

解答は127ページ

袋の中に1から9までの異なる数字を1つずつ書いた9枚のカードが入っている。この中から1枚を取り出し，数字を調べて袋にもどす。この試行を$n$回繰り返したとき，調べた$n$枚のカードの数字の和が偶数になる確率を$P_n$とする。このとき，次の各問に答えよ。

(1) $P_2$，$P_3$の値を求めよ。

(2) $P_{n+1}$を$P_n$を用いて表せ。

(3) $P_n$を$n$を用いて表せ。　　(北里大)

## 78 Lv. ★★★

解答は128ページ

次の問いに答えよ。

(1) $k$を0以上の整数とするとき，$\dfrac{x}{3}+\dfrac{y}{2}\leqq k$をみたす0以上の整数$x$，$y$の組$(x,\ y)$の個数を$a_k$とする。$a_k$を$k$の式で表せ。

(2) $n$を0以上の整数とするとき，

$$\frac{x}{3}+\frac{y}{2}+z\leqq n$$

をみたす0以上の整数$x$，$y$，$z$の組$(x,\ y,\ z)$の個数を$b_n$とする。$b_n$を$n$の式で表せ。　　(横浜国立大)

# 第9章 ベクトル

第27回

## 79 Lv. ★★★

解答は130ページ

△OAB において考える。

辺 OA を 3：2 に内分する点を C，辺 OB を 3：4 に内分する点を D とする。線分 AD と線分 BC との交点を P とすると

$$\overrightarrow{OP}=\boxed{\phantom{00}}\overrightarrow{OA}+\boxed{\phantom{00}}\overrightarrow{OB}$$

と表せる。また，△OPA，△PDB の面積をそれぞれ $S_1$，$S_2$ とするとき

$$S_1 : S_2=\boxed{\phantom{00}}:\boxed{\phantom{00}}$$

である。 (早稲田大改)

## 80 Lv. ★★★

解答は131ページ

点 O を中心とする円に内接する △ABC があり，AB＝2，AC＝3，BC＝$\sqrt{7}$ とする。点 B を通り直線 AC と平行な直線と円 $O$ との交点のうち点 B と異なる点を D，直線 AO と直線 CD の交点を E とする。

（1）内積 $\overrightarrow{AB}\cdot\overrightarrow{AO}$，$\overrightarrow{AC}\cdot\overrightarrow{AO}$ はそれぞれ

$$\overrightarrow{AB}\cdot\overrightarrow{AO}=\boxed{\phantom{00}},\quad \overrightarrow{AC}\cdot\overrightarrow{AO}=\boxed{\phantom{00}}$$

である。

（2）$\overrightarrow{AO}$ を $\overrightarrow{AB}$ と $\overrightarrow{AC}$ を用いて表せば，$\overrightarrow{AO}=\boxed{\phantom{00}}\overrightarrow{AB}+\boxed{\phantom{00}}\overrightarrow{AC}$ である。

（3）また，$\overrightarrow{AD}$ は $\overrightarrow{AD}=\boxed{\phantom{00}}\overrightarrow{AB}+\boxed{\phantom{00}}\overrightarrow{AC}$ と表される。

（4）CE：DE＝$\boxed{\phantom{00}}:\boxed{\phantom{00}}$ である。 (立命館大)

## 81 Lv. ★★★

解答は134ページ

三角形 OAB において，辺 OA，辺 OB の長さをそれぞれ $a$，$b$ とする。また，角 AOB は直角ではないとする。2つのベクトル $\overrightarrow{OA}$ と $\overrightarrow{OB}$ の内積 $\overrightarrow{OA}\cdot\overrightarrow{OB}$ を $k$ とおく。次の問いに答えよ。

（1）直線 OA 上に点 C を，$\overrightarrow{BC}$ が $\overrightarrow{OA}$ と垂直になるようにとる。$\overrightarrow{OC}$ を $a$，$k$，$\overrightarrow{OA}$ を用いて表せ。

（2）$a=\sqrt{2}$，$b=1$ とする。直線 BC 上に点 H を，$\overrightarrow{AH}$ が $\overrightarrow{OB}$ と垂直になるようにとる。$\overrightarrow{OH}=u\overrightarrow{OA}+v\overrightarrow{OB}$ とおくとき，$u$ と $v$ をそれぞれ $k$ で表せ。

(神戸大)

第28回

## 82 Lv. ★★★

解答は136ページ

三角形ABCにおいて，AB = 3, BC = 4, CA = 2 とする。このとき，∠Aと∠Bの2等分線の交点をIとすると

$$\overrightarrow{AI} = \boxed{\text{ア}}\,\overrightarrow{AB} + \boxed{\text{イ}}\,\overrightarrow{AC}$$

である。また，三角形ABCの面積は $\boxed{\text{ウ}}$ であり，三角形IBCの面積は $\boxed{\text{エ}}$ である。

（近畿大）

## 83 Lv. ★★★

解答は137ページ

正方形ABCDにおいて，CDの中点をEとし，AEの延長と正方形の外接円との交点をFとする。$\overrightarrow{AB} = \vec{a}$，$\overrightarrow{BC} = \vec{b}$ とするとき，ベクトル $\overrightarrow{AF}$ を $\vec{a}$ と $\vec{b}$ を用いて表せ。

（熊本工業大）

## 84 Lv. ★★★

解答は138ページ

三角形ABCにおいて $\overrightarrow{CA} = \vec{a}$，$\overrightarrow{CB} = \vec{b}$ とする。次の問いに答えよ。

（1）実数 $s$，$t$ が $0 \leqq s+t \leqq 1$，$s \geqq 0$，$t \geqq 0$ の範囲を動くとき，次の各条件を満たす点Pの存在する範囲をそれぞれ図示せよ。

（a）$\overrightarrow{CP} = s\vec{a} + t(\vec{a} + \vec{b})$

（b）$\overrightarrow{CP} = (2s+t)\vec{a} + (s-t)\vec{b}$

（2）（1）の各場合に，点Pの存在する範囲の面積は三角形ABCの面積の何倍か。

（神戸大）

第29回

## 85 Lv. ★★★

解答は139ページ

△ABCの外接円の中心をOとし，半径を1とする。
$13\overrightarrow{OA}+12\overrightarrow{OB}+5\overrightarrow{OC}=\overrightarrow{0}$ であるとき，次の問いに答えよ。

（1）内積 $\overrightarrow{OA}\cdot\overrightarrow{OB}$ を求めよ。

（2）△OAB，△OBC，△OCA の面積を求めよ。

（山梨大）

## 86 Lv. ★★★

解答は140ページ

平面上において同一直線上にない3点A，B，Cがあるとき，次の各問に対して，それぞれの式をみたす点Pの集合を求めよ。

（1）$\overrightarrow{AP}+\overrightarrow{BP}+\overrightarrow{CP}=\overrightarrow{AC}$

（2）$\overrightarrow{AB}\cdot\overrightarrow{AP}=\overrightarrow{AB}\cdot\overrightarrow{AB}$

（3）$\overrightarrow{AB}\cdot\overrightarrow{AC}+\overrightarrow{AP}\cdot\overrightarrow{AP}\leqq\overrightarrow{AB}\cdot\overrightarrow{AP}+\overrightarrow{AC}\cdot\overrightarrow{AP}$

（鳥取大）

## 87 Lv. ★★★

解答は141ページ

$xy$ 平面において，原点Oを通る半径 $r\ (r>0)$ の円を $C$ とし，その中心をAとする。Oを除く $C$ 上の点Pに対し，次の2つの条件（a），（b）で定まる点Qを考える。

（a）$\overrightarrow{OP}$ と $\overrightarrow{OQ}$ の向きが同じ。　（b）$|\overrightarrow{OP}||\overrightarrow{OQ}|=1$

以下の問いに答えよ。

（1）点PがOを除く $C$ 上を動くとき，点Qは $\overrightarrow{OA}$ に直交する直線上を動くことを示せ。

（2）（1）の直線を $l$ とする。$l$ が $C$ と2点で交わるとき，$r$ のとり得る値の範囲を求めよ。

（大阪大）

## 第30回

### 88 Lv.★★★

解答は143ページ

各辺の長さが1の正四面体OABCに対し，OBを2：1に内分する点をD，OCを2等分する点をE，BCを2等分する点をFとする。DEとOFの交点をGとするとき，以下の各問に答えよ。

（1）OGの長さを求めよ。

（2）AGの長さを求めよ。

（佐賀大）

### 89 Lv.★★★

解答は145ページ

四面体OABCの辺ABを4：5に内分する点をD，辺OCを2：1に内分する点をEとし，線分DEの中点をP，直線OPが平面ABCと交わる点をQとする。次の各問いに答えよ。

（1）$\overrightarrow{OA}=\vec{a}$，$\overrightarrow{OB}=\vec{b}$，$\overrightarrow{OC}=\vec{c}$ とおくとき，$\overrightarrow{OP}$ を $\vec{a}$，$\vec{b}$，$\vec{c}$ で表せ。また，$\overrightarrow{OP}$ と $\overrightarrow{OQ}$ の大きさの比 $|\overrightarrow{OP}|:|\overrightarrow{OQ}|$ を最も簡単な整数比で表せ。

（2）△ABQと△ABCの面積比△ABQ：△ABCを最も簡単な整数比で表せ。

（早稲田大）

### 90 Lv.★★★

解答は147ページ

四面体OABCにおいて，$\overrightarrow{OA}=\vec{a}$，$\overrightarrow{OB}=\vec{b}$，$\overrightarrow{OC}=\vec{c}$ とする。また，線分OAを1：2に内分する点をP，線分ACを1：2に内分する点をQ，線分BCを2：3に内分する点をR，線分OBを $t:(1-t)$ に内分する点をSとする。ただし，$0<t<1$ とする。

（1）$\overrightarrow{PQ}$，$\overrightarrow{PR}$ を $\vec{a}$，$\vec{b}$，$\vec{c}$ を用いて表しなさい。

（2）適当な実数 $k$，$l$ を用いて $\overrightarrow{PS}=k\overrightarrow{PQ}+l\overrightarrow{PR}$ と表されるように，$t$ の値を定めなさい。

（帯広畜産大）

## 第9章　ベクトル

第31回

### 91　Lv.★★★

解答は148ページ

座標空間内で点(3, 4, 0)を通りベクトル $\vec{a}=(1,\ 1,\ 1)$ に平行な直線を $l$, 点(2, −1, 0)を通りベクトル $\vec{b}=(1,\ -2,\ 0)$ に平行な直線を $m$ とする。点Pは直線 $l$ 上を, 点Qは直線 $m$ 上をそれぞれ勝手に動くとき, 線分PQの長さの最小値を求めよ。

（京都大）

### 92　Lv.★★★

解答は149ページ

空間内に4点A(0, 0, 0), B(2, 1, 1), C(−2, 2, −4), D(1, 2, −4)がある。

（1）$\angle\mathrm{BAC}=\theta$ とおくとき, $\cos\theta$ の値と△ABCの面積を求めなさい。

（2）$\overrightarrow{\mathrm{AB}}$ と $\overrightarrow{\mathrm{AC}}$ の両方に垂直なベクトルを1つ求めなさい。

（3）点Dから, 3点A, B, Cを含む平面に垂直な直線を引き, その交点をEとするとき, 線分DEの長さを求めなさい。

（4）四面体ABCDの体積を求めなさい。

（大分大）

### 93　Lv.★★★

解答は151ページ

点A(1, 2, 4)を通り, ベクトル $\vec{n}=(-3,\ 1,\ 2)$ に垂直な平面を $\alpha$ とする。平面 $\alpha$ に関して同じ側に2点P(−2, 1, 7), Q(1, 3, 7)がある。次の問いに答えよ。

（1）平面 $\alpha$ に関して点Pと対称な点Rの座標を求めよ。

（2）平面 $\alpha$ 上の点で, PS＋QSを最小にする点Sの座標とそのときの最小値を求めよ。

（鳥取大）

# 第10章　式と曲線

第32回

## 94 Lv.★★★

解答は153ページ

双曲線 $C$：$9x^2-y^2=9$ について，次の各問に答えよ。

（1）この双曲線の焦点の座標と漸近線の方程式を求めよ。

（2）直線 $l$：$y=mx+n$ と双曲線 $C$ が異なる 2 つの共有点を持つための条件を $m$，$n$ の式で表せ。

（3）直線 $l$ と双曲線 $C$ の共有点を P，Q，直線 $l$ と双曲線 $C$ の 2 本の漸近線との共有点を R，S とするとき PR＝QS が成立することを証明せよ。

（弘前大）

## 95 Lv.★★★

解答は154ページ

次の各問に答えよ。

（1）AB＝2，AD＝4 の長方形 ABCD の 2 本の対角線の交点を E とする。点 E を通り，長方形 ABCD に含まれるような円の全体を考え，それらの中心が作る図形の面積 $S_1$ を求めよ。

（2）定点 O を中心とする半径 4 の円を $F$ とし，点 O からの距離が 2 の定点 H をとる。点 H を内部に含み，円 $F$ に含まれるような円の全体を考え，それらの中心が作る図形の面積 $S_2$ を求めよ。

（東京医科歯科大）

## 96 Lv.★★★

解答は156ページ

2 つの双曲線 $C$：$x^2-y^2=1$，$H$：$x^2-y^2=-1$ を考える。双曲線 $H$ 上の点 $\mathrm{P}(s,\ t)$ に対して，方程式 $sx-ty=1$ で定まる直線を $l$ とする。

（1）直線 $l$ は点 P を通らないことを示せ。

（2）直線 $l$ と双曲線 $C$ は異なる 2 点 Q，R で交わることを示し，△PQR の重心 G の座標を $s$，$t$ を用いて表せ。

（3）（2）における 3 点 G，Q，R に対して，△GQR の面積は点 $\mathrm{P}(s,\ t)$ の位置によらず一定であることを示せ。

（筑波大）

# 第10章　式と曲線

**第33回**

## 97 Lv.★★★

解答は158ページ

$C$ を双曲線 $2x^2-2y^2=1$ とする。$l$, $m$ を点 $(1,\ 0)$ を通り，$x$ 軸とそれぞれ $\theta$, $\theta+\dfrac{\pi}{4}$ の角をなす2直線とする。ここで $\theta$ は $\dfrac{\pi}{4}$ の整数倍でないとする。

（1）直線 $l$ は双曲線 $C$ と相異なる2点P，Qで交わることを示せ。

（2）$\mathrm{PQ}^2$ を，$\theta$ を用いて表せ。

（3）直線 $m$ と曲線 $C$ の交点をR，Sとするとき，$\dfrac{1}{\mathrm{PQ}^2}+\dfrac{1}{\mathrm{RS}^2}$ は $\theta$ によらない定数となることを示せ。　（筑波大）

## 98 Lv.★★★

解答は159ページ

楕円 $\dfrac{x^2}{3^2}+y^2=1$ 上の点を $\mathrm{P}(3\cos\alpha,\ \sin\alpha)\left(0\leqq\alpha\leqq\dfrac{\pi}{2}\right)$ とし，原点Oと点Pを結ぶ線分と $x$ 軸の正の部分のなす角を $\theta$ とするとき，次の各問に答えよ。

（1）線分OPの長さが $\dfrac{3}{\sqrt{5}}$ 以上になる $\theta$ の範囲を求めよ。

（2）$|\alpha-\theta|$ の最大値を求めよ。　（群馬大）

## 99 Lv.★★★

解答は160ページ

座標平面上の楕円 $\dfrac{x^2}{a^2}+\dfrac{y^2}{b^2}=1\ (a>b>0)$ について，以下の問いに答えよ。

（1）$x$ 座標が小さい方の焦点Fを極とし，Fから $x$ 軸の正の方向へ向かう半直線を始線とする極座標 $(r,\ \theta)$ で表された楕円の極方程式 $r=f(\theta)$ を求めよ。また，点Fを通る楕円の弦をABとし，線分FAおよびFBの長さをそれぞれ $r_{\mathrm{A}}$, $r_{\mathrm{B}}$ とするとき，$\dfrac{1}{r_{\mathrm{A}}}+\dfrac{1}{r_{\mathrm{B}}}$ の値は定数となることを示せ。

（2）座標平面上の原点 $\mathrm{O}(0,\ 0)$ と楕円上の2点 $\mathrm{P}_1$, $\mathrm{P}_2$ について，線分 $\mathrm{OP}_1$ と線分 $\mathrm{OP}_2$ とが互いに直交する位置にあるとする。線分 $\mathrm{OP}_1$ および $\mathrm{OP}_2$ の長さをそれぞれ $r_1$, $r_2$ とするとき，$\dfrac{1}{{r_1}^2}+\dfrac{1}{{r_2}^2}$ の値は定数となることを示せ。　（九州大改）

# 第11章　複素数平面

第34回

## 100 Lv. ★★★

解答は162ページ

$c$ を実数とする。$x$ についての2次方程式

$$x^2+(3-2c)x+c^2+5=0$$

が2つの解 $\alpha$, $\beta$ を持つとする。複素平面上の3点 $\alpha$, $\beta$, $c^2$ が3角形の3頂点になり，その3角形の重心は0であるという。$c$ を求めよ。（注意：複素平面のことを複素数平面ともいう。）

（京都大）

## 101 Lv. ★★★

解答は163ページ

複素数平面上に三角形ABCがあり，その頂点A，B，Cを表す複素数をそれぞれ $z_1$, $z_2$, $z_3$ とする。複素数 $w$ に対して，$z_1=wz_3$, $z_2=wz_1$, $z_3=wz_2$ が成り立つとき，次の各問に答えよ。

（1）$1+w+w^2$ の値を求めよ。

（2）三角形ABCはどんな形の三角形か。

（3）$z=z_1+2z_2+3z_3$ の表す点をDとすると，三角形OBDはどんな形の三角形か。ただし，Oは原点である。

（千葉大）

## 102 Lv. ★★★

解答は164ページ

$z$ を絶対値が1の複素数とする。このとき以下の問いに答えよ。

（1）$z^3-z$ の実部が0となるような $z$ をすべて求めよ。

（2）$z^5+z$ の絶対値が1となるような $z$ をすべて求めよ。

（3）$n$ を自然数とする。$z^n+1$ の絶対値が1となるような $z$ をすべてかけ合わせて得られる複素数を求めよ。

（東北大）

# 第11章　複素数平面

第35回

## 103 Lv.★★★

解答は166ページ

複素数平面上で不等式 $2|z-2| \leqq |z-5| \leqq |z+1|$ を満たす点 $z$ が描く図形を $D$ とする。

（1）$D$ を図示せよ。

（2）点 $z$ が $D$ 上を動くものとする。$\arg z = \theta$ とするとき，$\tan\theta$ のとりうる範囲を求めよ。

（3）$D$ の面積を求めよ。

（広島大）

## 104 Lv.★★★

解答は167ページ

$z$ を複素数とし，$i$ を虚数単位とする。

（1）$\dfrac{1}{z+i}+\dfrac{1}{z-i}$ が実数となる点 $z$ 全体の描く図形 $P$ を複素数平面上に図示せよ。

（2）$z$ が上で求めた図形 $P$ 上を動くときに $w=\dfrac{z+i}{z-i}$ の描く図形を複素数平面上に図示せよ。

（北海道大）

## 105 Lv.★★★

解答は169ページ

$0<a<1$ である定数 $a$ に対し，複素数平面上で $z=t+ai$（$t$ は実数全体を動く）が表す直線を $l$ とする。ただし，$i$ は虚数単位である。

（1）複素数 $z$ が $l$ 上を動くとき，$z^2$ が表す点の軌跡を図示せよ。

（2）直線 $l$ を，原点を中心に角 $\theta$ だけ回転移動した直線を $m$ とする。$m$ と（1）で求めた軌跡との交点の個数を $\sin\theta$ の値で場合分けして求めよ。

（九州大）

# 第12章　極限

第36回

## 106 Lv. ★★★

解答は171ページ

$a_1=1$, $a_2=2$, $n \geqq 3$ のとき $a_n=\frac{1}{5}(3a_{n-1}+2a_{n-2})$ で定義される数列 $\{a_n\}$ の極限値は [　　] である。

（東京医科大）

## 107 Lv. ★★★

解答は172ページ

数列 $\{a_n\}$ について，$S_n=\sum_{k=1}^{n} a_k$ $(n=1,\ 2,\ 3,\ \cdots)$，$S_0=0$ とおく。

$a_n=S_{n-1}+n2^n$ $(n=1,\ 2,\ 3,\ \cdots)$ が成り立つとき，次の各問に答えよ。

（1）$S_n$ を $n$ の式で表せ。

（2）極限値 $\lim_{n\to\infty}\sum_{k=1}^{n}\frac{2^k}{a_k}$ を求めよ。

（熊本大）

## 108 Lv. ★★★

解答は173ページ

$a_1=2$, $a_{n+1}=\frac{4a_n^2+9}{8a_n}$ $(n=1,\ 2,\ 3,\ \cdots)$ で定義される数列 $\{a_n\}$ について

（1）$0<a_{n+1}-\frac{3}{2}<\frac{1}{3}\left(a_n-\frac{3}{2}\right)^2$ を証明せよ。

（2）$\lim_{n\to\infty}a_n$ を求めよ。

（群馬大）

第37回

## 109 Lv.★★★

解答は175ページ

次のように定義された数列を $\{a_n\}$ とする。

$$a_1 = r^2,\ a_2 = 1,\ 2a_n = (r+3)a_{n-1} - (r+1)a_{n-2}\ (n \geqq 3)$$

このとき，次の各問に答えよ。

（1）$b_n = a_{n+1} - a_n$ とおくとき，$b_n$ を $n$ と $r$ を用いて表せ。

（2）$a_n$ を求めよ。

（3）数列 $\{a_n\}$ が収束するような $r$ の範囲およびそのときの極限値を求めよ。

（東京農工大）

## 110 Lv.★★★

解答は177ページ

O を原点とする座標平面上に 2 点 A(2, 0), B(0, 1) がある。自然数 $n$ に対し，線分 AB を $1:n$ に内分する点を $\mathrm{P}_n$ とし，$\angle \mathrm{AOP}_n = \theta_n$ とする。ただし，$0 < \theta_n < \dfrac{\pi}{2}$ である。

線分 $\mathrm{AP}_n$ の長さを $l_n$ として，$\displaystyle\lim_{n\to\infty}\frac{l_n}{\theta_n}$ を求めよ。

（福島県立医科大）

## 111 Lv.★★★

解答は178ページ

$f(x) = -\dfrac{1}{2}x + 3$ とする。

$x_1 = 1$ とおいて数列 $x_n = f(x_{n-1})\ (n = 2, 3, 4, \cdots)$ をつくり，平面座標上に点 $\mathrm{P}_n(x_n, f(x_n))$ をとる。このとき，次の各問に答えよ。

（1）数列 $\{x_n\}$ の一般項 $x_n$ を求めよ。

（2）動点 P が点 $\mathrm{P}_1$ を出発して，$\mathrm{P}_2$, $\mathrm{P}_3$, …, $\mathrm{P}_n$, …と進むとき，動点 P はどのような点に近づくか，その座標を求めよ。

（3）線分 $\mathrm{P}_n\mathrm{P}_{n+1}$ の長さを $l_n\ (n = 1, 2, 3, \cdots)$ とする。$L = \displaystyle\sum_{n=1}^{\infty} l_n$ を求めよ。

（九州大）

## 112 Lv. ★★★

解答は179ページ

$\displaystyle\lim_{x\to\frac{\pi}{3}}\frac{a\sin x+b\cos x}{x-\frac{\pi}{3}}=5$（$a$，$b$ は定数）のとき，$a=$ □，$b=$ □ である。

（愛知工業大）

## 113 Lv. ★★★

解答は180ページ

次の各問に答えよ。

（1）$h>0$ として，不等式 $(1+h)^n \geqq 1+nh+\dfrac{n(n-1)}{2}h^2$ がすべての自然数 $n$ について成り立つことを数学的帰納法を用いて証明せよ。

（2）（1）の不等式を使って，$0<x<1$ のとき，数列 $\{nx^n\}$ が 0 に収束することを示せ。

（3）$0<x<1$ のとき，無限級数 $2x+4x^2+6x^3+\cdots+2nx^n+\cdots$ の和を求めよ。

（茨城大）

## 114 Lv. ★★★

解答は182ページ

$n$ を 2 以上の整数とする。平面上に $n+2$ 個の点 O，$P_0$，$P_1$，…，$P_n$ があり，次の 2 つの条件をみたしている。

① $\angle P_{k-1}OP_k=\dfrac{\pi}{n}$ $(1\leqq k\leqq n)$，$\angle OP_{k-1}P_k=\angle OP_0P_1$ $(2\leqq k\leqq n)$

② 線分 $OP_0$ の長さは 1，線分 $OP_1$ の長さは $1+\dfrac{1}{n}$ である。

線分 $P_{k-1}P_k$ の長さを $a_k$ とし，$s_n=\displaystyle\sum_{k=1}^{n}a_k$ とおくとき，$\displaystyle\lim_{n\to\infty}s_n$ を求めよ。

（東京大）

第39回

## 115 Lv. ★☆☆

解答は184ページ

関数 $f(x)=\dfrac{\sin x}{3+\cos x}$ の最大値と最小値を求めよ。

（日本女子大）

## 116 Lv. ★★☆

解答は185ページ

$f(x)=\dfrac{x^3}{x^2-1}$ とするとき，次の各問に答えよ。

（1）$f'(x)$ および $f''(x)$ を求めよ。

（2）関数 $y=f(x)$ の増減，極値，グラフの凹凸および変曲点を調べて，そのグラフをかけ。

（3）この曲線の漸近線の方程式を求めよ。

（大阪工業大）

## 117 Lv. ★★★

解答は186ページ

$x>0$ に対し $f(x)=\dfrac{\log x}{x}$ とする。

（1）$n=1,\ 2,\ \cdots$ に対し $f(x)$ の第 $n$ 次導関数は，数列 $\{a_n\}$，$\{b_n\}$ を用いて $f^{(n)}(x)=\dfrac{a_n+b_n\log x}{x^{n+1}}$ と表されることを示し，$a_n$，$b_n$ に関する漸化式を求めよ。

（2）$h_n=\displaystyle\sum_{k=1}^{n}\frac{1}{k}$ とおく。$h_n$ を用いて $a_n$，$b_n$ の一般項を求めよ。

（東京大）

## 第40回

### 118 Lv. ★☆☆

解答は188ページ

$0<\theta<\dfrac{\pi}{2}$ のとき，次の不等式が成り立つことを証明せよ。

$$\frac{1}{\theta}(\sin\theta+\tan\theta)>2$$

（福島大）

### 119 Lv. ★★☆

解答は189ページ

関数 $f(x)=\dfrac{a-\cos x}{a+\sin x}$ が，$0<x<\dfrac{\pi}{2}$ の範囲で極大値をもつように，定数 $a$ の値の範囲を定めよ。また，その極大値が2となるときの $a$ の値を求めよ。

（福島県立医科大）

### 120 Lv. ★★☆

解答は190ページ

以下の各問に答えよ。

（1）関数 $f(x)=x\log x$ を微分せよ。

（2）次の等式をみたす $c$ が $x<c<x+1$ の範囲に存在することを示せ。

$$(x+1)\log(x+1)-x\log x=1+\log c$$

（3）$x>0$ のとき，次の不等式が成り立つことを示せ。ただし $e$ は自然対数の底である。

$$\left(1+\frac{1}{x}\right)^x<e$$

（姫路工業大）

第41回

## 121 Lv.★★★

解答は191ページ

半径 $a$ の球に外接する直円すいについて，次の各問に答えよ。

（1）直円すいの底面の半径を $x$ とするとき，その高さを $x$ を用いて表せ。

（2）このような直円すいの体積の最小値を求めよ。

（東京学芸大）

## 122 Lv.★★★

解答は192ページ

$\sin x$ について $x=a$ における微分係数は $\cos a$ であるが，これを定義に従って求めてみよう。そのために次の順序で各問に答えよ。

（1）$0<x<\dfrac{\pi}{2}$ のとき $0<\sin x<x<\tan x$ が成り立つことを図を用いて説明せよ。（図は座標平面上の原点を中心とする半径1の円の第1象限の部分を用いよ。）

（2）$\displaystyle\lim_{x\to 0}\frac{\sin x}{x}=1$，$\displaystyle\lim_{x\to 0}\frac{1-\cos x}{x}=0$ を示せ。

（3）関数 $f(x)$ の $x=a$ における微分係数 $f'(a)$ の定義を述べ，その定義に従って $f(x)=\sin x$ の場合に $f'(a)$ を求めよ。

（お茶の水女子大）

## 123 Lv.★★★

解答は194ページ

関数 $f(x)=\displaystyle\int_{-x}^{x+4}\frac{t}{t^2+1}\,dt$ について，次の各問に答えよ。

（1）$f(x)=0$ となる $x$ の値を求めよ。

（2）$f'(x)=0$ となる $x$ の値を求めよ。

（3）$f(x)$ が最小値をもつことを示し，その最小値を求めよ。

（長崎大）

第42回

## 124 Lv. ★★★

解答は196ページ

関数 $f(x)=\dfrac{e^x}{x-1}$ について，次の問に答えよ。

（1）曲線 $y=f(x)$ のグラフの概形をかけ。

（2）定数 $k$ に対して，方程式 $e^x=k(x-1)$ の異なる実数解の個数を求めよ。

（名城大）

## 125 Lv. ★★★

解答は197ページ

関数 $f(x)=\dfrac{x^2+ax+b}{x-1}$ は $x=2$ で極小値 $5$ をとる。このとき，次の各問に答えよ。

（1）$a$，$b$ の値を求めよ。

（2）関数 $y=f(x)$ のグラフ上の $x=3$ に対応する点における接線の方程式を求めよ。

（3）直線 $x=2$，曲線 $y=f(x)$ および（2）で求めた接線で囲まれた部分の面積を求めよ。

（神奈川大）

## 126 Lv. ★★★

解答は198ページ

関数 $f(x)=\displaystyle\int_0^{\frac{\pi}{2}}|x-\sin^2\theta|\sin\theta\,d\theta$ の $0\leqq x\leqq 1$ における最大値と最小値を求めよ。

（愛媛大）

第43回

## 127 Lv.★★★

解答は200ページ

$0 \leqq x \leqq 2\pi$ における2つの関数 $y=\cos x$ と $y=\sin 2x$ について，次の各問に答えよ。

（1）2つの関数のグラフの交点の $x$ 座標をすべて求めよ。

（2）2つの関数のグラフの概形をかけ。

（3）2つの関数のグラフだけによって囲まれている部分の面積を求めよ。

（神奈川大）

## 128 Lv.★★★

解答は201ページ

次の不等式が定める図形を $D$ とする。$0 \leqq x \leqq \dfrac{\pi}{2}$，$0 \leqq y \leqq \sin 2x$

（1）曲線 $y=a\sin x$ と $y=\sin 2x$ が $0<x<\dfrac{\pi}{2}$ で交わるような定数 $a$ の範囲を求めよ。

（2）曲線 $y=a\sin x$ が図形 $D$ を面積の等しい2つの部分に分けるような定数 $a$ を求めよ。

（京都府立医科大）

## 129 Lv.★★★

解答は202ページ

$f(x)$ が $0 \leqq x \leqq 1$ で連続な関数であるとき

$$\int_0^{\pi} xf(\sin x)dx = \frac{\pi}{2}\int_0^{\pi} f(\sin x)dx$$

が成立することを示し，これを用いて定積分 $\displaystyle\int_0^{\pi} \frac{x\sin x}{3+\sin^2 x}dx$ を求めよ。

（信州大）

## 第44回

### 130 Lv. ★★★

解答は203ページ

2 曲線 $y=\sqrt{x}$，$y=a\log x$ が 1 点のみを共有するように正の数 $a$ を定め，このとき 2 曲線と $x$ 軸で囲まれる部分の面積を求めよ。

ただし，必要なら，$\lim_{x\to\infty}\dfrac{\log x}{x}=0$ は用いてよい。

（群馬大改）

### 131 Lv. ★★★

解答は204ページ

（1）次の定積分の値を求めよ。

（i）$\int_0^{\pi}\sin x\,dx$　（ii）$\int_0^{\pi}e^{2x}\sin x\,dx$

（2）次の等式をみたす $f(x)$ を求めよ。

$$f(x)=e^{2x}+\int_0^{\pi}f(t)\sin t\,dt$$

（神戸商船大）

### 132 Lv. ★★★

解答は205ページ

$0<a<1$ とする。点 $(1,\ 0)$ から楕円 $\dfrac{x^2}{a^2}+y^2=1$ に引いた接線の接点の $x$ 座標を $b$ とする。

（1）$b$ を $a$ で表せ。

（2）楕円 $\dfrac{x^2}{a^2}+y^2=1$ の $b\leqq x\leqq a$ の部分と直線 $x=b$ で囲まれた図形を，$x$ 軸のまわりに 1 回転してできる回転体の体積 $V$ を求めよ。

（3）$V$ の値が最大となる $a$ の値と，そのときの $V$ の最大値を求めよ。

（広島大）

## 133 Lv.★★★

解答は206ページ

$t=\tan\dfrac{x}{2}$ とおく。このとき，次の各問に答えよ。

（1）$\dfrac{dt}{dx}$ を $t$ を用いて表せ。

（2）$\cos x$ を $t$ を用いて表せ。

（3）曲線 $y=\dfrac{1}{\cos x}$ と 2 直線 $x=0$，$x=\dfrac{\pi}{3}$ および $x$ 軸で囲まれた部分の面積 $S$ を求めよ。

（山形大）

## 134 Lv.★★★

解答は207ページ

正の数 $x$ に対して定義された次の関数 $f(x)$ を考える。

$$f(x)=\lim_{n\to\infty}\frac{4x^{n+1}+ax^n+\log x+1}{x^{n+2}+x^n+1}$$

ここで，$a$ は定数である。このとき，次の各問に答えよ。

（1）極限計算により関数 $f(x)$ を求めると
$0<x<1$ のとき $f(x)=$（ **ア** ），$f(1)=$（ **イ** ），$x>1$ のとき
$f(x)=$（ **ウ** ）である。

（2）関数 $f(x)$ が $x=1$ で連続になるのは $a=$（ **エ** ）のときだけである。

以下，$a$ はこの値とする。

（3）関数 $f(x)$ の増減，極値および $f(x)=0$ をみたす $x$ の値を調べて，関数 $f(x)$ のグラフ $C$ の概形を描け。

（4）関数 $f(x)$ のグラフ $C$ と直線 $x=\sqrt{3}$ および $x$ 軸で囲まれる部分の面積を求めよ。

（鹿児島大）

第45回

**135 Lv. ★★★**

解答は209ページ

次の各問に答えよ。

（1）$0 \leqq x \leqq \dfrac{\pi}{2}$ のとき，次の不等式が成り立つことを証明せよ。

$$\frac{2x}{\pi} \leqq \sin x$$

（2）次の不等式が成り立つことを証明せよ。

$$\int_0^{\pi} e^{-\sin x}dx \leqq \pi\left(1-\frac{1}{e}\right)$$

（和歌山大）

第46回

## 136 Lv.★★★

解答は210ページ

定数 $a\ (1<a<2)$ に対して，曲線 $y=a^x$ 上の点 $(t,\ a^t)\ (0\leqq t\leqq 1)$ における接線を $l$ とする。次の問いに答えよ。

（1）接線 $l$ の方程式を求めよ。また，$l$ と $y$ 軸の交点を $(0,\ b(t))$ とし，$b(t)$ の最小値を $a$ で表せ。

（2）接線 $l$ と $x$ 軸および 2 直線 $x=0$，$x=1$ で囲まれた台形の面積 $S(t)$ を求めよ。

（3）$S(t)$ の最大値を $a$ で表せ。

（4）$S(t)$ の最小値を $a$ で表せ。（同志社大）

## 137 Lv.★★★

解答は212ページ

曲線 $C: y=\dfrac{1}{x}\ (x>0)$ を考える。また，$n=1,\ 2,\ 3,\ \cdots$ と正の実数 $t$ に対し曲線 $C_n: y=-\dfrac{n}{x}+t\ (x>0)$ を考える。次の各問に答えよ。

（1）$C$ と $C_n$ が 1 点 $\mathrm{P}(a,\ b)$ で交わり，P における $C$ と $C_n$ の接線が直交するとき，$a$ と $t$ を $n$ を用いて表せ。

（2）（1）のとき，曲線 $C_n$ と P における $C$ の接線，および $x$ 軸とで囲まれる図形の面積 $S_n$ を求めよ。

（3）$\displaystyle\lim_{n\to\infty} S_n$ を求めよ。（京都産業大）

## 138 Lv.★★★

解答は213ページ

自然数 $n$ に対して，定積分 $I_n$ を

$$I_n=\int_0^{\frac{\pi}{4}}\sin^n x\,dx$$

で定める。$n\geqq 3$ のとき，$I_n$ を $I_{n-2}$ と $n$ を用いて表せ。また，$I_2$，$I_4$ の値を求めよ。（大阪府立大）

第47回

## 139 Lv. ★★★

解答は214ページ

媒介変数 $t$ を用いて

$$x=1-\cos t,\ y=1+t\sin t+\cos t\quad(0\leqq t\leqq\pi)$$

と表される座標平面上の曲線を $C$ とする。このとき，次の各問に答えよ。

（1）$y$ の最大値と最小値を求めよ。

（2）曲線 $C$，$x$ 軸および $y$ 軸で囲まれる部分の面積 $S$ を求めよ。

（新潟大）

## 140 Lv. ★★★

解答は215ページ

サイクロイド $x=\theta-\sin\theta$，$y=1-\cos\theta$ $(0\leqq\theta\leqq 2\pi)$ を $C$ とするとき，次の各問に答えよ。

（1）$C$ 上の点 $\left(\dfrac{\pi}{2}-1,\ 1\right)$ における接線 $l$ の方程式を求めよ。

（2）接線 $l$ と $y$ 軸および $C$ で囲まれた部分の面積を求めよ。

（武蔵工業大）

## 141 Lv. ★★★

解答は216ページ

実数 $x$ に対して，$x$ を越えない最大の整数を $[x]$ で表す。

$n$ を正の整数とし $a_n=\displaystyle\sum_{k=1}^{n}\frac{[\sqrt{2n^2-k^2}]}{n^2}$ とおく。このとき，$\displaystyle\lim_{n\to\infty}a_n$ を求めよ。

（大阪大）

第48回

## 142 Lv. ★★★

解答は217ページ

双曲線 $x^2-\dfrac{y^2}{3}=1$ と 2 直線 $y=3$, $y=-3$ で囲まれた部分を，$x$ 軸，$y$ 軸のまわりに 1 回転してできる立体の体積を，それぞれ $V_1$, $V_2$ とする。$\dfrac{V_1}{V_2}$ を求めよ。

（富山県立大）

## 143 Lv. ★★★

解答は218ページ

水を満たした半径 2 の半球体の容器がある。これを静かに $\alpha°$ 傾けたとき，水面が $h$ だけ下がり，こぼれ出た水の量と容器に残った水の量の比が 11：5 になった。$h$ と $\alpha$ を求めよ。

（筑波大）

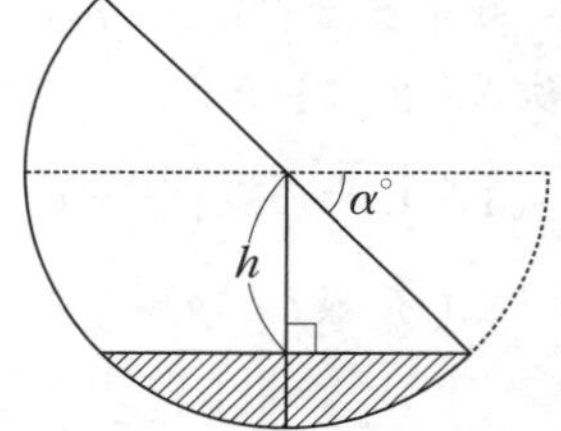


## 144 Lv. ★★★

解答は219ページ

図形 $C：y^2+(x-1)^2\leqq 4$ を $y$ 軸のまわりに 1 回転させてできる立体の体積を求めよ。

（高知大）

第49回

## 145 Lv.★★★

解答は220ページ

関数 $f(x)=\int_0^x (x\cos t-\sin t)dt\ (0\leqq x\leqq 2\pi)$ について次の各問に答えよ。

（1）$f(x)$ を微分せよ。

（2）$f(x)$ の最大値と最小値，およびそのときの $x$ の値を求めよ。

（中京大）

## 146 Lv.★★★

解答は221ページ

$r$ を正の定数とする。$xy$ 平面上を時刻 $t=0$ から $t=\pi$ まで運動する点 $\mathrm{P}(x,\ y)$ の座標が

$$x=2r(t-\sin t\cos t)$$
$$y=2r\sin^2 t$$

であるとき，以下の各問に答えよ。

（1）点Pが描く曲線の概形を，$xy$ 平面上にかけ。

（2）点Pが時刻 $t=0$ から $t=\pi$ までに動く道のり $S$ は，

$$S=\int_0^\pi \sqrt{\left(\frac{dx}{dt}\right)^2+\left(\frac{dy}{dt}\right)^2}\,dt$$

で与えられる。このとき，$S$ の値を求めよ。

（3）点Pが描く曲線と $x$ 軸で囲まれた部分を，$x$ 軸の周りに1回転させてできる立体の体積を求めよ。

（東邦大改）

## 147 Lv.★★★

解答は223ページ

関数 $f(x)$ を $f(x)=\int_0^x \frac{1}{1+t^2}dt$ で定める。

（1）$y=f(x)$ の $x=1$ における法線の方程式を求めよ。

（2）（1）で求めた法線と $x$ 軸および $y=f(x)$ のグラフによって囲まれる図形の面積を求めよ。

（京都大）

## 148 Lv.★★★

解答は224ページ

自然数 $n$ に対して

$$S(x)=\sum_{k=1}^{n}(-1)^{k-1}x^{2k-2},\quad R(x)=\frac{(-1)^n x^{2n}}{1+x^2}$$

とする。さらに

$$f(x)=\frac{1}{1+x^2}$$

とする。このとき，次の問に答えよ。

（1）等式 $\displaystyle\int_0^1 S(x)dx=\sum_{k=1}^{n}(-1)^{k-1}\frac{1}{2k-1}$ が成り立つことを示せ。

（2）定積分 $\displaystyle\int_0^1 f(x)dx$ の値を求めよ。

（3）等式 $S(x)=f(x)-R(x)$ が成り立つことを示せ。

（4）不等式 $\displaystyle\left|\int_0^1 R(x)dx\right|\leqq\frac{1}{2n+1}$ が成り立つことを示せ。

（5）無限級数 $1-\dfrac{1}{3}+\dfrac{1}{5}-\dfrac{1}{7}+\cdots$ の和を求めよ。

（山形大）

## 149 Lv.★★★

解答は226ページ

図のような１辺の長さ $a$ の立方体 ABCD－EFGH がある。線分 AF，BG，CH，DE 上にそれぞれ動点 P，Q，R，S があり，頂点 A，B，C，D を同時に出発して同じ速さで頂点 F，G，H，E まで動く。このとき，四角形 PQRS が通過してできる立体の体積を求めよ。

（東京学芸大）

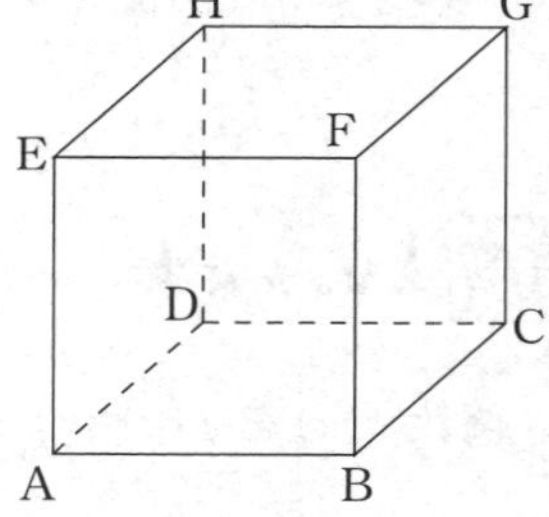

**150 Lv.★★★**

解答は227ページ

$xyz$ 空間の $xy$ 平面上に

曲線 $C : y = x^2,\ z = 0$　　直線 $l : y = x + a,\ z = 0\ (a \leqq 1)$

がある。いま $C$ と $l$ の交点を P，Q とし，線分 PQ を底辺とする正三角形 PQR を $xy$ 平面に垂直に作る。直線 $l$ を $a = 1$ から $C$ に接するまで動かすとき，この三角形が通過してできる立体の体積 $V$ を求めよ。

（奈良教育大）

## 1 Lv.★★★

解答は228ページ

ある日の朝，ある養鶏場で無作為に 9 個の卵を抽出して，それぞれの卵の重さを測ったところ，表 1 の結果が得られた。

表 1　養鶏場で抽出した 9 個の卵の重さ（単位はグラム（g））

| 58 | 61 | 56 | 59 | 52 | 62 | 65 | 59 | 68 |
|---|---|---|---|---|---|---|---|---|

この養鶏場の卵の重さは，母平均が $m$，母分散が $\sigma^2$ の正規分布に従うものとするとき，以下の問いに答えよ。必要に応じて右ページの正規分布表を用いてもよい。

（1）表 1 の標本の平均を求めよ。

（2）表 1 の標本の分散と標準偏差を求めよ。

（3）母分散 $\sigma^2=25$ であるとき，表 1 の標本から，母平均 $m$ に対する信頼度 95％の信頼区間を，小数点第 3 位を四捨五入して求めよ。

（4）この養鶏場のすべての卵の重さからそれぞれ 10g を引いて，50g で割った数値は，母平均 $m_1$，母分散 $\sigma_1{}^2$ の正規分布に従う。このとき，$m_1$ と $\sigma_1{}^2$ を，それぞれ $m$ と $\sigma$ の式で表せ。また，$\sigma^2=25$ であるとき，表 1 の標本から，$m_1$ に対する信頼度 95% の信頼区間を，小数点第 3 位を四捨五入して求めよ。

（5）次の日の朝に，$n$ 個の卵を無作為に抽出して，母平均 $m$ に対する信頼度 95% の信頼区間を求めることとする。信頼区間の幅が 5 以下となるための標本の大きさ $n$ の最小値を求めよ。ただし，母分散 $\sigma^2=25$ であるとする。

（長崎大）

## 正 規 分 布 表

次の表は，標準正規分布の分布曲線における右図の灰色部分の面積の値をまとめたものである。

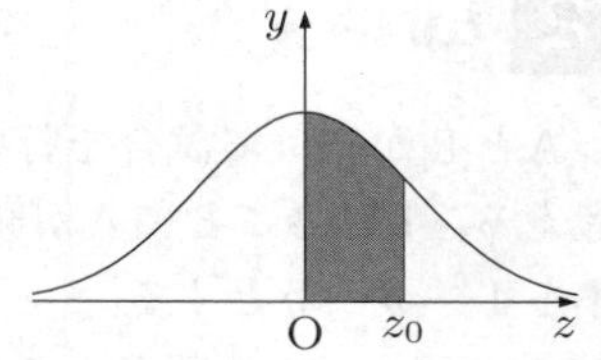


| $z_0$ | 0.00 | 0.01 | 0.02 | 0.03 | 0.04 | 0.05 | 0.06 | 0.07 | 0.08 | 0.09 |
|---|---|---|---|---|---|---|---|---|---|---|
| 0.0 | 0.0000 | 0.0040 | 0.0080 | 0.0120 | 0.0160 | 0.0199 | 0.0239 | 0.0279 | 0.0319 | 0.0359 |
| 0.1 | 0.0398 | 0.0438 | 0.0478 | 0.0517 | 0.0557 | 0.0596 | 0.0636 | 0.0675 | 0.0714 | 0.0753 |
| 0.2 | 0.0793 | 0.0832 | 0.0871 | 0.0910 | 0.0948 | 0.0987 | 0.1026 | 0.1064 | 0.1103 | 0.1141 |
| 0.3 | 0.1179 | 0.1217 | 0.1255 | 0.1293 | 0.1331 | 0.1368 | 0.1406 | 0.1443 | 0.1480 | 0.1517 |
| 0.4 | 0.1554 | 0.1591 | 0.1628 | 0.1664 | 0.1700 | 0.1736 | 0.1772 | 0.1808 | 0.1844 | 0.1879 |
| 0.5 | 0.1915 | 0.1950 | 0.1985 | 0.2019 | 0.2054 | 0.2088 | 0.2123 | 0.2157 | 0.2190 | 0.2224 |
| 0.6 | 0.2257 | 0.2291 | 0.2324 | 0.2357 | 0.2389 | 0.2422 | 0.2454 | 0.2486 | 0.2517 | 0.2549 |
| 0.7 | 0.2580 | 0.2611 | 0.2642 | 0.2673 | 0.2704 | 0.2734 | 0.2764 | 0.2794 | 0.2823 | 0.2852 |
| 0.8 | 0.2881 | 0.2910 | 0.2939 | 0.2967 | 0.2995 | 0.3023 | 0.3051 | 0.3078 | 0.3106 | 0.3133 |
| 0.9 | 0.3159 | 0.3186 | 0.3212 | 0.3238 | 0.3264 | 0.3289 | 0.3315 | 0.3340 | 0.3365 | 0.3389 |
| 1.0 | 0.3413 | 0.3438 | 0.3461 | 0.3485 | 0.3508 | 0.3531 | 0.3554 | 0.3577 | 0.3599 | 0.3621 |
| 1.1 | 0.3643 | 0.3665 | 0.3686 | 0.3708 | 0.3729 | 0.3749 | 0.3770 | 0.3790 | 0.3810 | 0.3830 |
| 1.2 | 0.3849 | 0.3869 | 0.3888 | 0.3907 | 0.3925 | 0.3944 | 0.3962 | 0.3980 | 0.3997 | 0.4015 |
| 1.3 | 0.4032 | 0.4049 | 0.4066 | 0.4082 | 0.4099 | 0.4115 | 0.4131 | 0.4147 | 0.4162 | 0.4177 |
| 1.4 | 0.4192 | 0.4207 | 0.4222 | 0.4236 | 0.4251 | 0.4265 | 0.4279 | 0.4292 | 0.4306 | 0.4319 |
| 1.5 | 0.4332 | 0.4345 | 0.4357 | 0.4370 | 0.4382 | 0.4394 | 0.4406 | 0.4418 | 0.4429 | 0.4441 |
| 1.6 | 0.4452 | 0.4463 | 0.4474 | 0.4484 | 0.4495 | 0.4505 | 0.4515 | 0.4525 | 0.4535 | 0.4545 |
| 1.7 | 0.4554 | 0.4564 | 0.4573 | 0.4582 | 0.4591 | 0.4599 | 0.4608 | 0.4616 | 0.4625 | 0.4633 |
| 1.8 | 0.4641 | 0.4649 | 0.4656 | 0.4664 | 0.4671 | 0.4678 | 0.4686 | 0.4693 | 0.4699 | 0.4706 |
| 1.9 | 0.4713 | 0.4719 | 0.4726 | 0.4732 | 0.4738 | 0.4744 | 0.4750 | 0.4756 | 0.4761 | 0.4767 |
| 2.0 | 0.4772 | 0.4778 | 0.4783 | 0.4788 | 0.4793 | 0.4798 | 0.4803 | 0.4808 | 0.4812 | 0.4817 |
| 2.1 | 0.4821 | 0.4826 | 0.4830 | 0.4834 | 0.4838 | 0.4842 | 0.4846 | 0.4850 | 0.4854 | 0.4857 |
| 2.2 | 0.4861 | 0.4864 | 0.4868 | 0.4871 | 0.4875 | 0.4878 | 0.4881 | 0.4884 | 0.4887 | 0.4890 |
| 2.3 | 0.4893 | 0.4896 | 0.4898 | 0.4901 | 0.4904 | 0.4906 | 0.4909 | 0.4911 | 0.4913 | 0.4916 |
| 2.4 | 0.4918 | 0.4920 | 0.4922 | 0.4925 | 0.4927 | 0.4929 | 0.4931 | 0.4932 | 0.4934 | 0.4936 |
| 2.5 | 0.4938 | 0.4940 | 0.4941 | 0.4943 | 0.4945 | 0.4946 | 0.4948 | 0.4949 | 0.4951 | 0.4952 |
| 2.6 | 0.4953 | 0.4955 | 0.4956 | 0.4957 | 0.4959 | 0.4960 | 0.4961 | 0.4962 | 0.4963 | 0.4964 |
| 2.7 | 0.4965 | 0.4966 | 0.4967 | 0.4968 | 0.4969 | 0.4970 | 0.4971 | 0.4972 | 0.4973 | 0.4974 |
| 2.8 | 0.4974 | 0.4975 | 0.4976 | 0.4977 | 0.4977 | 0.4978 | 0.4979 | 0.4979 | 0.4980 | 0.4981 |
| 2.9 | 0.4981 | 0.4982 | 0.4982 | 0.4983 | 0.4984 | 0.4984 | 0.4985 | 0.4985 | 0.4986 | 0.4986 |
| 3.0 | 0.4987 | 0.4987 | 0.4987 | 0.4988 | 0.4988 | 0.4989 | 0.4989 | 0.4989 | 0.4990 | 0.4990 |

## 2 Lv. ★★★

解答は229ページ

AとBが続けて試合を行い，先に3勝した方が優勝するというゲームを考える。1試合ごとにAが勝つ確率を$p$，Bが勝つ確率を$q$，引き分ける確率を$1-p-q$とする。

（1）3試合目で優勝が決まる確率を求めよ。

（2）5試合目で優勝が決まる確率を求めよ。

（3）$p=q=\dfrac{1}{3}$としたとき，5試合目が終了した時点でまだ優勝が決まらない確率を求めよ。

（4）$p=q=\dfrac{1}{2}$としたとき，優勝が決まるまでに行われる試合数の期待値を求めよ。

（岡山大）

## 3 Lv. ★★★

解答は230ページ

次のような競技を考える。競技者がサイコロを振る。もし，出た目が気に入ればその目を得点とする。そうでなければ，もう1回サイコロを振って，2つの目の合計を得点とすることができる。ただし，合計が7以上になった場合は得点は0点とする。この取り決めによって，2回目を振ると得点が下がることもあることに注意しよう。次の問いに答えよ。

（1）競技者が常にサイコロを2回振るとすると，得点の期待値はいくらか。

（2）競技者が最初の目が6のときだけ2回目を振らないとすると，得点の期待値はいくらか。

（3）得点の期待値を最大にするためには，競技者は最初の目がどの範囲にあるときに2回目を振るとよいか。

（九州大）

Z-KAI

Z-KAI

# 理系数学入試の核心
## 標準編 新課程増補版

## 解答・解説

Z会編集部 編

# 目次

# 目次

# 目次

# 理系入試の傾向と対策

## ✦全体的な傾向

近年の入試を見ると，以前に比べて，全体的には典型的な問題や丁寧な誘導がついて解きやすい問題が増えています。このような問題が増えたということは，得点しやすくなったとみることもできますが，視点を変えれば，多くの人が解けるために合格ラインが高くなったともいえるでしょう。したがって，入試においては，標準レベルの問題は確実に得点し，この部分で差をつけられないようにする必要があります。

## ✦個々の分野について

受験対策をするうえでおろそかにしてよい分野はありませんが，以下では，出題頻度がとくに高く，重点をおいて対策をとりたい分野についてまとめます。

### 整数（数学 A）

論証や方程式の問題がよく出題されます。余りによる分類を用いた証明や不定方程式などの典型問題については，考え方を理解して使いこなす練習が必要です。対策をしているかどうかで差がつきやすい分野といえます。

### 場合の数と確率（数学 A）

他の分野以上に，問題を正しく読み取る力が要求されます。この分野は単独でもよく出題されますが，数学 B「数列」など他分野と融合した出題も見られます。“場合の数”では最短経路や組分けなど，“確率”では点の移動などの典型問題の考え方は押さえておきましょう。期待値についても確認しておきましょう。

### 数列（数学 B）

数列単独の出題としては，いろいろな数列の和を求める問題や漸化式，数学的帰納法を用いた証明などがよく見られます。漸化式から一般項を求める問題では，誘導がある場合も多いですが，よく見るタイプの漸化式は，誘導なしでも解けるようにしておきましょう。また，数学 A「場合の数と確率」や数学Ⅲ「極限」との融合問題も頻出です。

### ベクトル（数学 C）

単独で出題されることが多い分野です。平面，空間のいずれにおいても，ベクトルの1次独立性や内積を利用する図形問題が多く見られます。ベクトルのもつ意味と性質を理解し，正しく利用できるようにしておくことが大切です。ベクトルの扱いに慣れることで，問題文にベクトルの設定がなくても，ベクトルを利用すると処理しやすい問題を見抜けるようになるでしょう。

## 複素数平面（数学 C）

複素数平面の問題では，$n$ 乗根に関する問題が頻出です。ド・モアブルの定理は使いこなせるよう練習しておきましょう。

また，図形の性質と絡めた問題も出題されます。円や直線の方程式はもちろん，点の回転などを複素数を用いて表せるようになることが大切です。方程式の表す図形的な意味を確認しながら学習を進めましょう。

## 微分法・積分法（数学Ⅲ）

理系入試において，出題の中心となる分野といっても過言ではありません。応用範囲が広いのでさまざまな問題がありますが，2 曲線に囲まれる部分の面積や定積分で表された関数など，解法の方針が決まっている典型問題は確実に解けるようにしましょう。数学 C「式と曲線」との融合として，接線の方程式や面積を求めさせる問題にも注意が必要です。また，複雑な計算も多いため，公式を理解したうえで，計算の工夫なども身につけ，速く正確に処理できるようにしておきましょう。

## ✦入試に向けて

この問題集に取り組めば，入試の標準問題にひと通り触れられますが，入試対策として，単にこれらの問題に取り組むだけでは十分とはいえません。国公立大の 2 次試験や難関私立大の個別試験は主に記述式の試験であり，記述式の答案の書き方には，自己採点では気付かない落とし穴があるからです。学校での演習なら，先生に答案を見てもらうこともできますが，自宅での演習では答案の書き方まで学ぶことは難しいでしょう。

Z 会の通信教育では，実戦的な問題に取り組んだ答案をプロの目でチェックします。答案を第三者に見てもらう機会が少ない人はぜひ受講を検討してみてください。

# 解答編

# 第1章　数と式，集合と論理

## 1　対称式　Lv. ★★★

問題は8ページ

**考え方**　3 文字の対称式の計算に関する問題である。与えられている式が，すべて $a$，$b$，$c$ の対称式であるから，基本対称式で表すことを考えよう。

（2）では，（1）の結果を利用する。与えられた式 $a^2+b^2+c^2$，$a^3+b^3+c^3$，$abc$ や，（1）の式 $ab+bc+ca$ を含む因数分解の公式には，どのようなものがあるだろうか。

**解答**

（1）$a^2+b^2+c^2=(a+b+c)^2-2(ab+bc+ca)$

である。$a^2+b^2+c^2=1$，$x=a+b+c$ であるから

$$1=x^2-2(ab+bc+ca)$$

$$\therefore\quad ab+bc+ca=\frac{x^2-1}{2}$$ 答

（2）$a^3+b^3+c^3-3abc$

$$=(a+b+c)(a^2+b^2+c^2-ab-bc-ca)$$

である。$a^2+b^2+c^2=1$，$a^3+b^3+c^3=0$，$abc=3$ であるから

$$0-3\cdot3=(a+b+c)\{1-(ab+bc+ca)\}$$

さらに，$x=a+b+c$ であるから，（1）の結果が利用できて

$$0-9=x\left(1-\frac{x^2-1}{2}\right)$$

$$\therefore\quad x^3-3x=18$$ 答

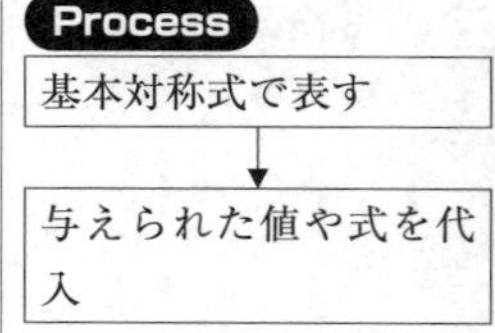

Process
基本対称式で表す
与えられた値や式を代入


基本対称式や（1）の結果が利用できるように変形

↓

与えられた値を代入

↓

（1）の結果を代入

**解説**　文字を入れ換えてももとの式と変わらない式を対称式という。2 文字 $a$，$b$ に関する対称式は $a+b$，$ab$ で表すことができ，3 文字 $a$，$b$，$c$ に関する対称式は $a+b+c$，$ab+bc+ca$，$abc$ で表すことができる（これらの式を基本対称式という）。対称式を扱うときは，与えられた対称式を基本対称式の利用を意識して変形することが大切である。

**核心はココ！**

**対称式は，必ず基本対称式で表せる！**

## 2　必要条件・十分条件の判定　Lv.★★★

問題は8ページ

**考え方**　$xy$ 平面上において，各条件を図形や領域として表し，視覚的に考えるとわかりやすい。「$p \Longrightarrow q$ が真である」は，「($p$ が成り立つ点の集合)$\subset$($q$ が成り立つ点の集合)という包含関係が成立する」と読みかえることができる。

**解答**

(1) $x^2+y^2<1$ の表す領域は左下図の斜線部分であり，$-1<x<1$ の表す領域は右下図の斜線部分である(ともに境界を含まない)。

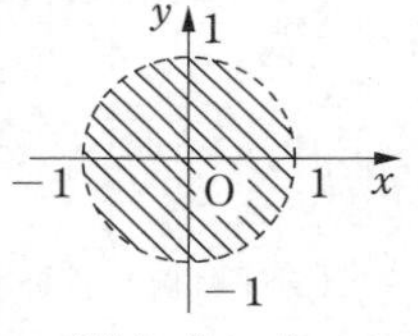


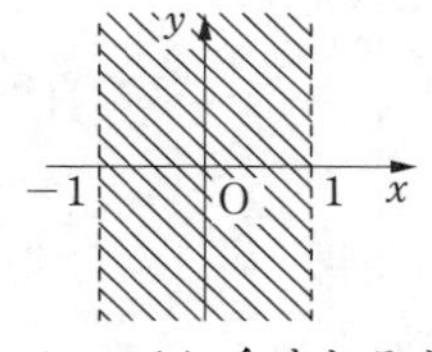


よって，領域 $x^2+y^2<1$ は領域 $-1<x<1$ に含まれるから，$x^2+y^2<1$ は，$-1<x<1$ であるための**十分条件ではあるが，必要条件ではない。**

⇨(イ) **答**

(2) $-1<x<1$ かつ $-1<y<1$ の表す領域は左下図の斜線部分であり，$x^2+y^2<1$ の表す領域は右下図の斜線部分である(ともに境界を含まない)。

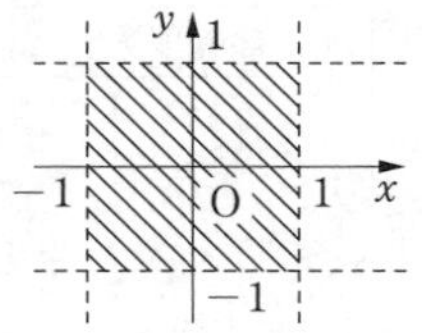


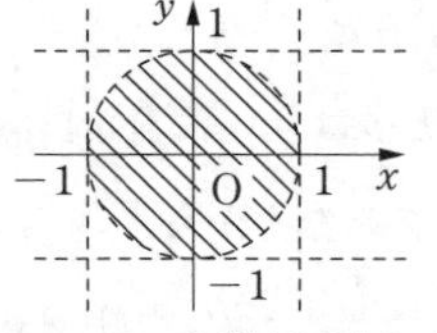


よって，領域 $-1<x<1$ かつ $-1<y<1$ は領域 $x^2+y^2<1$ を含むから，$-1<x<1$ かつ $-1<y<1$ は $x^2+y^2<1$ であるための**必要条件ではあるが，十分条件ではない。**

⇨(ア) **答**

**Process**

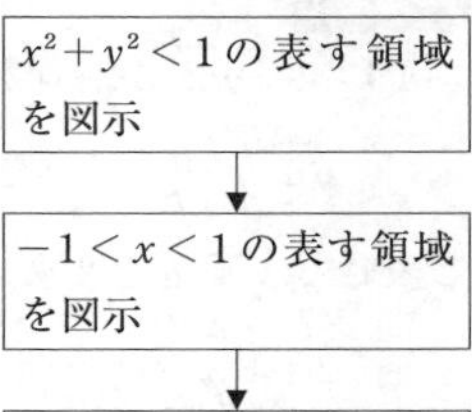


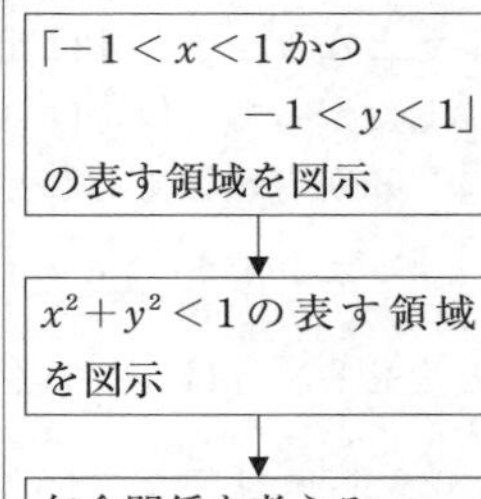

「$-1<x<1$ かつ $-1<y<1$」の表す領域を図示
$x^2+y^2<1$ の表す領域を図示
包含関係を考える

**必要条件・十分条件は包含関係に注目して把握しよう**

## 3　背理法　Lv.★★★

問題は8ページ

**考え方**　無理数であることを証明するためには，背理法を用いるとよい。たとえば $\sqrt{2}$ を有理数と仮定すると，$\sqrt{2}$ は既約分数 $\dfrac{q}{p}$（$p$，$q$ は整数，$p \neq 0$）と表せる（とくに $\sqrt{2}>0$ より $p$，$q$ は自然数としてよい）。このとき $p$，$q$ は互いに素であるから，このことを利用して矛盾を導こう。

（2）①は，結論の方が式が立てやすいので，対偶を証明するとラクである。

**解答**

（1）①　$\sqrt{2}$ が有理数であると仮定すると

$$\sqrt{2}=\frac{q}{p}\quad（ただし，p と q は互いに素な自然数）$$

と表せる。両辺を2乗すると

$$2=\frac{q^2}{p^2} \iff q^2=2p^2$$

右辺は偶数であるから，$q^2$ は偶数，すなわち，$q$ も偶数である。

よって，$q=2q'$（$q'$ は自然数）とおけて

$$2p^2=(2q')^2 \iff p^2=2q'^2$$

$p^2$ は偶数であるから，$p$ も偶数である。すなわち，$p$ も $q$ も偶数となり，$p$ と $q$ は互いに素であることに矛盾する。

したがって，仮定は誤りで，$\sqrt{2}$ は無理数である。（証終）

②　$\alpha$ が有理数であると仮定すると

$$\alpha=\pm\frac{s}{t}\quad（ただし，s と t は互いに素な自然数）$$

と表せる。$\alpha$ は $\alpha^3+\alpha+1=0$ をみたすから

$$\left(\pm\frac{s}{t}\right)^3\pm\frac{s}{t}+1=0 \iff \frac{s^3}{t}=-t(s\pm t)\quad（複号同順）$$

$$\cdots\cdots\cdots\cdots\cdots\cdots(*)$$

右辺は整数であるから，左辺も整数でなければならず，$s$，$t$ は互いに素な自然数であるから，$t=1$ である。

よって，$(*)$より

$$\pm s^3\pm s+1=0 \iff s(s^2+1)=\mp 1\quad（複号同順）$$

$s$ は自然数なので，$s \geqq 1$，$s^2+1>1$ であるから（左辺）$>1$ となり，（右辺）$=\pm 1$ に矛盾する。

したがって，仮定は誤りで，$\alpha$ は無理数である。（証終）

（2）①　対偶

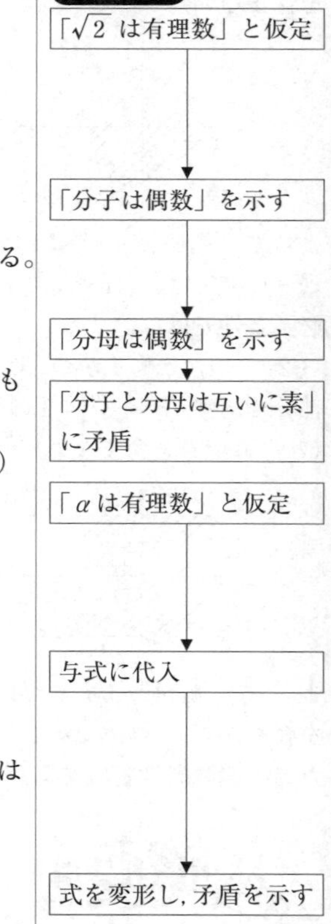
Process
「√2 は有理数」と仮定
「分子は偶数」を示す
「分母は偶数」を示す
「分子と分母は互いに素」に矛盾
「α は有理数」と仮定
与式に代入
式を変形し，矛盾を示す

「$n$が3の倍数でないならば，$n^3$は3の倍数でない」

を証明する。

$n=1$のとき，$n^3=1^3=1$は3の倍数でないので成り立つ。

$n=3k\pm1$（$k$は自然数）とおくと

$$n^3=(3k\pm1)^3=27k^3\pm27k^2+9k\pm1$$
$$=3(9k^3\pm9k^2+3k)\pm1$$

よって，$n^3$は3の倍数でない。

対偶が真であるので，元の命題も真である。　（証終）

② $\sqrt[3]{3}$が有理数であると仮定すると

$$\sqrt[3]{3}=\frac{u}{v}\quad（ただし，u と v は互いに素な自然数）$$

と表せる。両辺を3乗すると

$$3=\frac{u^3}{v^3}\iff u^3=3v^3$$

右辺は3の倍数であるから，$u^3$は3の倍数であり，（2）①より$u$も3の倍数である。

よって，$u=3u'$（$u'$は自然数）とおけて

$$(3u')^3=3v^3\iff v^3=3^2u'^3$$

$v^3$は3の倍数であるから，（2）①より$v$も3の倍数である。すなわち，$u$も$v$も3の倍数であり，$u$，$v$は互いに素であることに反する。

したがって，仮定は誤りで，$\sqrt[3]{3}$は無理数である。　（証終）

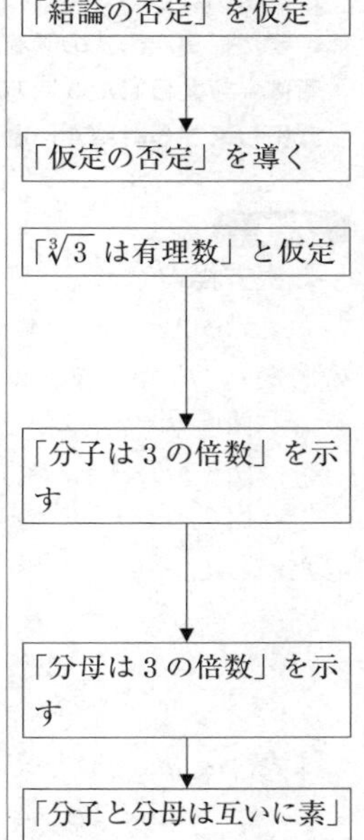
「結論の否定」を仮定
「仮定の否定」を導く
「$\sqrt[3]{3}$ は有理数」と仮定
「分子は3の倍数」を示す
「分母は3の倍数」を示す
「分子と分母は互いに素」に矛盾

**解説**　命題「$p\Longrightarrow q$」が真であることを証明するときに，条件$p$のもとで，$q$でないと仮定して矛盾を導くことにより，命題「$p\Longrightarrow q$」が真であると結論する証明方法を背理法という。

背理法は，結論が，「少なくとも」，「または」，「でない」など，否定した方が扱いやすそうな場合に有効である。無理数とは「有理数でない実数」のことであるから，「有理数である」として矛盾を導けばよい。

**核心はココ！**

**否定的な命題には背理法が有効！**

# 第2章　式と証明，方程式と不等式

## 4　3次方程式の解と係数の関係　Lv. ★★★

問題は9ページ

**考え方**　3文字の対称式の値を求める問題であるから，基本対称式を用いて変形していけばよい。基本対称式の値は，3次方程式の解と係数の関係から求められる。

また，高次の式の値を計算するときは，次数を下げて考えることがセオリーである。本問では，与えられた3次方程式が「次数下げの道具」となっている。これを用いてより簡単な式にしてから計算するとよい。

**解答**

3次方程式

$$x^3-2x^2+3x-4=0$$

の解が $\alpha$，$\beta$，$\gamma$ であるから，解と係数の関係より

$$\begin{cases}\alpha+\beta+\gamma=2\\ \alpha\beta+\beta\gamma+\gamma\alpha=3\\ \alpha\beta\gamma=4\end{cases}$$

したがって

$$\begin{aligned}\alpha^2+\beta^2+\gamma^2&=(\alpha+\beta+\gamma)^2-2(\alpha\beta+\beta\gamma+\gamma\alpha)\\&=2^2-2\cdot3\\&=-2\end{aligned}$$

また，$\alpha$，$\beta$，$\gamma$ は与えられた3次方程式の解なので

$$\alpha^3=2\alpha^2-3\alpha+4 \quad \cdots\cdots①$$

$$\beta^3=2\beta^2-3\beta+4 \quad \cdots\cdots②$$

$$\gamma^3=2\gamma^2-3\gamma+4 \quad \cdots\cdots③$$

をみたす。よって，辺々たして

$$\begin{aligned}\alpha^3+\beta^3+\gamma^3&=2(\alpha^2+\beta^2+\gamma^2)-3(\alpha+\beta+\gamma)+4\times3\\&=2\cdot(-2)-3\cdot2+12\\&=2\end{aligned}$$

である。

次に

①$\times\alpha$ より　$\alpha^4=2\alpha^3-3\alpha^2+4\alpha$

②$\times\beta$ より　$\beta^4=2\beta^3-3\beta^2+4\beta$

③$\times\gamma$ より　$\gamma^4=2\gamma^3-3\gamma^2+4\gamma$

であるから，辺々たして

**Process**

解と係数の関係から基本対称式の値を得る

↓

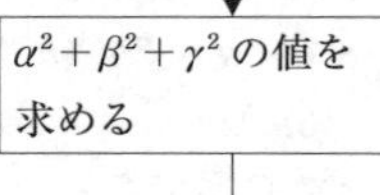
$\alpha^2+\beta^2+\gamma^2$ の値を
求める

↓

次数下げを利用して $\alpha^3+\beta^3+\gamma^3$ の値を求める

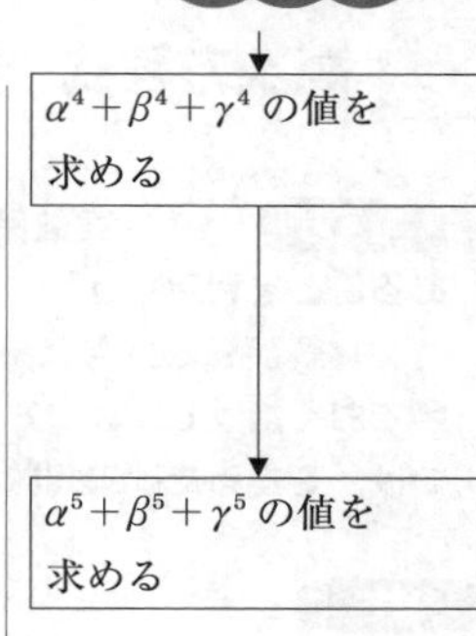
$\alpha^4+\beta^4+\gamma^4$ の値を求める
$\alpha^5+\beta^5+\gamma^5$ の値を求める

$$\begin{aligned}&\boldsymbol{\alpha^4+\beta^4+\gamma^4}\\&=2(\alpha^3+\beta^3+\gamma^3)-3(\alpha^2+\beta^2+\gamma^2)+4(\alpha+\beta+\gamma)\\&=2\cdot2-3\cdot(-2)+4\cdot2\\&=18\end{aligned}$$ **答**

である。

同様にして

$$\begin{aligned}&\boldsymbol{\alpha^5+\beta^5+\gamma^5}\\&=2(\alpha^4+\beta^4+\gamma^4)-3(\alpha^3+\beta^3+\gamma^3)+4(\alpha^2+\beta^2+\gamma^2)\\&=2\cdot18-3\cdot2+4\cdot(-2)\\&=22\end{aligned}$$ **答**

である。

---

**解説** 3次方程式 $ax^3+bx^2+cx+d=0\ (a\neq0)$ の解を $\alpha$, $\beta$, $\gamma$ とすると

$$\alpha+\beta+\gamma=-\frac{b}{a},\ \alpha\beta+\beta\gamma+\gamma\alpha=\frac{c}{a},\ \alpha\beta\gamma=-\frac{d}{a}$$

が成り立つ(逆も成り立つ)。これは3次方程式の左辺が

$$ax^3+bx^2+cx+d=a(x-\alpha)(x-\beta)(x-\gamma)$$

と因数分解でき，この式の両辺の係数を比較することから得られる。

ところで，$\alpha+\beta+\gamma$, $\alpha\beta+\beta\gamma+\gamma\alpha$, $\alpha\beta\gamma$ は3文字の基本対称式である。このように，解と係数の関係と対称式は深い関わりをもっている。

**別解** 整式の除法を用いて次数を下げてもよい。$x^4$ を $x^3-2x^2+3x-4$ で割ると

$$x^4=(x^3-2x^2+3x-4)(x+2)+x^2-2x+8$$

であるから，$x=\alpha$ を代入すると $\alpha^3-2\alpha^2+3\alpha-4=0$ より

$$\alpha^4=\alpha^2-2\alpha+8$$

同様にして，$\beta^4=\beta^2-2\beta+8$, $\gamma^4=\gamma^2-2\gamma+8$ であるから

$$\begin{aligned}\alpha^4+\beta^4+\gamma^4&=(\alpha^2+\beta^2+\gamma^2)-2(\alpha+\beta+\gamma)+8\times3\\&=-2-2\cdot2+24\\&=18\end{aligned}$$

**核心はココ!**

**高次の対称式の値は，解と係数の関係を利用し，次数下げをして求めよう！**

## 5　高次方程式　Lv. ★★★

問題は9ページ

**考え方**　(1) 実数係数の方程式が虚数 $\alpha$ を解にもつとき，その共役な複素数 $\overline{\alpha}$ も解であることを利用する。
(2) 解が $\alpha$ しか与えられていないが，(1)と同様に $\overline{\alpha}$ も解になるため，実数解を1つ文字でおくだけで，3次方程式を表すことができる。このように，問題文から隠れた条件を見つけ，できるだけ未知数の少ない式を立てることは大切である。

**解答**

(1) 複素数 $\alpha=\dfrac{3+\sqrt{7}i}{2}$ を解にもつ実数係数の方程式は，$\overline{\alpha}=\dfrac{3-\sqrt{7}i}{2}$ も解にもつから，これらを2解とする2次方程式は

$$\left(x-\frac{3+\sqrt{7}i}{2}\right)\left(x-\frac{3-\sqrt{7}i}{2}\right)=0$$

$\therefore\quad x^2-3x+4=0$ 答

(2) (1)より，$x^3+ax^2+bx+c$ は $x^2-3x+4$ を因数にもつから，与えられた3次方程式の実数解を $\gamma$ とおくと

$$x^3+ax^2+bx+c=(x-\gamma)(x^2-3x+4)$$

$$\therefore\quad x^3+ax^2+bx+c=x^3-(\gamma+3)x^2+(3\gamma+4)x-4\gamma$$

と表せる。両辺の係数を比較して

$$\begin{cases} a=-\gamma-3 & \cdots\cdots① \\ b=3\gamma+4 & \cdots\cdots② \\ c=-4\gamma & \cdots\cdots③ \end{cases}$$

ここで，$a$ は整数であるから，①より $\gamma$ も整数であることがわかる。このことと $0\leqq\gamma\leqq1$ であることから

$\gamma=0$ または $1$

したがって，求める整数の組 $(a,\ b,\ c)$ は①～③より

$(a,\ b,\ c)=(-3,\ 4,\ 0),\ (-4,\ 7,\ -4)$ 答

**Process**

共役な複素数 $\overline{\alpha}$ も解
↓
虚数解 $\alpha$，$\overline{\alpha}$ と実数解 $\gamma$ をもつ3次方程式を立式
↓
実数解 $\gamma$ を求める

---

**解説**　実数係数の方程式

$$f(x)=a_nx^n+a_{n-1}x^{n-1}+\cdots+a_1x+a_0=0 \quad \cdots\cdots(*)$$

が虚数解 $\alpha$ をもつとき，それと共役な複素数 $\overline{\alpha}$ も方程式(＊)の解である。
これは次のように証明できる。

《証明》方程式(＊)に虚数解 $\alpha$ を代入すると

$$f(\alpha)=a_n\alpha^n+a_{n-1}\alpha^{n-1}+\cdots+a_1\alpha+a_0=0$$

両辺に共役な複素数をとると

$$\overline{a_n\alpha^n+a_{n-1}\alpha^{n-1}+\cdots+a_1\alpha+a_0}=\overline{0}$$

$$\therefore\quad \overline{a_n}\,(\overline{\alpha})^n+\overline{a_{n-1}}\,(\overline{\alpha})^{n-1}+\cdots+\overline{a_1}\,\overline{\alpha}+\overline{a_0}=0$$

$a_k\,(k=0,\ 1,\ 2,\ \cdots,\ n)$ は実数であるから

$$a_n\,(\overline{\alpha})^n+a_{n-1}\,(\overline{\alpha})^{n-1}+\cdots+a_1\overline{\alpha}+a_0=0$$

よって，$f(\overline{\alpha})=0$ が成り立つから，$\overline{\alpha}$ も(＊)の解である。（証終）

なお，複素数係数の方程式では成り立つとは限らないので，注意しよう。

**＊別解**　(1)は，2次方程式に $\alpha=\dfrac{3+\sqrt{7}\,i}{2}$ を代入する方針でもよい。

すなわち

$$\left(\frac{3+\sqrt{7}\,i}{2}\right)^2+p\cdot\frac{3+\sqrt{7}\,i}{2}+q=0$$

$$\therefore\quad 2+6p+4q+(6+2p)\sqrt{7}\,i=0$$

複素数の相等より

$$\begin{cases}2+6p+4q=0\\6+2p=0\end{cases}$$

$$\therefore\quad \begin{cases}p=-3\\q=4\end{cases}$$

または，2乗して2次方程式をつくるという方針でもよい。すなわち

$$\alpha=\frac{3+\sqrt{7}\,i}{2}\iff 2\alpha-3=\sqrt{7}\,i$$

両辺を2乗すると

$$4\alpha^2-12\alpha+9=-7$$

$$\therefore\quad \alpha^2-3\alpha+4=0$$

したがって，$\alpha$ は2次方程式 $x^2-3x+4=0$ の解である。

**実数係数の方程式が虚数解 $\alpha$ をもつときは**
**共役な複素数 $\overline{\alpha}$ も解である！**

## 6　整数と2次方程式　Lv.★★★

問題は9ページ

**考え方**　（1）有理数 $a$ を“互いに素”である 2 整数の商の形に表し，$f(a)=0$ から(分母)$=\pm1$ を導く。
（2）$f(1)$ も $f(2)$ も 2 で割り切れないということは，$f(1)$，$f(2)$ は奇数と読み替えることができる。そこで，$p$，$q$ の偶奇や整数 $\alpha$ に対する $f(\alpha)$ の偶奇を調べることにより，証明できないかを考える。

**解答**

（1）有理数 $a$ を

$$a=\frac{m}{n}\quad (m,\ n \text{ は互いに素な整数})$$

とすると，方程式 $f(x)=0$ の解であるとき

$$f\left(\frac{m}{n}\right)=\frac{m^2}{n^2}+\frac{pm}{n}+q=0\qquad \therefore\quad \frac{m^2}{n}=-(pm+qn)$$

したがって，$\frac{m^2}{n}$ は整数で，$m$ と $n$ は互いに素だから，
$n=\pm1$，すなわち $a$ は整数である。　（証終）

（2）$f(1)$ も $f(2)$ も 2 で割り切れないから

$$f(1)=1+p+q=2k+1$$
$$f(2)=4+2p+q=2l+1 \quad (k,\ l \text{ は整数})$$

と表せる。$p$，$q$ を $k$，$l$ で表すと

$$p=2(l-k-1)-1,\ \ q=2(2k-l+1)+1$$

したがって，$p$，$q$ はともに奇数である。
このとき，整数 $\alpha$ に対して
$\alpha$ が偶数なら　$f(\alpha)=$(偶数)$+$(偶数)$+$(奇数)$=$(奇数)
$\alpha$ が奇数なら　$f(\alpha)=$(奇数)$+$(奇数)$+$(奇数)$=$(奇数)
すなわち，$f(\alpha)$ はつねに奇数である。
よって，$f(\alpha)=0$ にはならないので，方程式 $f(x)=0$ は整数の解をもたない。　（証終）

**Process**

有理数 $a$ を互いに素な整数を使って $\frac{m}{n}$ と表す
↓
$a$ は $f(x)=0$ の解なので $f(a)=0$
↓
互いに素であることを使って，$n=\pm1$ を示す

$f(1)$，$f(2)$ が 2 で割り切れないことを立式
↓
$p$，$q$ の偶奇を調べる
↓
整数を $\alpha$ として，$f(\alpha)$ の偶奇を調べる

**有理数は $\frac{m}{n}$（$m$，$n$ は互いに素な整数）とおけ！**

## 7 余りの問題 Lv.★★★

問題は10ページ

**考え方** （1）1次式で割った余りについては剰余の定理を利用し，2次以上の式で割った余りについては除法の原理を利用して考えるとよい。

（2）$xp(x)$ を $(x-3)(x-2)^2$ で割ったときの商を $Q(x)$，余りを $R(x)$ とすると

$$xp(x)=(x-3)(x-2)^2Q(x)+R(x)$$

とおけるので，この式をつくることを目標にすればよい。まずは与えられた条件を整理することから始めよう。なお，余り $R(x)$ を求める際は，（$R(x)$ の次数）<（割る式の次数）に注意すること。

**解答**

（1）$p(x)$ を $x-3$ で割った余りは2だから，剰余の定理より

$$p(3)=2$$

また，$p(x)$ を $(x-2)^2$ で割った余りが $x+1$ で，商を $q(x)$ とするとき

$$p(x)=(x-2)^2q(x)+x+1 \quad \cdots\cdots①$$

よって

$$p(3)=(3-2)^2q(3)+4=2$$

$$\therefore \quad q(3)=-2$$

剰余の定理より，$q(x)$ を $x-3$ で割った余りは　$-2$ 答

（2）$q(x)$ を $x-3$ で割った商を $q_1(x)$ とする。

（1）より $q(x)=(x-3)q_1(x)-2$ なので，これを①に代入して

$$p(x)=(x-2)^2(x-3)q_1(x)-2(x-2)^2+x+1$$

$$\therefore \quad xp(x)=x(x-2)^2(x-3)q_1(x)-2x(x-2)^2+x^2+x$$

ここで，$x(x-2)^2=(x-3)(x-2)^2+3(x-2)^2$ だから

$$xp(x)=(x-3)(x-2)^2\{xq_1(x)-2\}-6(x-2)^2+x^2+x$$

よって，$xp(x)$ を3次式 $(x-3)(x-2)^2$ で割った余りは

$$-6(x-2)^2+x^2+x=-5x^2+25x-24$$ 答

**Process**

剰余の定理
↓
除法の原理から立式

与えられた条件を整理
↓
代入して式変形
↓
余りが求まるように $xp(x)$ を変形する

**整式の余りの問題は除法の原理を利用！**

## 8 相加・相乗平均の関係 Lv.★★★

問題は10ページ

**考え方** （1）$\dfrac{y}{x}$と$\dfrac{x}{y}$がともに正であることと，$\dfrac{y}{x}$と$\dfrac{x}{y}$の積が定数であることから，相加・相乗平均の関係を利用するとよい。

（2）左辺を展開すると，（1）の左辺と同じような2項の組が現れることに着目しよう。

**解答**

（1）$x>0$，$y>0$より$\dfrac{y}{x}>0$，$\dfrac{x}{y}>0$なので，相加・相乗平均の関係から

$$\frac{y}{x}+\frac{x}{y}\geqq 2\sqrt{\frac{y}{x}\cdot\frac{x}{y}}$$

よって

$$\frac{y}{x}+\frac{x}{y}\geqq 2$$

等号が成立するための条件は

$\dfrac{y}{x}=\dfrac{x}{y}$ すなわち $x=y$ 答　　（証終）

（2）$(a_1+\cdots+a_n)\left(\dfrac{1}{a_1}+\cdots+\dfrac{1}{a_n}\right)\geqq n^2$ ……①

$n\geqq 2$のとき，①の左辺を展開すると

$$\begin{aligned}&(a_1+\cdots+a_n)\left(\frac{1}{a_1}+\cdots+\frac{1}{a_n}\right)\\&=\left(\frac{a_1}{a_1}+\frac{a_1}{a_2}+\cdots+\frac{a_1}{a_n}\right)+\left(\frac{a_2}{a_1}+\frac{a_2}{a_2}+\cdots+\frac{a_2}{a_n}\right)\\&\qquad+\cdots+\left(\frac{a_n}{a_1}+\frac{a_n}{a_2}+\cdots+\frac{a_n}{a_n}\right)\\&=n+\left(\frac{a_1}{a_2}+\frac{a_2}{a_1}\right)+\left(\frac{a_1}{a_3}+\frac{a_3}{a_1}\right)\\&\qquad+\cdots+\left(\frac{a_i}{a_j}+\frac{a_j}{a_i}\right)+\cdots+\left(\frac{a_{n-1}}{a_n}+\frac{a_n}{a_{n-1}}\right)\end{aligned}$$

ここで，$(i,\ j)$の組は，1から$n$までの自然数から異なる2数を選ぶ組合せになるので

**Process**

左辺を展開する

↓

積が定数である2項に着目する

$$_n\mathrm{C}_2=\frac{n(n-1)}{2}\ (\text{組})$$

このすべての $(i,\ j)$ の組について，（1）から

$$\frac{a_i}{a_j}+\frac{a_j}{a_i}\geqq 2$$

等号が成立するための条件は

$$a_i=a_j$$

よって，①の左辺について

$$(a_1+\cdots+a_n)\left(\frac{1}{a_1}+\cdots+\frac{1}{a_n}\right)$$

$$\geqq n+2+2+\cdots+2=n+2\cdot\frac{n(n-1)}{2}$$

$$=n^2$$

が成立し，等号が成立するための条件は

$$a_1=a_2=\cdots=a_n$$ 答

$n=1$ のとき，

$$(\text{左辺})=a_1\cdot\frac{1}{a_1}=1,\ (\text{右辺})=1^2=1$$

より等号はつねに成立する。 答

（証終）

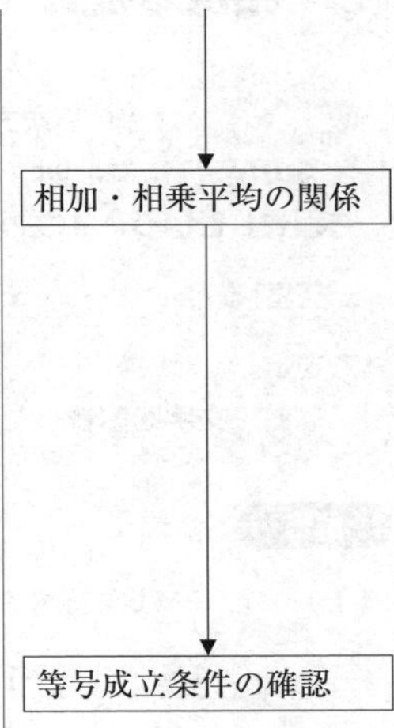

**積が定数になる正の 2 項が出てきたら，**
**相加・相乗平均の関係を利用！**

## 9　相反方程式（逆数方程式）　Lv.★★★

問題は10ページ

**考え方**　（2）高次方程式の解は，文字の置換によって，低次の方程式に帰着させて考えるのが定石。本問は，係数が左右対称の方程式になっており，このような方程式を「相反方程式」という。$x$ の $2n$ 次の相反方程式は，$x^n$ で割って考えるとよい。本問では，与式を $x^2$ で割ると $x^2+\frac{1}{x^2}$，$x+\frac{1}{x}$ が現れるから，$x+\frac{1}{x}$ についての 2 次方程式をつくることができる。

なお，文字を置換したのだから，置換した文字の変域をしっかり押さえること。

**解答**

（1）$x$ と $\frac{1}{x}$ は同符号だから

$$\left|x+\frac{1}{x}\right|=|x|+\frac{1}{|x|}$$

$|x|>0$ より相加・相乗平均の関係を用いると

$$|x|+\frac{1}{|x|}\geqq 2\sqrt{|x|\cdot\frac{1}{|x|}}=2$$

等号が成り立つのは $|x|=\frac{1}{|x|}$ すなわち $x=\pm1$ のときである。

よって，求める値の範囲は

$$\left|x+\frac{1}{x}\right|\geqq 2$$ 答

（2）$x^4+ax^3+bx^2+ax+1=0$ ……………………①

$x=0$ は①をみたさないから，両辺を $x^2(\neq 0)$ で割って

$$x^2+ax+b+\frac{a}{x}+\frac{1}{x^2}=0$$

$$\therefore\quad \left(x+\frac{1}{x}\right)^2+a\left(x+\frac{1}{x}\right)+b-2=0$$

$x+\frac{1}{x}=t$ とおくと

$t^2+at+b-2=0$ ……………………②

ここで，$x$ が実数ならば（1）より

$$t\leqq -2,\ 2\leqq t$$

したがって，方程式①が実数解をもたない条件は，$t$ の方程式②が

**Process**

文字の置換によって低次の方程式に帰着

↓

置換した文字の変域に注意して，実数解をもたない条件を考える

（ア）実数解をもたない

（イ）$-2<t<2$ の範囲に2つの実数解をもつ（重解を含む）

場合のどちらかが成り立つことである。

$$f(t)=t^2+at+b-2=\left(t+\frac{a}{2}\right)^2+b-\frac{a^2}{4}-2$$

とおくと，求める条件はグラフから

（ア）の場合：$b-\dfrac{a^2}{4}-2>0$

（イ）の場合：$\begin{cases} b-\dfrac{a^2}{4}-2\leqq 0 \\ -2<-\dfrac{a}{2}<2 \\ f(-2)=b-2a+2>0 \\ f(2)=b+2a+2>0 \end{cases}$

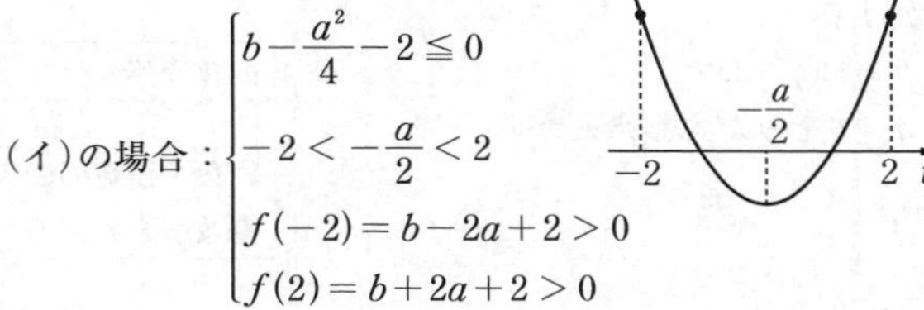


よって

$b>\dfrac{a^2}{4}+2$ または

$\begin{cases} b\leqq \dfrac{a^2}{4}+2 \\ -4<a<4 \\ b>2a-2 \\ b>-2a-2 \end{cases}$

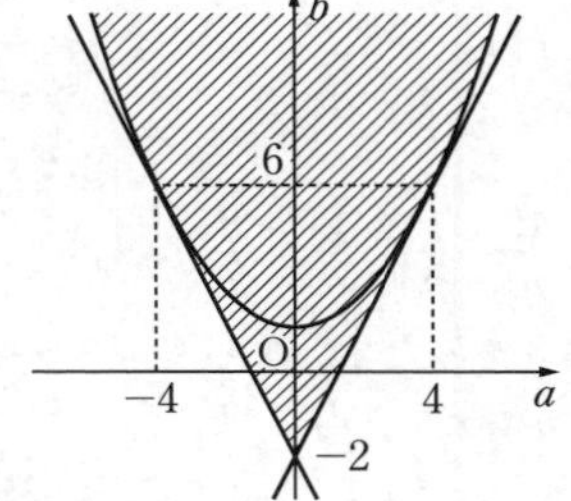


点$(a,\ b)$の存在範囲は右上図の斜線部分で，境界を除く。 答

# 核心はココ！

**$x$ の $2n$ 次の相反方程式は，$x^n$ で割って低次の方程式にして考えよう！**

# 第3章　整数

## 10　不定方程式①　Lv.★★★

問題は11ページ

**考え方**　方程式の整数解を求めるので，整数の特徴が活かせるように式変形しよう。

（1）与式は分母を払うと因数分解できるので，約数・倍数の関係が使える。

（2）不等式 $\dfrac{1}{p} \geqq \dfrac{1}{q} \geqq \dfrac{1}{r}$ が成り立つので，正の整数 $p$ の値の範囲が絞り込める。文字の数が 2 つになるので，あとは（1）と同様に処理すればよい。

**解答**

（1）与式の両辺に $pq$ をかけて

$$q+p=pq \qquad \therefore \quad (p-1)(q-1)=1$$

$p-1$，$q-1$ は $0 \leqq p-1 \leqq q-1$ をみたす整数だから

$$\begin{cases} p-1=1 \\ q-1=1 \end{cases} \qquad \therefore \quad p=q=2 \quad \text{答}$$

（2）$0<p \leqq q \leqq r$ だから

$$\frac{1}{p}=1-\frac{1}{q}-\frac{1}{r}<1$$

かつ

$$1=\frac{1}{p}+\frac{1}{q}+\frac{1}{r} \leqq \frac{1}{p}+\frac{1}{p}+\frac{1}{p}=\frac{3}{p}$$

が成り立ち，$p$ は $1<p \leqq 3$ をみたす。よって　　$p=2,\ 3$

（ア）$p=2$ のとき，$2 \leqq q \leqq r$ で，与式は

$$\frac{1}{q}+\frac{1}{r}=\frac{1}{2} \qquad \therefore \quad (q-2)(r-2)=4$$

$0 \leqq q-2 \leqq r-2$ だから　　$(q-2,\ r-2)=(1,\ 4),\ (2,\ 2)$

（イ）$p=3$ のとき，$3 \leqq q \leqq r$ で，与式は

$$\frac{1}{q}+\frac{1}{r}=\frac{2}{3} \qquad \therefore \quad (2q-3)(2r-3)=9$$

$3 \leqq 2q-3 \leqq 2r-3$ だから　　$(2q-3,\ 2r-3)=(3,\ 3)$

したがって　　$(p,\ q,\ r)=(2,\ 3,\ 6),\ (2,\ 4,\ 4),\ (3,\ 3,\ 3)$　答

**Process**

因数分解
↓
約数・倍数の関係から，整数解を考える

不等式から，正の整数 $p$ の値の範囲を絞り込む
↓
以下，（1）と同様

**方程式の整数解は，因数分解や値の範囲の絞り込みにより求めよ！**

## 11 余りによる分類① Lv.★★★

問題は11ページ

**考え方** （1）余りの問題では，実験して周期性をつかむとよい。$a^2(a=1,\ 2,\ 3,\ \cdots)$を3で割った余りを求めると，1，1，0，1，1，0，…となり，周期3で繰り返すことが予想できる。そこで，$a$を3で割った余りで場合を分けて証明しよう。

（2）$a$，$b$，$c$の中に3の倍数があることを示せばよい。与えられた条件と（1）から，$a^2$，$b^2$，$c^2$を3で割った余りを考えよう。

（3）このままでは求められないので，必要条件から$a$，$b$の値の範囲を絞り込むのがポイント。与式を$b^2=c^2-a^2$の形に変形すれば，右辺は因数分解できること，また，（2）から$a$，$b$を3で割った余りがわかることに注目しよう。

**解答**

（1）正の整数$a$は，正の整数$n$を用いて，$a=3n-2,\ 3n-1,\ 3n$のいずれかで表すことができる。

（ア）$a=3n-2$のとき

$$a^2=(3n-2)^2=3(3n^2-4n+1)+1$$

より，$a^2$を3で割った余りは1である。

（イ）$a=3n-1$のとき

$$a^2=(3n-1)^2=3(3n^2-2n)+1$$

より，$a^2$を3で割った余りは1である。

（ウ）$a=3n$のとき

$$a^2=(3n)^2=3\cdot3n^2$$

より，$a^2$を3で割った余りは0である。

よって，$a^2$を3で割った余りは0または1である。（証終）

（2）（1）より$c^2$を3で割った余りは0または1であるから，$a^2+b^2=c^2$をみたすとき，$a^2+b^2$を3で割った余りは0または1である。また，$a^2$，$b^2$を3で割った余りは0または1より

$$a^2=3k+R,\ b^2=3l+r$$

（ただし，$k$，$l$は0以上の整数，$R$，$r$は0または1）

とおくことができる。すると

$$a^2+b^2=3(k+l)+R+r$$

であるから，$a^2+b^2$を3で割った余りが0または1になるのは

$$(R,\ r)=(0,\ 0),\ (0,\ 1),\ (1,\ 0)$$

のときである。ゆえに，$a^2$，$b^2$の少なくとも一方は3の倍数であるから，（1）より$a$，$b$の少なくとも一方は3の倍数である。よって，$abc$は3の倍数である。（証終）

**Process**

実験して余りの周期性をつかみ，$a$を3で割った余りで場合分けする

↓

3で割った余りがわかるように変形する

（3）225は3の倍数より，$a^2+b^2$ も3の倍数である。これは（2）の $(R,\ r)=(0,\ 0)$ のときであるから，$a^2$，$b^2$ はともに3の倍数である。ゆえに，（1）より $a$，$b$ ともに3の倍数である。

また，$a>0$，$b>0$ より

$$b^2=(15+a)(15-a)>0 \qquad \therefore \quad 0<a<15$$

であるから，$a=3,\ 6,\ 9,\ 12$ であり，このとき $b^2=216,\ 189,\ 144,\ 81$ である。$b$ は正の整数かつ3の倍数であることに注意して

$$(a,\ b)=(9,\ 12),\ (12,\ 9)$$ 答

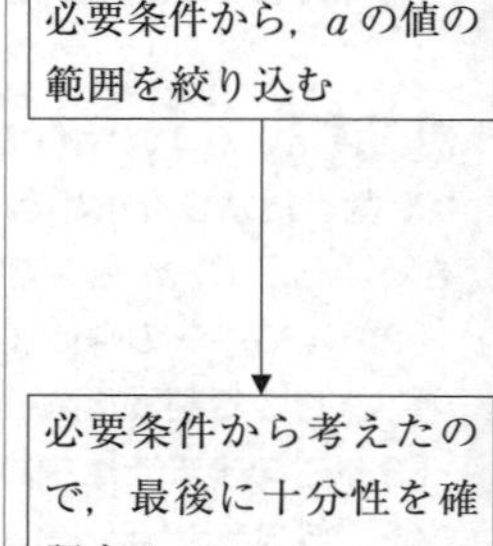
必要条件から，$a$ の値の範囲を絞り込む
必要条件から考えたので，最後に十分性を確認する

**解説**　整数問題特有の考え方を整理しておこう。

整数問題では扱う対象が多いため，「代入してしらみつぶしに検討する」という手法では，限られた試験時間の中で完答するのは難しい。そこで，整数の特徴に着目して，処理量を減らす工夫が必要になる。その際の有効な考え方として代表的なものが

（ア）約数・倍数の関係の利用

（イ）余りによる分類

（ウ）不等式による値の範囲の絞り込み

（ア）は，「方程式の整数解」や「割り切れる条件」などを考えるときに有効で，（3）のように因数分解をして積の形をつくったり，素因数分解をしたりすることで，約数や倍数に注目することである。

（イ）は，偶数・奇数（2で割った余り）で分ける，（1）のように3で割った余りで分けるなど

ある整数で割った余りで分類して，整数の性質を考える

ことである。

（ウ）は

有限区間に含まれる整数は有限個である

を用いて，考察すべき範囲を限定することである。（3）では，$b^2=(15+a)(15-a)>0$ から $a$ の値の範囲を絞り込んでいる。

核心はココ！

**余りの問題では，実験して周期性をつかめ！**

## 12 余りによる分類② Lv.★★★

問題は11ページ

**考え方** 素数は無数に存在するので，すべての素数について調べることはできない。
このような場合，整数を余りで分類するとよい。どの数で割った余りで考えればよいかは，$p=2,\ 3,\ \cdots$ と調べてみるとつかめるだろう。

**解答**

（1）整数 $p\ (\geqq 2)$ に対して，3つの数の組を

$$A(p)=(p,\ 2p+1,\ 4p+1)$$

と表すことにする。

（i）$p=3k\ (k=1,\ 2,\ \cdots)$ のとき

$$A(3k)=(3k,\ 6k+1,\ 12k+1)$$

であり，$k\geqq 2$ のとき，$3k$ は素数でないから不適。また，$k=1$ のとき $A(3)=(3,\ 7,\ 13)$ であり，すべて素数であるから条件をみたす。

（ii）$p=3k+1\ (k=1,\ 2,\ \cdots)$ のとき

$$A(3k+1)=(3k+1,\ 6k+3,\ 12k+5)$$

$6k+3=3(2k+1)$ より，$6k+3$ は素数でないから不適。

（iii）$p=3k+2\ (k=0,\ 1,\ \cdots)$ のとき

$$A(3k+2)=(3k+2,\ 6k+5,\ 12k+9)$$

$12k+9=3(4k+3)$ より，$12k+9$ は素数でないから不適。

以上より，求める $p$ の値は $p=3$ である。 答

（2）整数 $q\ (\geqq 2)$ に対して，5つの数の組を

$$B(q)=(q,\ 2q+1,\ 4q-1,\ 6q-1,\ 8q+1)$$

と表すことにする。

（i）$q=5k\ (k=1,\ 2,\ \cdots)$ のとき

$$B(5k)=(5k,\ 10k+1,\ 20k-1,\ 30k-1,\ 40k+1)$$

であり，$k\geqq 2$ のとき，$5k$ は素数でないから不適。また，$k=1$ のとき $B(5)=(5,\ 11,\ 19,\ 29,\ 41)$ であり，すべて素数であるから条件をみたす。

（ii）$q=5k+1\ (k=1,\ 2,\ \cdots)$ のとき

$$B(5k+1)=(5k+1,\ 10k+3,\ 20k+3,\ 30k+5,\ 40k+9)$$

$30k+5=5(6k+1)$ より，$30k+5$ は素数でないから不適。

（iii）$q=5k+2\ (k=0,\ 1,\ \cdots)$ のとき

$$B(5k+2)=(5k+2,\ 10k+5,\ 20k+7,\ 30k+11,\ 40k+17)$$

$10k+5=5(2k+1)$ より，$k\geqq 1$ のとき，$10k+5$ は素数でな

**Process**

整数を3で割った余りで分類

↓

因数分解できる項に着目して，素数かどうかを調べる

整数を5で割った余りで分類

↓

因数分解できる項に着目して，素数かどうかを調べる

いから不適。また，$k=0$ のとき $B(2)=(2,\ 5,\ 7,\ 11,\ 17)$ であり，すべて素数であるから条件をみたす。

(iv) $q=5k+3$ ($k=0,\ 1,\ \cdots$) のとき

$B(5k+3)=(5k+3,\ 10k+7,\ 20k+11,\ 30k+17,\ 40k+25)$

$40k+25=5(8k+5)$ より，$40k+25$ は素数でないから不適。

(v) $q=5k+4$ ($k=0,\ 1,\ \cdots$) のとき

$B(5k+4)=(5k+4,\ 10k+9,\ 20k+15,\ 30k+23,\ 40k+33)$

$20k+15=5(4k+3)$ より，$20k+15$ は素数でないから不適。

以上より，求める $q$ の値は $q=2,\ 5$ である。 答

---

**解説** (1)で $A(p)$ を $p=2,\ 3,\ \cdots$ と調べて表にまとめると，下表のようになる。なお，丸付き数字は素数でない数を表している。

| | | |
|---|---|---|
| | | $A(2)=(2,\ 5,\ ⑨)$ |
| $A(3)=(3,\ 7,\ 13)$ | $A(4)=(④,\ ⑨,\ 17)$ | $A(5)=(5,\ 11,\ ㉑)$ |
| $A(6)=(⑥,\ 13,\ ㉕)$ | $A(7)=(7,\ ⑮,\ 29)$ | $A(8)=(⑧,\ 17,\ ㉝)$ |
| $A(9)=(⑨,\ 19,\ 37)$ | $A(10)=(⑩,\ ㉑,\ 41)$ | $A(11)=(11,\ 23,\ ㊺)$ |
| $A(12)=(⑫,\ ㉕,\ ㊾)$ | $A(13)=(13,\ ㉗,\ 53)$ | $A(14)=(⑭,\ 29,\ (57))$ |

上表より，題意をみたす $p$ の値は $p=3$ のみと予想でき，$p>3$ については

$p$ が3の倍数のとき ………………………… $p$ が素数でない数

$p$ を3で割った余りが1のとき ………………… $2p+1$ が素数でない数

$p$ を3で割った余りが2のとき ………………… $4p+1$ が素数でない数

であることがわかる。よって，3で割った余りで $p$ を分類して考えるという方針を立てることができる。

**整数を余りで分類すると，すべての整数について調べることができる**

## 13 $p$ 進法 Lv.★★★

問題は12ページ

**考え方** 10 進法で表した正の整数 $N$ が $p$ 進法で $a_n a_{n-1} \cdots a_0$ と表されるとき

$$N = a_n p^n + a_{n-1} p^{n-1} + \cdots + a_0 p^0 = \sum_{k=0}^{n} a_k p^k$$

が成り立つ。7 進法と 11 進法で表した数を立式すると，各位の数字 $a_k$ についての関係式が得られるので，因数分解をしたり，$a_k$ のとり得る値の範囲に注意したりして，$a_k$ を求めればよい。

**解答**

10 進法で表した求める整数を $N$ とおく。$N$ を 7 進法で表すと 3 けたとなるから，7 進法で表した数を $abc$ とおくと

$$N = a \cdot 7^2 + b \cdot 7^1 + c \cdot 7^0 = 49a + 7b + c \quad \cdots\cdots\cdots\cdots ①$$

また，$N$ を 11 進法で表すと，数字の順序が 7 進法のときと逆となるから，11 進法で表した数は $cba$ となり

$$N = c \cdot 11^2 + b \cdot 11^1 + a \cdot 11^0 = 121c + 11b + a \quad \cdots ②$$

ただし，$a$，$b$，$c$ は $1 \leqq a \leqq 6$，$0 \leqq b \leqq 6$，$1 \leqq c \leqq 6$ をみたす整数である。よって，①，②より

$$49a + 7b + c = 121c + 11b + a$$

$$\therefore \quad b = 6(2a - 5c) \quad \cdots\cdots\cdots\cdots\cdots\cdots\cdots\cdots\cdots\cdots ③$$

となり，$2a - 5c$ は整数より $b$ は 6 の倍数である。$0 \leqq b \leqq 6$ なので，$b = 0$，6 である。

$b = 0$ のとき，③より $2a = 5c$ で，2 と 5 は互いに素より，$a$ は 5 の倍数である。$1 \leqq a \leqq 6$ より $a = 5$ であり，このとき $c = 2$ である。したがって，①より $N = 247$ である。

$b = 6$ のとき，③より $5c = 2a - 1$ なので，$2a - 1$ は 5 の倍数である。$1 \leqq 2a - 1 \leqq 11$ なので，$2a - 1 = 5$，10 である。$a$ は整数より $a = 3$ であり，このとき $c = 1$ である。したがって，①より $N = 190$ である。

以上より，$N = 190$，247 である。 答

**Process**

7 進法と 11 進法で表した数を 10 進法で表す

↓

各位の数字の値の範囲を押さえる

↓

7 進法と 11 進法で表した数を等号で結ぶ。因数分解をしたり，値の範囲に注意したりして，各位の数字を求める

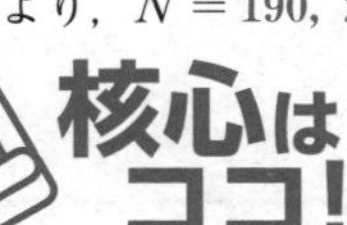


**$p$ 進法の数は，$\sum_{k=0}^{n} a_k p^k$ で 10 進法に直せ！**

# 第3章　整数

## 14　ユークリッドの互除法　Lv. ★★★

問題は12ページ ∴

**考え方**　(1) 条件や結論の“互いに素である”は式で表しづらいが，否定した“互いに素でない”は式で表しやすい。そこで，対偶法や背理法で示すのがポイント。

(2) (1)がヒントになっていることには気づくだろう。つまり，$\dfrac{28n+5}{21n+4}$ を $\dfrac{c}{21n+4}+d$ の形に表して，$21n+4$ と $c$ が互いに素であることを示せばよい。

**解答**

(1) $a$ と $b$ が互いに素でないと仮定すると

$a=km,\ b=kn$ ($k$ は2以上の自然数，$m,\ n$ は自然数)

とおくことができる。与えられた関係式に代入して

$$\frac{kn}{km}=\frac{c}{km}+d \qquad \therefore\quad c=k(n-md)$$

よって，$a$ と $c$ は公約数 $k(\geqq 2)$ をもつので，$a$ と $c$ は互いに素でない。ゆえに，対偶命題が成り立つので，もとの命題も成り立つ。　(証終)

(2) $\dfrac{28n+5}{21n+4}=\dfrac{7n+1}{21n+4}+1$ であるから，$28n+5$ と $21n+4$ が互いに素であることを証明するためには，(1)より $21n+4$ と $7n+1$ が互いに素であることを示せばよい。

ここで，$\dfrac{21n+4}{7n+1}=\dfrac{1}{7n+1}+3$ であり，$7n+1$ と $1$ は互いに素であるから，(1)より $21n+4$ と $7n+1$ も互いに素である。ゆえに，$28n+5$ と $21n+4$ も互いに素である。　(証終)

**Process**

対偶法で示す。互いに素でない2数 $a,\ b$ を式で表す

↓

与式に代入して，$a$ と $c$ が互いに素でないこと（公約数が2以上）を示す

**解説**　2つの自然数の最大公約数を求める方法をユークリッドの互除法といったが，$\dfrac{b}{a}=\dfrac{c}{a}+d$ は，ユークリッドの互除法において $a,\ b$ の最大公約数を求める操作に他ならない。互いに素とは最大公約数が1ということであるから，本問の背景にはユークリッドの互除法がある。

**互いに素であることを証明するときには，対偶法や背理法が有効**

## 15 不定方程式② Lv.★★★

問題は12ページ

**考え方** 割り切れる条件を考えるので，約数・倍数の関係に注目しよう。与式は $a^2-a=a(a-1)$ と因数分解できることから，10000 の約数を考えればよい。このとき，連続する 2 つの整数 $a$ と $a-1$ が互いに素であることに気づきたい。すると，方程式の整数解を求めることに帰着できるので，整数の特徴を活かせるように式変形しよう。

**解答**

$$a^2-a=a(a-1),\ 10000=5^4\cdot 2^4$$

$a$ と $a-1$ は連続する整数だから，$a$ は奇数より $a-1$ は偶数である。また，$a$ と $a-1$ は互いに素であるから

$$\begin{cases} a=5^4x=625x & (x\text{ は正の奇数}) \\ a-1=2^4y=16y & (y\text{ は自然数}) \end{cases}$$

とおける。$a$ を消去すると

$$625x=16y+1 \quad \cdots\cdots ①$$

ここで

$$625=16\times 39+1 \quad \cdots\cdots ②$$

であるから，①−②より

$$625(x-1)=16(y-39)$$

625 と 16 は互いに素であり，$x$ は正の奇数，$y$ は自然数であるから，$k$ を 0 以上の整数として

$$x-1=16k,\ y-39=625k$$

$$\therefore\ x=16k+1,\ y=625k+39$$

したがって　$a=625(16k+1)=10000k+625$

$a$ は 3 以上 9999 以下の奇数であるから，$k=0$ のみ。

$\therefore\ a=625$ 答

**Process**

因数分解，素因数分解

↓

連続する 2 つの整数が互いに素に注目して，約数・倍数の関係を利用

↓

ユークリッドの互除法を利用して，不定方程式をみたす $x$，$y$ の組を 1 つ見つける

**解説** 連続する 2 つの整数 $a$ と $a-1$ が互いに素であることに気づかないと，$a-1=2^4\cdot 1\times y$，$a-1=2^4\cdot 5\times y$，…と何通りも調べなければならない。

**連続する 2 つの整数は互いに素**

# 第4章　場合の数と確率

## 16　組分け問題①　Lv.★★★

問題は13ページ

**考え方**　モノをいくつかの組に分ける問題では「モノを区別するかどうか」,「組を区別するかどうか」の組合せによる4つのタイプがある。本問はモノも組も区別するタイプである。

(1)(i) 部屋Aに入る3人の組を決めると考えることができるので,「組合せ」を用いる。

(1)(ii) 7人がそれぞれ部屋AまたはBを選択すると考えることができるので,「重複順列」を用いるが,このとき,全員が1つの部屋に入る場合(空の部屋ができる場合)も数えていることに注意。

(3)(ii) (3)(i)で求めた場合の数は(ii)もみたしている。では,他にどんな場合があるだろうか。(i)と同様に子どもの分け方に着目して考えよう。

**解答**

(1)(i) ${}_7C_3=35$ **(通り)** 答

(ii) 空の部屋があってもよいとすると,7人をA,Bの二つの部屋に分ける分け方は

$2^7=128$ (通り)

である。このうち,空の部屋がある場合の数は2通りあるから,どの部屋も1人以上になる分け方は

$128-2=126$ **(通り)** 答

このうち,部屋Aの人数が奇数であるとき,部屋Aの人数は1人,3人,5人のいずれかであるから

${}_7C_1+{}_7C_3+{}_7C_5=63$ **(通り)** 答

(2) 空の部屋があってもよいとすると,4人をA,B,Cの三つの部屋に分ける分け方は

$3^4=81$ (通り)

このうち

部屋Aのみが空部屋となる分け方は

$2^4-2=14$ (通り)

であるから,1部屋のみが空部屋となる分け方は

$14\times3=42$ (通り)

また,2部屋が空部屋となる分け方は

3 (通り)

である。

したがって,どの部屋も1人以上になる分け方は

$81-(42+3)=36$ **(通り)** 答

**Process**

重複順列で考える

↓

「空の部屋」の場合の数を求めて,全体からひく

（3）（i）大人4人の分け方は，（2）より36通りである。

また，子ども3人の分け方は

$3^3=27$（通り）

であるから，どの部屋も大人が1人以上になる分け方は

$36\times27=972$ **（通り）** 答

また，子ども3人が部屋A，B，Cに1人ずつ入る分け方は

$3!=6$（通り）

であるから，三つの部屋に子ども3人が1人ずつ入る分け方は

$36\times6=216$ **（通り）** 答

（ii）子ども3人の分け方は

（ア）各部屋に1人ずつ入る

（イ）1人と2人に分かれて入る

のいずれかである。

(ア)の場合

（i）より216通りである。

(イ)の場合

大人2人がいる一つの部屋には子どもは入らず，大人1人がいる二つの部屋に2人の子どもと1人の子どもが分かれて入ればよい。3人の子どもを1人と2人に分ける分け方が3通りであり，これら2組の子どもの部屋の決め方が2通りであるから，(イ)の場合の分け方は

$36\times(3\times2)=216$（通り）

したがって，どの部屋も大人が1人以上で，かつ，各部屋とも2人以上になる分け方は

$216+216=432$ **（通り）** 答

**区別できるモノを組分けするときは，**
**「組合せ」または「重複順列」を使おう**

# 第4章　場合の数と確率

## 17　同じものを含む順列　Lv. ★★★

問題は13ページ

**考え方**　隣り合うものは「ひとまとめ」にして考える。
隣り合わないものは，「まず隣り合ってもよいものを先に並べ，次に隣り合わないものをその間または両端に並べる」と考えるか，「隣り合うものの余事象」と考える。

**解答**

（1）$a$，$b$ はそれぞれ 2 文字，$c$，$d$，$e$，$f$ はそれぞれ 1 文字ずつあるから，これらを並べてできる文字列は全部で

$$\frac{8!}{2!\cdot 2!}=10080$$ **(通り)** 答

（2）まず，同じ文字が連続して並ぶ文字列を考える。

（i）2 つの $a$ が連続して並ぶ場合

2 つの $a$ をひとまとめにして

$\boxed{aa}$，$b$，$b$，$c$，$d$，$e$，$f$

の 7 個のものを並べると考えて

$$\frac{7!}{2!}=2520$$ (通り)

（ii）2 つの $b$ が連続して並ぶ場合

（i）と同様に考えて　2520 (通り)

（iii）2 つの $a$，2 つの $b$ がどちらも連続して並ぶ場合

2 つの $a$，2 つの $b$ をそれぞれひとまとめにして

$\boxed{aa}$，$\boxed{bb}$，$c$，$d$，$e$，$f$

の 6 個のものを並べると考えて

$6!=720$ (通り)

（i）〜（iii）より，同じ文字が連続して並ばない文字列は

$10080-(2520+2520-720)=5760$ **(通り)** 答

（3）3 つの母音字 $a$, $a$, $e$ をひとまとめにして $\boxed{***}$ と表す。このとき

$\boxed{***}$，$b$，$b$，$c$，$d$，$f$

の 6 個のものを並べる並べ方は

$$\frac{6!}{2!}=360$$ (通り)

ただし，$\boxed{***}$ 内での母音字の並び方が 3 通りあるので，母音字が 3 つ連続して並ぶ文字列は

$360\times 3=1080$ **(通り)** 答

**Process**

余事象を考える
↓
連続するものはひとまとめにして考える
↓
並べ方の総数からひく

連続するものはひとまとめにして考える
↓
ひとまとめにしたものの中の並び方を考慮する

（4）子音字 $b$, $b$, $c$, $d$, $f$ からなる文字列は

$\dfrac{5!}{2!}=60$（通り）

これらの各子音字の間または両端に $a$, $a$, $e$ をそれぞれ入れればよく，その場合の数は $a$ の場所の決め方が ${}_6C_2$ 通りで，$e$ の場所の決め方が ${}_4C_1$ 通りなので

${}_6C_2\times{}_4C_1=60$（通り）

したがって，母音字が連続して並ばない文字列は

$60\times60=3600$ **（通り）** 答

隣り合ってよいものを先に並べる
↓
隣り合わないものをその間または両端に並べる

---

**別解**　（4）は余事象を考えてもよい。集合 $X$ の要素の数を $n(X)$ で表す。

2つの $a$ が連続して並ぶ文字列の集合を $A$, $a$ と $e$ が「$ae$」の順に連続して並ぶ文字列の集合を $B$, $a$ と $e$ が「$ea$」の順に連続して並ぶ文字列の集合を $C$ とすると

$$n(A)=2520,\ n(B)=\frac{7!}{2!}=2520,$$

$$n(C)=\frac{7!}{2!}=2520$$

⇦ $n(A)$ は（2）（i）の結果より。$n(B)$ は $\boxed{ae}$, $a$, $b$, $b$, $c$, $d$, $f$ を並べると考える（$n(C)$ も同様）。

さらに

$$n(A\cap B)=\frac{6!}{2!}=360,\ n(B\cap C)=\frac{6!}{2!}=360,$$

$$n(C\cap A)=\frac{6!}{2!}=360,\ n(A\cap B\cap C)=0$$

⇦ $n(A\cap B)$ は $\boxed{aae}$, $b$, $b$, $c$, $d$, $f$ を並べると考える（$n(B\cap C)$, $n(C\cap A)$ も同様）。

であるから

$$\begin{aligned}n(A\cup B\cup C)&=n(A)+n(B)+n(C)\\&\quad-n(A\cap B)-n(B\cap C)-n(C\cap A)+n(A\cap B\cap C)\\&=2520\times3-360\times3+0=6480\end{aligned}$$

したがって，母音字が連続して並ばない文字列は

$10080-6480=3600$（通り）

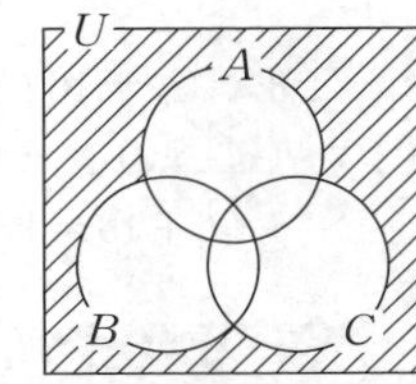

**隣り合うものは「ひとまとめ」にして考えよう**

## 18 経路の問題 Lv.★★★

問題は13ページ

**考え方** 本問のように複雑な経路の場合は，以下の手法を組み合わせて考える。
排反事象で分ける(必ず通る点で分ける)，余事象を考える，直接数え上げる。

**解答**

(1, 5)をA，(3, 3)をB，(5, 1)をCとおく。また，(5, 5)をGとおく。

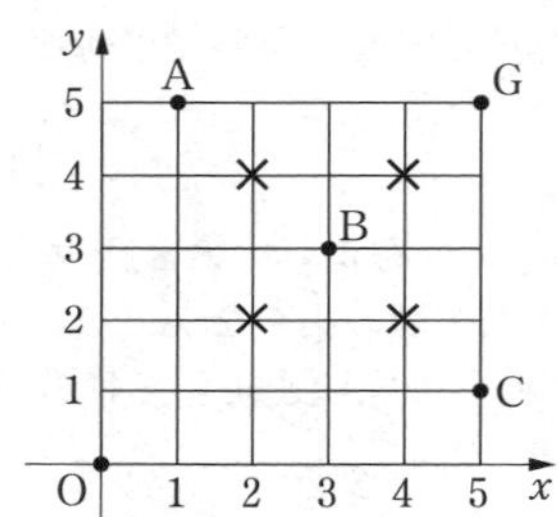


（i）Aを通りOからGへ最短距離で移動する場合の数は

$${}_6C_1 \times 1 = 6\text{（通り）}$$

（ii）Cを通りOからGへ最短距離で移動する場合の数は

$${}_6C_1 \times 1 = 6\text{（通り）}$$

（iii）Bを通りOからGへ最短距離で移動する場合を考える。

(2, 2)を通ってよいものとしたとき，OからBへ最短距離で移動する場合の数は${}_6C_3$通りであり，(2, 2)を通り，OからBへ最短距離で移動する場合の数は${}_4C_2 \times {}_2C_1$通りである。

したがって，(2, 2)を通らずにOからBへ最短距離で移動する場合の数は

$${}_6C_3 - {}_4C_2 \times {}_2C_1 = 8\text{（通り）}$$

BからGへ最短距離で移動する場合の数は${}_2C_1$通りであるから，Bを通りOからGへ最短距離で移動する場合の数は

$$8 \times {}_2C_1 = 16\text{（通り）}$$

（i）～（iii）より，求める場合の数は

$$6 + 6 + 16 = 28\text{（通り）}$$ **答**

**Process**

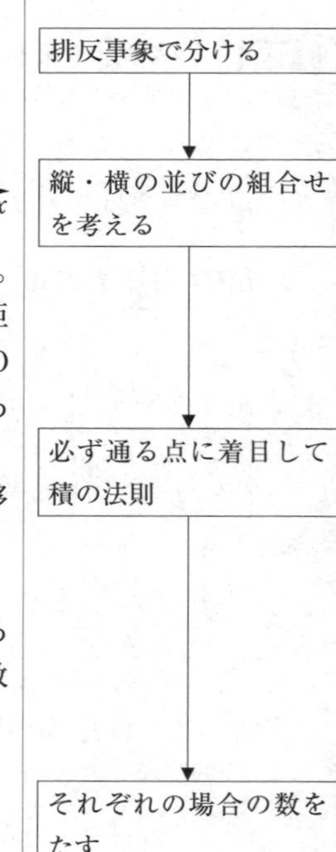

**設定が複雑なときは，**
**排反を意識して場合分けしよう**

## 19 組分け問題② Lv.★★★

問題は14ページ

**考え方** （1）組分けの問題では，個数が同じ組を区別するかしないかをきちんと把握しよう。本問のように「区別しない場合」には，まず，「区別した場合」の場合の数を求めてから，重複分でわることで，「区別しない場合」の場合の数が求められる。

（2）白色の球が3個あり，（1）に比べて設定が複雑。もれなく重複なく数え上げるために，排反を意識して場合分けしよう。具体的には，白球2個の組ができるかどうかに着目するとよい。

**解答**

（1）異なる8個の球を2個1組としてA，B，C，Dのように区別した組に分けると考えると，順に2個の決め方を考えて

$${}_8C_2\times{}_6C_2\times{}_4C_2\times{}_2C_2 \text{（通り）}$$

4つの組は実際には区別しないので，求める分け方は

$$\frac{{}_8C_2\times{}_6C_2\times{}_4C_2\times{}_2C_2}{4!}=105$$ **（通り）** 答

（2）（ア）白球2個の組がある場合

白球1個を含む残りの8個の分け方を考えればよいので，分け方は（1）と同じで　105通り

（イ）どの組も2個の球の色が異なる場合

白球と組になる3個の決め方は

$${}_7C_3=\frac{7\cdot6\cdot5}{3\cdot2\cdot1}=35 \text{（通り）}$$

そのそれぞれに対して，残り4個を2組に分ける方法は

$$\frac{{}_4C_2\times{}_2C_2}{2!}=\frac{6}{2}=3 \text{（通り）}$$

あるから

$$35\times3=105 \text{（通り）}$$

よって，（ア），（イ）より求める分け方は全部で

$$105+105=210$$ **（通り）** 答

**Process**

組を区別して考える

↓

区別をなくすために，重複分でわる

**核心はココ！**

**区別しない組に分けるときは，いったん，組を区別してから考えよう**

## 20　自然数の個数　Lv. ★★★

問題は14ページ

**考え方**　(2)(3) 地道に文字と数字の対応を「不等式の条件と照らし合わせて」考えるのは大変。そこで，不等式を基準(主役)にしていくのではなく，「数の組が決まれば数の大小は一意に定まる」ことを利用しよう。つまり「取り出した数の組を主役にする」わけだ。

**解答**

(1) $a$ は万の位だから，1，2，…，9 の 9 通り。
他の位の決め方は，$a$ の数字を除いた残り 9 個から 4 個を取る順列の総数に等しい。よって

$$9\times{}_9P_4=9\times(9\cdot8\cdot7\cdot6)=27216$$ **(個)**　答

(2) $a>b$ をみたす組 $(a,\ b)$ は，9，8，…，1，0 の 10 個の数字の並びから 2 個を選ぶ場合の数に等しいので，${}_{10}C_2$ 個。
$c,\ d,\ e$ は任意だから，求める個数は

$${}_{10}C_2\times10^3=45000$$ **(個)**　答

(3) 0 を除いた 9 個から 5 個を取る組合せを考えて

$${}_9C_5={}_9C_4=\frac{9\cdot8\cdot7\cdot6}{4\cdot3\cdot2\cdot1}=126$$ **(個)**　答

**Process**

「最高位→その他の位」の順に数を決める
↓
積の法則を用いる
↓
数の組を決めれば，一意に数の大小が定まる

**数の大小についての場合の数は，「組合せ」を用いる**

第1章 第2章 第3章 第4章 第5章 第6章 第7章 第8章 第9章 第10章 第11章 第12章 第13章

## 21 多角形の頂点 Lv. ★★★

問題は14ページ

**考え方** （1）対角線は2個の頂点を結ぶ線分のうち，辺を除いたものであることを利用しよう。

（4）まず数えやすいように，ある1本の対角線に対して，共有点をもたない対角線の本数を考える。これをもとに全体で何組あるのかを考えるとよいが，重複して数えた組がないかに注意しよう。

**解答**

（1）7個の頂点のうち2個の頂点を結ぶ線分の総数は

$_7C_2 = 21$（本）

このうち7本は正七角形の辺にあたるから

$21 - 7 = 14$ **（本）** 答

（2）対角線14本のうち2本を選ぶ組合せは

$_{14}C_2 = 91$ **（通り）** 答

（3）頂点を共有する対角線は，1つの頂点に対して4本ずつあり，これから2本を選べばよい。したがって

$_4C_2 \times 7 = 42$ **（組）** 答

（4）正七角形の対角線は，長さの異なる2種類がある。右の図のように，ある短い対角線 $l$ を固定すると，それと共有点をもたない対角線は3本ある。短い対角線は全部で7本あるから，共有点をもたない対角線の組は

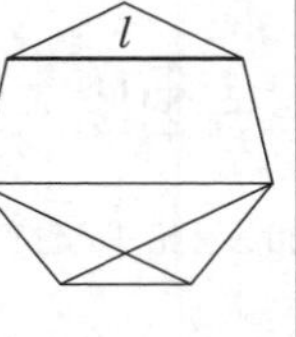


$3 \times 7 = 21$（組）

となるが，重複して数えている短い対角線の組が7組あるので，求める対角線の組は

$21 - 7 = 14$ **（組）** 答

（5）正七角形の内部で交わる2本の対角線の組は，（2）の結果から，（3）と（4）の結果の和を除いたものだから

$91 - (42 + 14) = 35$ **（組）** 答

**Process**

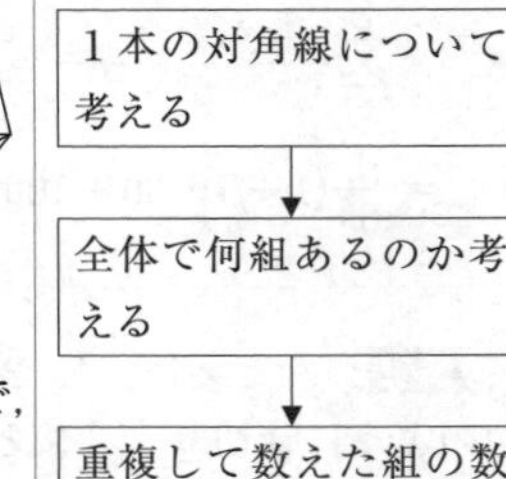

1本の対角線について考える
全体で何組あるのか考える
重複して数えた組の数をひく


**核心はココ！**

**場合の数を数え上げるときには，重複に注意しよう**

## 22　さいころの確率　Lv. ★★★

問題は15ページ

**考え方**　$x_1 \leqq x_2 \leqq x_3$, $x_3 \geqq x_4 \geqq x_5$ の2式から，$x_3$ の値が1つ決まると $x_1 \leqq x_2 \leqq x_3$, $x_3 \geqq x_4 \geqq x_5$ をみたす組 $(x_1,\ x_2)$, $(x_4,\ x_5)$ が決まるので，$x_3$ の値に着目する。その際，$x_3 = 1,\ 2,\ 3,\ \cdots,\ 6$ と6つの場合に分けて個別に考えるよりも，$x_3 = k$ と文字を導入することで計算を楽に進めることができる。

**解答**

さいころを5回投げたときの目の出方は $6^5$ 通りである。

$x_3 = k$ $(k = 1,\ 2,\ \cdots,\ 6)$ のとき，$x_1 \leqq x_2 \leqq k$ をみたす組 $(x_1,\ x_2)$ の個数は，1, 2, …, $k$ の $k$ 個から重複を許して2個取る組合せの総数に等しく

$$ {}_{k+1}\mathrm{C}_2 = \frac{(k+1)k}{2} \ (\text{個}) $$

$k \geqq x_4 \geqq x_5$ をみたす組 $(x_4,\ x_5)$ についても同様に ${}_{k+1}\mathrm{C}_2$ 個であるから，$x_3 = k$ のとき，与えられた両不等式をみたす組 $(x_1,\ x_2,\ x_3,\ x_4,\ x_5)$ の個数は

$$ {}_{k+1}\mathrm{C}_2 \times {}_{k+1}\mathrm{C}_2 \ (\text{個}) $$

よって，求める確率は

$$ \sum_{k=1}^{6} \frac{{}_{k+1}\mathrm{C}_2 \times {}_{k+1}\mathrm{C}_2}{6^5} = \frac{1}{6^5} \sum_{k=1}^{6} \left\{ \frac{(k+1)k}{2} \right\}^2 $$

$$ = \frac{1}{6^5}(1 + 9 + 36 + 100 + 225 + 441) = \frac{203}{1944} \quad \text{答} $$

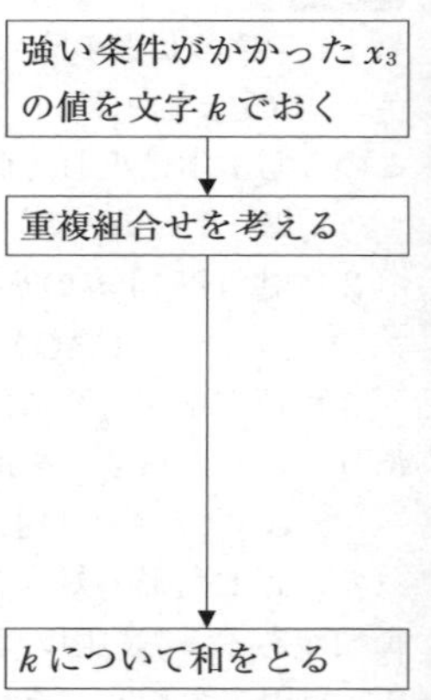
Process
強い条件がかかった $x_3$ の値を文字 $k$ でおく
重複組合せを考える
$k$ について和をとる

**解説**　たとえば，1, 2, 3, 4の4個から重複を許して2個取る組合せの総数は右下図のように仕切り｜3個と○2個，計5個の順列を考えて

$$ \frac{5!}{3! \cdot 2!} \ \text{すなわち} \ {}_5\mathrm{C}_2 $$

となる。

```
1   2   3   4
○|  |○|        ⇦1と3
  |  |  |○○    ⇦4が2個
```

核心はココ!

**条件の強いものを固定して考える**

## 23 円順列と確率 Lv.★★★

問題は15ページ

**考え方** 円順列は「回転すると一致するものは同一とみなす」ので，1人を固定（基準）して考えることがポイントである。

**解答**

$2n$ 人の中の特定の1人の男性を基準として，$2n$ 人が円卓に着席する方法は

$(2n-1)!$（通り）

である。

（1）男女が交互に着席するためには，基準の男性から1つおきの席に $n-1$ 人の男性が座り，残りの席に $n$ 人の女性が座ればよい。このとき，男性の座り方が $(n-1)!$ 通りであり，女性の座り方が $n!$ 通りであるから，求める確率は

$$\frac{(n-1)!n!}{(2n-1)!}$$ 答

（2）一組の夫婦を基準とし，その左隣りから順に残り $n-1$ 組の夫婦が着席すると考えればよい。

$n-1$ 組の夫婦の座り方は $(n-1)!$ 通り

であり，$n$ 組の夫婦の席の中で，夫と婦人の座る順序がそれぞれ2通りあるから，求める確率は

$$\frac{2^n(n-1)!}{(2n-1)!}$$ 答

（3）（2）において，基準となる夫婦の夫と婦人の座る順序が決まれば，残りの $n-1$ 組の夫婦の男女の順は決まる。

基準となる夫婦の夫と婦人の座る順序は2通りであるから，求める確率は

$$\frac{2(n-1)!}{(2n-1)!}$$ 答

**Process**

1人の男性を固定し，残りの男性を着席させる

↓

女性は着席した男性の間に1人ずつ着席させる

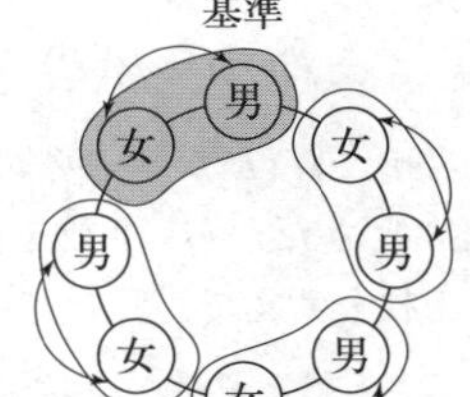

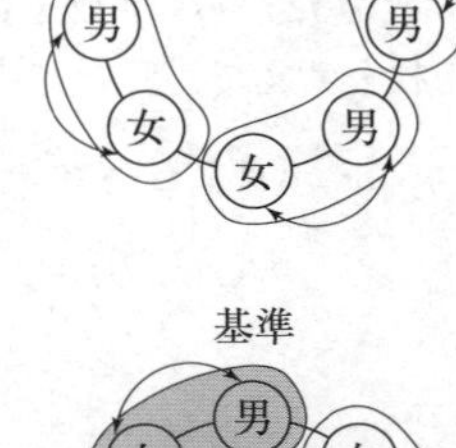


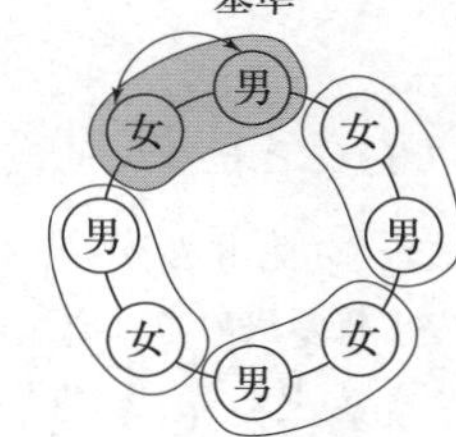

**円順列は1ヶ所を固定して考えるとよい**

## 24 カードの確率 Lv.★★★

問題は15ページ

**考え方** （2）「2 または 3 のカードの隣に並ぶ」とあるので，確率の加法定理の利用を考えよう。「隣り合うカード」はひとまとめにして考える。
（4）まず偶奇の並びを書き出してみよう。

**解答**

6 枚のカードの並べ方は 6! 通りである。

（1）両端のカードは 1，2，3 のいずれかであるから，その決め方は ${}_3P_2$ 通りであり，残り 4 枚の並べ方は 4! 通りである。よって，求める確率は

$$\frac{{}_3P_2\times 4!}{6!}=\frac{3\cdot 2}{6\cdot 5}=\frac{1}{5} \quad \text{答}$$

（2）1 と 2 のカードが隣に並ぶという事象を $A$，1 と 3 のカードが隣に並ぶという事象を $B$ とする。隣り合う 2 枚のカードをひとまとめにして 1 枚と考えて

□ 3 4 5 6（□ ← 1 2，2 1）

$$P(A)=P(B)=\frac{5!\times 2}{6!}=\frac{1}{3} \quad \cdots\cdots①$$

事象 $A\cap B$ が起こるのは 213，312 と並ぶときだから，3 枚をひとまとめにして 1 枚と考えて

□ 4 5 6（□ ← 2 1 3，3 1 2）

$$P(A\cap B)=\frac{4!\times 2}{6!}=\frac{1}{15} \quad \cdots\cdots②$$

$$\therefore\quad P(A\cup B)=P(A)+P(B)-P(A\cap B)$$
$$=\frac{1}{3}+\frac{1}{3}-\frac{1}{15}=\frac{3}{5} \quad \text{答}$$

（3）1 と 6 のカードが隣り合う確率は，①と同様に $\frac{1}{3}$ である。

また，1 と 6 のカードの間に 1 枚だけカードが並ぶ確率は，その 1 枚の決め方は ${}_4C_1$ 通りなので②を用いると

$$\frac{1}{15}\times{}_4C_1=\frac{4}{15}$$

よって，余事象の確率から　$1-\left(\frac{1}{3}+\frac{4}{15}\right)=\frac{2}{5}$ 答

**Process**

求める確率を $P(A\cup B)$ と考えられるよう，事象 $A$，$B$ に分ける
↓
$P(A)$，$P(B)$，$P(A\cap B)$ をそれぞれ求める
↓
確率の加法定理

（4）問題の条件をみたす並びは，偶数のカードを×，奇数のカードを○で表すと，左から数えて，つねに
(○の総数)≧(×の総数)となればよいから

○○○×××　○○×○××　○○××○×
○×○○××　○×○×○×

の5通りである。また，偶数(×)の3枚のカードと奇数(○)の3枚のカードの並べ方は，それぞれ3!通りである。

したがって，求める確率は

$$5\times\frac{3!\times3!}{6!}=\frac{5\times6}{6\cdot5\cdot4}=\frac{1}{4}$$ 答

**確率でも「$A$ または $B$」とあったら集合を考えよう**

## 25 ゲームの確率　Lv.★★★

問題は16ページ

**考え方**　（2）各試行は取り出した玉を元に戻すので反復試行である。4回の試行を続けたあと，石が頂点Cにあるためには反時計回り，時計回りの移動がそれぞれ何回起こればよいか考える。そのとき，石が移動する量を数式で表して数えもれを防ごう。

**解答**

（1）1回の試行で，黒玉2個を取り出す確率，白玉2個を取り出す確率をそれぞれ $p$，$q$ とする。

$$p=\frac{{}_3C_2}{{}_5C_2}=\frac{3}{10},\quad q=\frac{{}_2C_2}{{}_5C_2}=\frac{1}{10}$$ 答

（2）反時計回りに隣の頂点に進むことを $+1$，時計回りに隣の頂点に進むことを $-1$ で表す。4回の移動のうち反時計回りが $a$ 回，時計回りが $b$ 回とすると，石が反時計回りに動いた量 $x$ は

$$x=a-b\quad(a\geqq 0,\ b\geqq 0,\ a+b\leqq 4)$$

であるから　　$-4\leqq x\leqq 4$

石がCにあるのは，$x=-4,\ -1,\ 2$ のときである。石を動かさない回数を $c=4-(a+b)$ として

$x=-4$ のとき　　$(a,\ b,\ c)=(0,\ 4,\ 0)$

$x=-1$ のとき　　$(a,\ b,\ c)=(0,\ 1,\ 3),\ (1,\ 2,\ 1)$

$x=2$ のとき　　$(a,\ b,\ c)=(2,\ 0,\ 2),\ (3,\ 1,\ 0)$

また，1回の試行で石を動かさない確率を $r$ とすると

$$r=1-(p+q)=1-\frac{4}{10}=\frac{6}{10}$$

よって，求める確率は

$$q^4+qr^3\times\frac{4!}{3!}+pq^2r\times\frac{4!}{2!}+p^2r^2\times\frac{4!}{2!\cdot 2!}+p^3q\times\frac{4!}{3!}$$

$$=\frac{3133}{10000}$$ 答

**Process**

石の移動量を数式化する
↓
石の移動量の範囲を考える
↓
その範囲で目的の頂点にあるための条件を考える
↓
反復試行と考えて確率を求める

核心はココ!

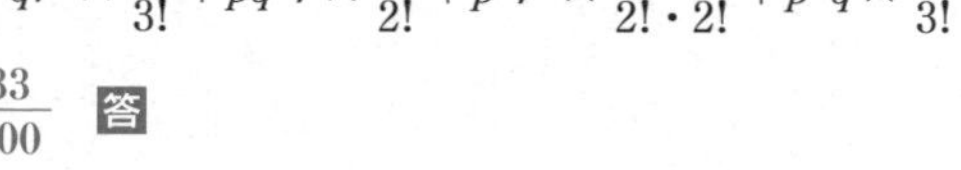
数えもれを防ぐために
移動量を数式化しよう

## 26 点の移動 Lv.★★★

問題は17ページ

**考え方** まずは，具体的に点を動かし，点の動きうる範囲や点の動かし方の特徴を確認しよう。5または6の目が出た場合は，1～4の目が出た場合と比べて点の動かし方が特殊なので，その目が出る回数に着目して考えることで見通しが立てやすい。

**解答**

1または2の目が出る事象を$A$，3または4の目が出る事象を$B$，5または6の目が出る事象を$C$とすると，それぞれの事象が起こる確率は$\frac{1}{3}$である。

（1）点P$(x,\ y)$の$x$座標と$y$座標の和$x+y$を$k$とおく。$A$が起こると，Pは$(x+1,\ y)$に移るため，$k$は1増加する。$B$が起こると，Pは$(x,\ y+1)$に移るため，$k$は1増加する。$C$が起こると，Pは$(y,\ x)$に移るため，$k$は増加しない。

したがって，4回サイコロを振ったとき$k \leqq 4$であるから，点Pが直線$y=x$上にあるとき，点Pは

$(0,\ 0)$，$(1,\ 1)$，$(2,\ 2)$

のいずれかにある。

（i）P$(0,\ 0)$のとき

$k=0$で，$C$が4回起こる，つまり$CCCC$の1通りだから，このときの確率は

$$\left(\frac{1}{3}\right)^4=\frac{1}{3^4}$$

（ii）P$(1,\ 1)$のとき

$k=2$で，$C$が2回起こるときである。

① $C$が2回，$A$が1回，$B$が1回起こるとき，P$(1,\ 1)$となるのは，$CCAB$，$CCBA$，$ACCB$，$BCCA$，$ABCC$，$BACC$，$CABC$，$CBAC$の8通りである。

② $C$が2回，$A$が2回起こるとき，P$(1,\ 1)$となるのは$ACAC$，$CACA$の2通りである。

③ $C$が2回，$B$が2回起こるとき，②と同様にして，$BCBC$，$CBCB$の2通りである。

よって，①～③より

$$\frac{8+2+2}{3^4}=\frac{12}{3^4}$$

**Process**

目によって点Pがどのように動くのか把握する

↓

点Pの座標で場合分け

↓

条件をみたす点の移動の仕方を考える

（iii）P(2, 2)のとき

$k=4$ で，$C$ が 0 回，$A$ が 2 回，$B$ が 2 回起こるときであるから

$${}_4C_2\left(\frac{1}{3}\right)^2\left(\frac{1}{3}\right)^2=\frac{6}{3^4}$$

以上から，求める確率は

$$\frac{1}{3^4}+\frac{12}{3^4}+\frac{6}{3^4}=\frac{19}{81}$$ 答

（2）$n$ 回サイコロを振ったあとで点Pが直線 $x+y=m$ 上にあるのは，$k=m$ のときであり，これは $C$ が $(n-m)$ 回起こり，$A$ または $B$ が $m$ 回起こる場合である。

題意を $C$ が起こる回数とつなげて読みかえる
↓
反復試行の確率を求める

$A$ または $B$ が起こる確率は $\frac{2}{3}$ だから，求める確率は

$$\begin{aligned}{}_nC_m\left(\frac{1}{3}\right)^{n-m}\left(\frac{2}{3}\right)^m&=\frac{n!}{(n-m)!m!}\cdot\frac{1}{3^{n-m}}\cdot\frac{2^m}{3^m}\\&=\frac{n!}{(n-m)!m!}\cdot\frac{2^m}{3^n}\\&=\frac{2^m n!}{3^n m!(n-m)!}\end{aligned}$$ 答

**点の移動の仕方は，実験して捉えよう**

## 27 最大確率 Lv.★★★

問題は17ページ

**考え方** 考える確率を $P_k$ とすると，$P_k$ の式の形からは，最大となる $k$ の値はすぐにわからない。そこで，$P_0$，$P_1$，$P_2$，… と大小関係が順にどのように変化しているのかを調べてみよう。つまり，隣り合う 2 項の大小を比較すればよく

（i）比 $\dfrac{P_{k+1}}{P_k}$ と 1 との大小を調べる　　（ii）差 $P_{k+1}-P_k$ と 0 との大小を調べる

といった方針が考えられる。

**解答**

1 の目が出たさいころの個数が $k$ 個 $(k=0,\ 1,\ \cdots,\ 20)$ である確率を $P_k$ とおく。1 個のさいころについて，1 の目が出る確率は $\dfrac{1}{6}$ であるから

$$P_k={}_{20}\mathrm{C}_k\left(\frac{1}{6}\right)^k\left(1-\frac{1}{6}\right)^{20-k}$$

$$\therefore\quad \frac{P_{k+1}}{P_k}=\frac{{}_{20}\mathrm{C}_{k+1}\left(\frac{1}{6}\right)^{k+1}\left(\frac{5}{6}\right)^{19-k}}{{}_{20}\mathrm{C}_k\left(\frac{1}{6}\right)^k\left(\frac{5}{6}\right)^{20-k}}=\frac{20-k}{5(k+1)}$$

よって

$\dfrac{P_{k+1}}{P_k}>1$ をみたす $k$ の値の範囲は　　$k<\dfrac{5}{2}=2.5$

$\dfrac{P_{k+1}}{P_k}<1$ をみたす $k$ の値の範囲は　　$k>\dfrac{5}{2}=2.5$

であるから

$$P_0<P_1<P_2<P_3>P_4>P_5>P_6>\cdots$$

したがって，1 の目が出たさいころの個数が 3 個である確率が一番大きくなる。 答

**Process**

$P_k\neq 0$ だから，$\dfrac{P_{k+1}}{P_k}$ と 1 との大小を比べる方針

↓

求めた $k$ の値の範囲から，$P_0$，$P_1$，$P_2$，… の大小関係の変化を調べる

**確率 $P_k$ の最大値を求める際には**

**$\dfrac{P_{k+1}}{P_k}$ と 1 との大小を考える方法が有効**

## 28　条件つき確率　Lv. ★★★

問題は18ページ

**考え方**　（1）直前のゲームの結果によって確率が変化するので，各ゲームの勝者を順に考えよう。

（2）問題文より，「4回のゲームで試合が終了する事象」を全事象とみる必要があるので，条件つき確率を考えよう。

**解答**

（1）2回のゲームで試合が終了するとき，各ゲームの勝者は順に「甲甲」または「乙乙」となるので，確率はそれぞれ

$$\frac{2}{3}\times\frac{2}{3}=\frac{4}{9}\qquad \frac{1}{3}\times\frac{4}{5}=\frac{4}{15}$$

また，3回のゲームで試合が終了するとき，各ゲームの勝者は順に「甲乙乙」または「乙甲甲」となるので，確率はそれぞれ

$$\frac{2}{3}\times\frac{1}{3}\times\frac{4}{5}=\frac{8}{45}\qquad \frac{1}{3}\times\frac{1}{5}\times\frac{2}{3}=\frac{2}{45}$$

したがって，3回以内のゲーム数で試合が終了する確率は

$$\frac{4}{9}+\frac{4}{15}+\frac{8}{45}+\frac{2}{45}=\frac{14}{15}$$ 答

（2）4回のゲームで試合が終了する事象を $A$，甲が試合の勝者である事象を $B$ とすると，求める確率は条件つき確率 $P_A(B)$ である。

4回のゲームで試合が終了するとき，各ゲームの勝者は順に「甲乙甲甲」または「乙甲乙乙」となるので，（1）と同様に

$$P(A)=\frac{2}{3}\times\frac{1}{3}\times\frac{1}{5}\times\frac{2}{3}+\frac{1}{3}\times\frac{1}{5}\times\frac{1}{3}\times\frac{4}{5}=\frac{32}{675}$$

また，$P(A\cap B)=\frac{4}{135}$ となるので，求める確率は

$$P_A(B)=\frac{P(A\cap B)}{P(A)}=\frac{4}{135}\div\frac{32}{675}=\frac{5}{8}$$ 答

**Process**

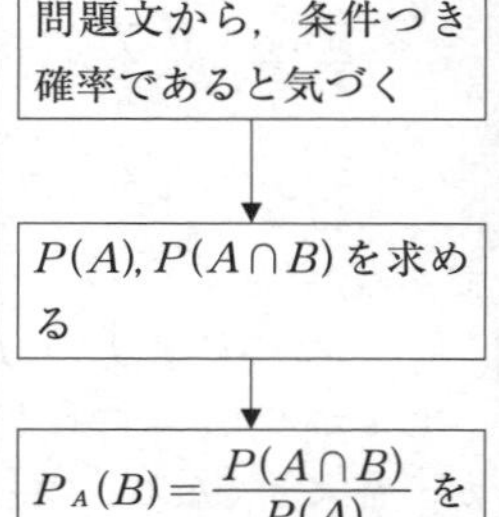

問題文から，条件つき確率であると気づく
$P(A)$, $P(A\cap B)$ を求める
$P_A(B)=\frac{P(A\cap B)}{P(A)}$ を用いて確率を計算する

**$A$ が起こるという条件のもとで，$B$ の起こる確率は $\frac{P(A\cap B)}{P(A)}$ で求める**

## 29 余事象の確率① Lv.★★★

問題は18ページ

**考え方** (1)「大当たりが少なくとも1回出る」とは,「大当たりが1回以上出る」という意味なので,本来は,大当たりが出た回数で場合分けして確率を考えるのだが,煩雑になることが多い。「少なくとも」と問題文にあり,その余事象が考えやすいときには,余事象から確率を求めていくとよい。
(3) 問題文には「少なくとも」とあるが,余事象を捉えることが易しくない。与えられた事象は「当たりが少なくとも1回出る」かつ「大当たりが少なくとも1回出る」なので,(1)と(2)をふまえて,確率の加法定理を用いて求める。

**解答**

1回の試行で,大当たりが出る確率は

$$\left(\frac{1}{3}\right)^2=\frac{1}{9}$$

1回の試行で,当たりが出る確率は

$$\left(\frac{2}{3}\right)^2=\frac{4}{9}$$

大当たりでも当たりでもない場合を「はずれ」とする。1回の試行で,はずれが出る確率は

$$1-\left(\frac{1}{9}+\frac{4}{9}\right)=\frac{4}{9}$$

(1) $n$ 回の試行のうち大当たりが少なくとも1回は出る事象の余事象は,$n$ 回の試行のうち大当たりが1回も出ない事象(当たりまたははずれが出続ける事象)であり,その確率は

$$\left(\frac{4}{9}+\frac{4}{9}\right)^n=\left(\frac{8}{9}\right)^n$$

したがって,求める確率は

$$1-\left(\frac{8}{9}\right)^n$$ 答

(2) $n$ 回の試行のうち当たりまたは大当たりが少なくとも1回は出る事象の余事象は,$n$ 回の試行のうち $n$ 回ともはずれである事象であり,その確率は

$$\left(\frac{4}{9}\right)^n$$

したがって,求める確率は

$$1-\left(\frac{4}{9}\right)^n$$ 答

**Process**

余事象をきちんと捉える
↓
余事象の確率を求め,目的の確率を求める

（3）$n$ 回の試行のうち，大当たりが少なくとも1回は出る確率を $P(A)$，当たりが少なくとも1回は出る確率を $P(B)$ とすると

（1）より　$P(A)=1-\left(\frac{8}{9}\right)^n$

（1）と同様にして　$P(B)=1-\left(\frac{5}{9}\right)^n$

（2）より　$P(A\cup B)=1-\left(\frac{4}{9}\right)^n$

したがって，求める確率は

$$P(A\cap B)=P(A)+P(B)-P(A\cup B)$$
$$=1-\left(\frac{8}{9}\right)^n-\left(\frac{5}{9}\right)^n+\left(\frac{4}{9}\right)^n$$ 答

余事象が考えにくいので，（1）と（2）を利用する

↓

確率の加法定理を利用する

「少なくとも」は余事象を疑おう

## 30 余事象の確率② Lv.★★★

問題は19ページ

**考え方** ジャンケンの勝者を考えるときには，勝者の選び方と勝った手の両方を考える必要があることに注意しよう。引き分けのときにも同様に「誰がどの手で引き分けなのか」を考えてしまうと，勝つ確率を求めるのに比べて場合分けが面倒で確率を求めにくい。そこで，引き分けの確率は，全事象の確率から勝者が決まる確率をひいて求める，つまり余事象を考えるとよい。

**解答**

（1）4人で一度だけジャンケンをするとき，4人の手の出し方は全部で$3^4$通り。

1人だけが勝つとき，勝者1人の選び方は${}_4C_1$通りあり，そのそれぞれについて，グー，チョキ，パーの3通りで勝つ場合があるから，その確率は

$$\frac{{}_4C_1\times 3}{3^4}=\frac{4}{27}$$ 答

同様にして，2人が勝つ確率，3人が勝つ確率はそれぞれ

$$\frac{{}_4C_2\times 3}{3^4}=\frac{2}{9}\qquad \frac{{}_4C_3\times 3}{3^4}=\frac{4}{27}$$ 答

引き分けになる確率は，余事象を考えて

$$1-\left(\frac{4}{27}+\frac{2}{9}+\frac{4}{27}\right)=\frac{13}{27}$$ 答

（2）$n$人で一度だけジャンケンをするとき，$n$人の手の出し方は全部で$3^n$通り。

$r$人が勝つとき，誰が何の手で勝つのかを考えて，その確率は

$$\frac{{}_nC_r\times 3}{3^n}=\frac{{}_nC_r}{3^{n-1}}$$ 答

（3）

$$\sum_{r=1}^{n-1}{}_nC_r=\sum_{r=0}^{n}{}_nC_r-{}_nC_0-{}_nC_n$$

ここで，二項定理より

$$\sum_{r=0}^{n}{}_nC_r=\sum_{r=0}^{n}{}_nC_r\times 1^{n-r}\times 1^r$$
$$=(1+1)^n=2^n$$

**Process**

勝者と勝ち手の両方を考える

↓

引き分けは余事象で求める

よって

$$\sum_{r=1}^{n-1} {}_n\mathrm{C}_r = 2^n - 1 - 1 = 2^n - 2 \qquad \text{(証終)}$$

引き分けになる確率は，この等式と（2）の結果より，余事象を考えて

$$1 - \sum_{r=1}^{n-1} \frac{{}_n\mathrm{C}_r}{3^{n-1}} = 1 - \frac{1}{3^{n-1}} \sum_{r=1}^{n-1} {}_n\mathrm{C}_r$$

$$= 1 - \frac{2^n - 2}{3^{n-1}}$$

$$= \frac{3^{n-1} - 2^n + 2}{3^{n-1}} \quad \text{答}$$

ジャンケンの引き分けになる確率は
余事象で考えよう

## 31 正弦定理・余弦定理 Lv.★★★

問題は20ページ

**考え方** （1）辺の長さが文字で与えられているので，三角形の成立条件を調べるのを忘れてはならない。この条件のもとで，鈍角三角形となる条件 $(a-1)^2+a^2<(a+1)^2$ を調べよう。
（2）外接円の半径を求めるので正弦定理を利用したいが，150° の角の対辺の長さがわかっていない。そこで，最大の辺の対角は最大の内角となることに着目したうえで，余弦定理を使って $a$ の値を求めよう。

**解答**

（1）$a-1<a<a+1$ より，三角形が成立する条件は

$(a-1)+a>a+1 \quad \therefore \quad a>2$ ……①

次に，鈍角三角形であるとき

$(a-1)^2+a^2<(a+1)^2 \quad a^2-4a<0 \quad a(a-4)<0$

$\therefore \quad 0<a<4$ ……②

①，②より　$2<a<4$ **答**

（2）長さ $a+1$ の辺の対角が 150° であるから，余弦定理より

$(a+1)^2=a^2+(a-1)^2-2a(a-1)\cos 150°$

$(1+\sqrt{3})a^2-(4+\sqrt{3})a=0$

$a \fallingdotseq 0$ より　$a=\dfrac{4+\sqrt{3}}{1+\sqrt{3}}=\dfrac{3\sqrt{3}-1}{2}$ （$2<a<4$ をみたす）

外接円の半径を $R$ とすると，正弦定理より

$\dfrac{a+1}{\sin 150°}=2R \quad R=a+1 \quad \therefore \quad R=\dfrac{3\sqrt{3}+1}{2}$ **答**

**Process**

三角形の成立条件を調べる
↓
鈍角三角形となる条件を調べる

余弦定理を用いる
↓
正弦定理を用いる

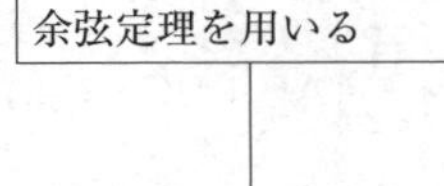

**解説** （1）3 辺の長さを $x$，$y$，$z$ とするとき，三角形が成立する条件は

$|y-z|<x<y+z$

である。$x$ が最大の辺のときには，$|y-z|<x$ はつねに成り立つので，$x<y+z$ が成り立てばよい。

**三角形の辺の長さ・角の大きさを考えるときは**
**正弦定理・余弦定理を使え！**

## 32　三角形に内接する円　Lv.★★★

問題は20ページ

**考え方**　前半の内接円の半径を求める問題では，円の中心から三角形の辺に垂線を下ろして考えるのがポイント。内接円の半径を $r$ とおき，三角形の面積を 2 通りの式で表そう。

また，後半の接する 2 つの円に関する問題では，中心間を結ぶ線分を斜辺とする直角三角形に注目することがポイントである。

**解答**

余弦定理より　$\cos B=\dfrac{7^2+6^2-5^2}{2\cdot7\cdot6}=\dfrac{5}{7}$ 答

したがって

$$\sin^2\frac{B}{2}=\frac{1-\cos B}{2}=\frac{1}{7}\qquad\therefore\quad \sin\frac{B}{2}=\frac{\sqrt{7}}{7}\ \text{答}$$

また，$\sin B=\sqrt{1-\cos^2 B}=\dfrac{2\sqrt{6}}{7}$ であるから

$$S=\frac{1}{2}\mathrm{AB}\cdot\mathrm{BC}\sin B=\frac{1}{2}\cdot7\cdot6\cdot\frac{2\sqrt{6}}{7}=6\sqrt{6}\ \text{答}$$

$S=\dfrac{1}{2}(\mathrm{AB}+\mathrm{BC}+\mathrm{CA})r$ より

$$r=\frac{2S}{\mathrm{AB}+\mathrm{BC}+\mathrm{CA}}=\frac{2\cdot6\sqrt{6}}{7+6+5}=\frac{2\sqrt{6}}{3}\ \text{答}$$

さらに，右図の太線部分の直角三角形に注目すると

$$\sin\frac{B}{2}=\frac{r-r_1}{r+r_1}\ \text{答}$$

であるから

$$\frac{\sqrt{7}}{7}=\frac{r-r_1}{r+r_1}$$

$$\sqrt{7}(r-r_1)=r+r_1$$

$$\therefore\quad r_1=\frac{\sqrt{7}-1}{\sqrt{7}+1}r=\frac{\sqrt{7}-1}{\sqrt{7}+1}\cdot\frac{2\sqrt{6}}{3}=\frac{8\sqrt{6}-2\sqrt{42}}{9}\ \text{答}$$

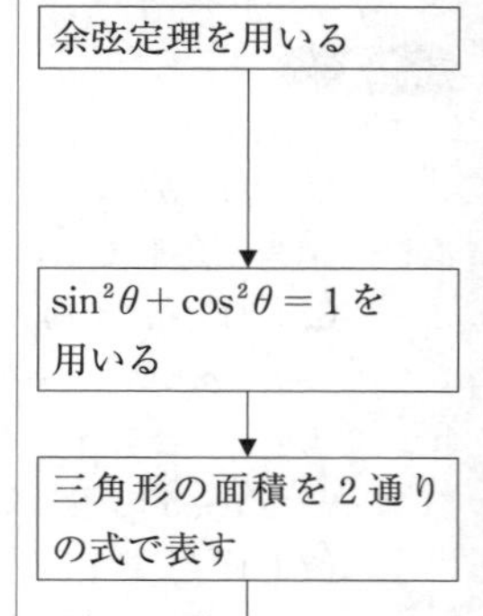
Process
余弦定理を用いる
$\sin^2\theta+\cos^2\theta=1$ を用いる
三角形の面積を 2 通りの式で表す
内接円の半径を求める

核心はココ!

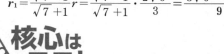

**内接円・外接円についての問題では円の中心を通る補助線を引け！**

## 33 円に内接する四角形の計量 Lv.★★★

問題は20ページ

**考え方** AB $=x$，AD $=y$ とおくと，四角形 ABCD の周の長さが 44 であることから，$x$，$y$ の関係式が 1 つ得られる。よって，$x$，$y$ の関係式をもう 1 つ導けばよい。正弦定理や余弦定理を使いやすいように，四角形を対角線によって 2 つの三角形に分けて考えるとよいだろう。その後，円に内接する四角形の対角の和は 180° であることに着目して，余弦定理を使って対角線の長さを 2 通りの式で表そう。

**解答**

AB $=x$，AD $=y$ とおく。

四角形 ABCD の周の長さが 44 であることより

$$x+13+13+y=44 \quad \therefore \quad x+y=18 \quad \cdots\cdots ①$$

また，円の中心を O とし，$\angle\mathrm{BOC}=\theta$ とおく。

$\triangle\mathrm{OBC}\equiv\triangle\mathrm{OCD}$ より

$$\angle\mathrm{BOC}=\angle\mathrm{COD}$$

よって，$\angle\mathrm{BOD}=360^\circ-2\theta$ より

$$\angle\mathrm{BCD}=180^\circ-\theta$$

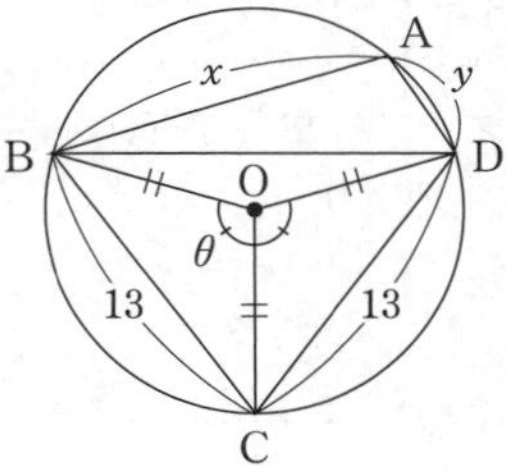

$\triangle\mathrm{OBC}$ において余弦定理より

$$\cos\theta=\frac{\left(\frac{65}{8}\right)^2+\left(\frac{65}{8}\right)^2-13^2}{2\cdot\frac{65}{8}\cdot\frac{65}{8}}$$

$$=-\frac{7}{25} \quad \cdots\cdots ②$$

したがって，$\triangle\mathrm{BCD}$ において余弦定理より

$$\mathrm{BD}^2=13^2+13^2-2\cdot13\cdot13\cos(180^\circ-\theta)$$
$$=2\cdot13^2(1+\cos\theta)$$
$$=2\cdot13^2\left(1-\frac{7}{25}\right) \quad (\because\ ②)$$
$$=\frac{2\cdot13^2\cdot18}{25} \quad \cdots\cdots ③$$

また，$\angle\mathrm{BCD}+\angle\mathrm{DAB}=180^\circ$ より

$$\angle\mathrm{DAB}=180^\circ-\angle\mathrm{BCD}=\theta$$

したがって，$\triangle\mathrm{ABD}$ に余弦定理を用いて

$$\mathrm{BD}^2=x^2+y^2-2xy\cos\theta$$
$$\mathrm{BD}^2=(x+y)^2-2xy-2xy\cos\theta$$
$$\frac{2\cdot13^2\cdot18}{25}=18^2-2xy\left(1-\frac{7}{25}\right) \quad (\because\ ①,\ ②,\ ③)$$

**Process**

大きさがわからない角を文字でおく

↓

四角形を対角線で 2 つの三角形に分け，一方に余弦定理を使う

↓

対角の和が 180° に着目し，もう一方の三角形にも余弦定理を使う

$\therefore \quad xy=56$ ……④

①，④より，$x$，$y$ は2次方程式

$t^2-18t+56=0$ すなわち $(t-4)(t-14)=0$

の2つの解であるから

$(x,\ y)=(4,\ 14),\ (14,\ 4)$

したがって　**(AB, DA) = (4, 14), (14, 4)** 答

---

**＊別解**　∠BADを文字でおく，という方針も有効である。

∠BAD$=\phi$ とおくと，△ABDにおいて余弦定理より

$$\begin{aligned}\mathrm{BD}^2&=x^2+y^2-2xy\cos\phi=(x+y)^2-2xy-2xy\cos\phi\\&=18^2-2xy(1+\cos\phi)\end{aligned}$$ ……⑤

△BCDにおいて余弦定理より

$$\begin{aligned}\mathrm{BD}^2&=13^2+13^2-2\cdot13\cdot13\cos\angle\mathrm{BCD}=2\cdot13^2\{1-\cos(180^\circ-\phi)\}\\&=2\cdot13^2(1+\cos\phi)\end{aligned}$$ ……⑥

⑤，⑥より $\mathrm{BD}^2$ を消去すると　$18^2-2xy(1+\cos\phi)=2\cdot13^2(1+\cos\phi)$ ……⑦

△ABDにおいて，正弦定理より

$$\frac{\mathrm{BD}}{\sin\phi}=2\cdot\frac{65}{8}=\frac{65}{4}$$

$$\mathrm{BD}^2=\left(\frac{65}{4}\right)^2(1-\cos^2\phi)$$ ……⑧

よって，⑥，⑧より $\mathrm{BD}^2$ を消去すると

$$2\cdot13^2(1+\cos\phi)=\left(\frac{65}{4}\right)^2(1-\cos^2\phi)=\frac{5^2\cdot13^2}{16}(1+\cos\phi)(1-\cos\phi)$$

$1+\cos\phi>0$ であるから

$$2=\frac{25}{16}(1-\cos\phi)\qquad 1-\cos\phi=\frac{32}{25}\qquad \therefore\quad \cos\phi=-\frac{7}{25}$$

あとは，$\cos\phi$ の値を⑦に代入して $xy$ の値を求めた後，解答のように $x$，$y$ の値を求めればよい。

**核心はココ！**

**円に内接する四角形の問題では**
**対角の和が180°であることを使え！**

## 34 メネラウスの定理・方べきの定理 Lv. ★★★

問題は21ページ

**考え方** （1）$a$，$b$ の形から，メネラウスの定理 $\frac{CQ}{QB}\times\frac{BA}{AP}\times\frac{PR}{RC}=1$ を連想したい。

（2）2本の弦が交わっているので，方べきの定理が利用できそうである。線分の比を求めるので，$AP=k$ などとおくと扱いやすい。

**解答**

（1）メネラウスの定理より

$$\frac{CQ}{QB}\times\frac{BA}{AP}\times\frac{PR}{RC}=1$$

ここで，AB：AP＝2：1，$a=\frac{CR}{RP}$，$b=\frac{CQ}{QB}$ であるから

$$b\times2\times\frac{1}{a}=1 \qquad \therefore\ a=2b$$ 答

（2）（1）において，CQ＝QB より

$$b=1 \qquad \therefore\ a=2$$

よって，AP＝CR より，$AP=k$ とおくと

$$\frac{k}{RP}=2$$

$$\therefore\ PR=\frac{1}{2}k,\ CP=CR+RP=\frac{3}{2}k \quad \cdots\cdots①$$

ここで，方べきの定理より

$$XP\cdot PC=AP\cdot PB$$

$AP=PB=k$ であるから

$$XP\cdot\frac{3}{2}k=k^2 \quad (\because\ ①)$$

$$\therefore\ XP=\frac{2}{3}k \quad \cdots\cdots②$$

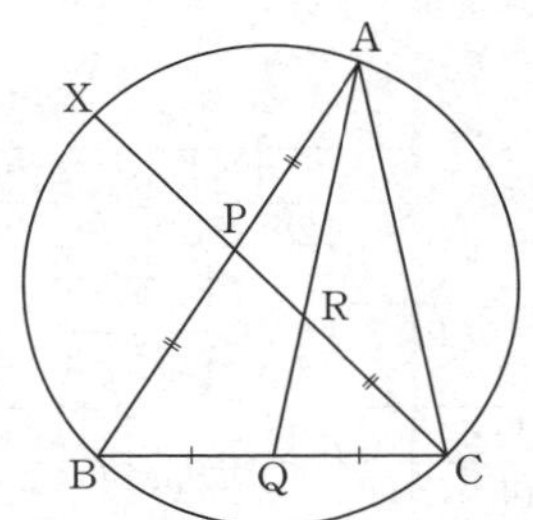


よって，①，②より

$$\mathbf{CR:RP:PX}=k:\frac{1}{2}k:\frac{2}{3}k=6:3:4$$ 答

**Process**

メネラウスの定理を用いる

長さの比の条件から線分の長さを文字で表す

↓

方べきの定理を用いる

**核心はココ！**

**線分の長さの比を求めるときは**
**メネラウス，チェバ，方べきの定理を使え！**

# 第5章　図形と計量，平面図形

## 35　四面体の計量①　Lv. ★★★

問題は21ページ

**考え方**　立体の図形量を考える際には，対象となる辺や角を含む表面や断面に着目して平面図形上で考えるのがポイントとなる。

（1）$\cos\angle \mathrm{OMC}$ を求めるので，$\triangle\mathrm{OMC}$ に着目する。$\mathrm{OC}=2a$ であるから，OM，CM の長さがわかれば，余弦定理から $\cos\theta$ の値を求めることができる。OM，CM の長さを求める際には，それぞれ $\triangle\mathrm{OAM}$，$\triangle\mathrm{CAM}$ に着目するとよい。

（2）$\triangle\mathrm{OMH}$ に着目すれば，（1）の結果を用いることができる。

**解答**

（1）$\triangle\mathrm{OAM}$ において三平方の定理より

$$\mathrm{OM}=\sqrt{\mathrm{OA}^2-\mathrm{AM}^2}=\sqrt{4a^2-1}$$

また，$\triangle\mathrm{CAM}$ において

$$\mathrm{CM}=\mathrm{AC}\sin 60^\circ=2\cdot\frac{\sqrt{3}}{2}=\sqrt{3}$$

したがって，$\triangle\mathrm{OMC}$ において余弦定理より

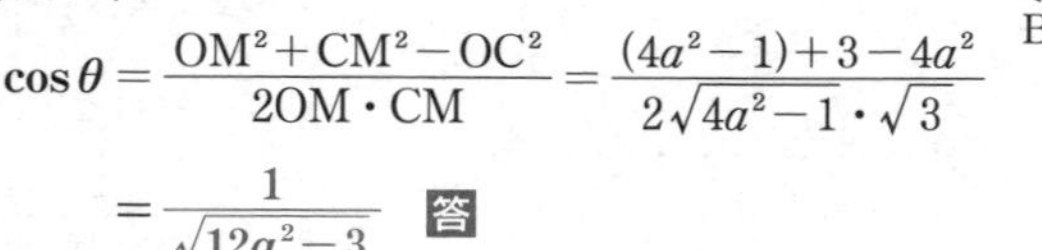

$$\cos\theta=\frac{\mathrm{OM}^2+\mathrm{CM}^2-\mathrm{OC}^2}{2\mathrm{OM}\cdot\mathrm{CM}}=\frac{(4a^2-1)+3-4a^2}{2\sqrt{4a^2-1}\cdot\sqrt{3}}$$

$$=\frac{1}{\sqrt{12a^2-3}}\quad \text{答}$$

（2）（1）の結果より

$$\sin\theta=\sqrt{1-\cos^2\theta}=\sqrt{1-\frac{1}{12a^2-3}}=\sqrt{\frac{12a^2-4}{12a^2-3}}$$

$$\therefore\quad \mathbf{OH}=\mathrm{OM}\sin\theta=\sqrt{4a^2-1}\cdot\sqrt{\frac{12a^2-4}{12a^2-3}}$$

$$=\sqrt{\frac{(4a^2-1)\cdot 4(3a^2-1)}{3(4a^2-1)}}=\sqrt{4a^2-\frac{4}{3}}\quad \text{答}$$

（3）（2）の結果より，$\mathrm{OH}=2\sqrt{3}$ のとき

$$\sqrt{4a^2-\frac{4}{3}}=2\sqrt{3}\qquad \therefore\quad a^2=\frac{10}{3}$$

$a>1$ であるから

$$a=\frac{\sqrt{30}}{3}\quad \text{答}$$

**Process**

（着目する平面を決め，）$\cos\theta$ を求めるために必要な辺の長さを求める

↓

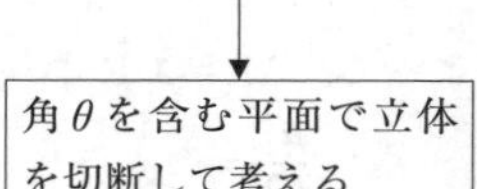

角 $\theta$ を含む平面で立体を切断して考える

**別解** OA = OB = OC, AB = BC = CA であるから，頂点 O から平面 ABC に引いた垂線と △ABC との交点を H とすると，H は △ABC の重心となる。

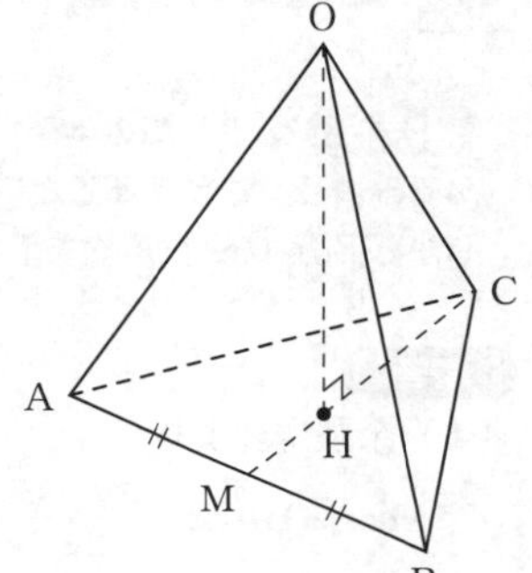


《証明》△OAH と △OBH と △OCH は斜辺と他の 1 辺がそれぞれ等しい直角三角形であるから合同であり

$$HA = HB = HC$$

よって，点 H は △ABC の各頂点から等距離にあるから，△ABC の外心である。さらに，△ABC は正三角形であるから，外心と重心は一致する。

したがって，H は △ABC の重心である。　　（証終）

このことを用いると，（1），（2）は次のように解くことができる。

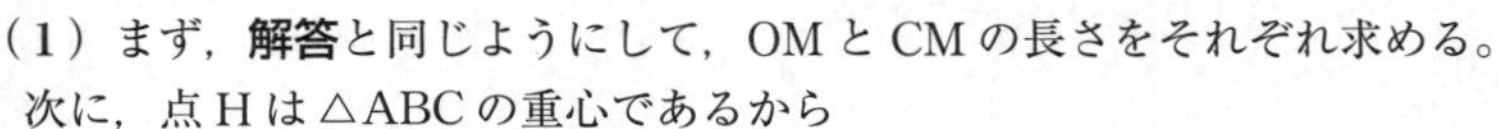

（1）まず，**解答**と同じようにして，OM と CM の長さをそれぞれ求める。

次に，点 H は △ABC の重心であるから

$$CH : HM = 2 : 1$$

ここで，$CM=\sqrt{3}$ であるから

$$HM = CM \times \frac{1}{3} = \frac{\sqrt{3}}{3}$$

したがって

$$\cos\theta = \frac{HM}{OM} = \frac{\sqrt{3}}{3} \cdot \frac{1}{\sqrt{4a^2-1}} = \frac{1}{\sqrt{12a^2-3}}$$

（2）（1）より，△OMH において三平方の定理より

$$OH = \sqrt{OM^2 - HM^2} = \sqrt{(4a^2-1) - \frac{1}{3}} = \sqrt{4a^2 - \frac{4}{3}}$$

**核心はココ!**

**立体の辺の長さ・角の大きさを考えるときには**
**適当な平面で切断して考えよ！**

## 36　四面体の計量②　Lv. ★★★

問題は21ページ

**考え方**　（3）球の半径が最小となるときを考えるので，球の中心と頂点 A，B，C を結んでみよう。こうすることで，△ABC についての条件が使いやすくなる。さらに，球の中心から平面 ABC に垂線を下ろすと，三平方の定理が使えそうである。

**解答**

（1）余弦定理より

$$\cos\angle \mathrm{BAC} = \frac{5^2+8^2-7^2}{2\cdot5\cdot8} = \frac{1}{2}$$

$0^\circ < \angle \mathrm{BAC} < 180^\circ$ より

$$\angle \mathrm{BAC} = 60^\circ$$ 答

（2）△ABC の外接円の半径を $R$ とおく。

正弦定理より

$$2R = \frac{7}{\sin 60^\circ} = \frac{14}{\sqrt{3}} = \frac{14\sqrt{3}}{3}$$

$$\therefore\quad R = \frac{7\sqrt{3}}{3}$$ 答

（3）球の中心を P とし，点 P から平面 ABC に下ろした垂線の足を D とすると，PA = PB = PC より，△PAD ≡ △PBD ≡ △PCD であるから

$$\mathrm{AD} = \mathrm{BD} = \mathrm{CD}$$

が成り立つ。よって，点 D は △ABC の外心である。

したがって，球の半径を $r$ とおくと

$$r = \mathrm{PA} = \sqrt{\mathrm{AD}^2 + \mathrm{PD}^2} = \sqrt{R^2 + \mathrm{PD}^2} = \sqrt{\frac{49}{3} + \mathrm{PD}^2}$$

と表されるので，球の半径 $r$ が最小となるのは，PD が最小となるとき，つまり 2 点 P，D が一致するときである。

次に，頂点 O から平面 ABC に下ろした垂線の足を E とする。OA = OB = OC より，△OAE ≡ △OBE ≡ △OCE であるから

$$\mathrm{AE} = \mathrm{BE} = \mathrm{CE}$$

**Process**

球の中心から平面 ABC に垂線を下ろす

↓

三平方の定理を使って球の半径を垂線の長さで表す

↓

球の半径が最小となるときを考える

が成り立つ。よって，点Eは△ABCの外心，すなわち点Dと一致する。

このとき，△OADは∠ODA = 90°，OD = AD = $R$の直角二等辺三角形であるから

$$t = \sqrt{2}\,\mathrm{AD}$$
$$= \sqrt{2} \cdot \frac{7\sqrt{3}}{3}$$
$$= \frac{7\sqrt{6}}{3}$$ 答

球に内接する四面体の問題では
球の中心からある面に垂線を下ろせ！

# 第6章　いろいろな関数，図形と方程式

## 37　2次関数の最大・最小　Lv.★★★

問題は22ページ

**考え方**　関数の最大値・最小値を求める際には，グラフをかくことが大切である。

2次関数 $y=f(x)$ の最大値・最小値は，定義域と $y=f(x)$ のグラフの軸との位置関係によって変化する。下に凸の放物線のグラフにおいて，最大となる点は定義域の端点であるため，グラフの軸が定義域の中央よりも左側にあるか右側にあるかで場合分けをする。最小となる点は定義域の端点または頂点であるため，グラフの軸が定義域の左側にあるか，範囲内にあるか，右側にあるかで場合分けをする。

**解答**

（1）$y=a\left(x-\dfrac{a+1}{a}\right)^2-\dfrac{a^2+a+1}{a}$

であるから，求めるグラフの頂点の座標は

$$\left(\frac{a+1}{a},\ -\frac{a^2+a+1}{a}\right)$$ 答

（2）まず，最大値について考える。

軸の方程式について，$a>0$ より

$$x=\frac{a+1}{a}=1+\frac{1}{a}>1$$

したがって，右図より

$x=0$ のとき，最大値 1

次に，最小値を考える。

（ⅰ）$0<\dfrac{a+1}{a}\leqq 2$ すなわち $a\geqq 1$ のとき

右図より

$x=\dfrac{a+1}{a}$ のとき

最小値 $-\dfrac{a^2+a+1}{a}$

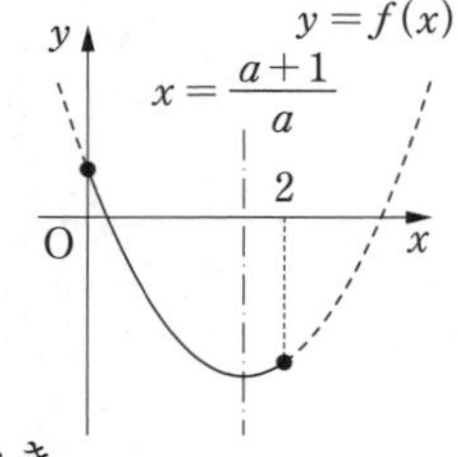


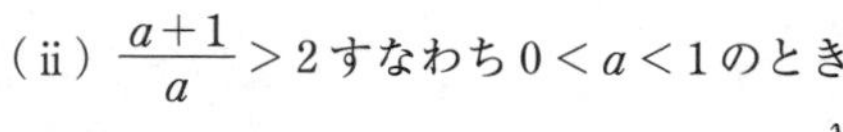

（ⅱ）$\dfrac{a+1}{a}>2$ すなわち $0<a<1$ のとき

右図より

$x=2$ のとき，最小値 $-3$

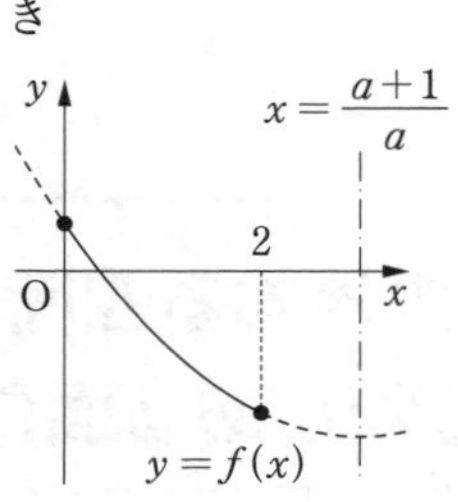


以上より，求める最大値・最小値は

**Process**

定義域の中央と軸の位置関係から最大値を考える

↓

定義域と軸の位置関係から最小値を考える

最大値：1

最小値：$\begin{cases} 0 < a < 1 \text{ のとき } -3 \\ a \geqq 1 \text{ のとき } -\dfrac{a^2+a+1}{a} \end{cases}$ 答

解説　本問は，$a>0$ という条件により軸の位置に制限(軸 $>1$)がつくため，場合分けの数が少なくてすむが，一般に，区間 $\alpha \leqq x \leqq \beta$ において，グラフが下に凸の放物線となる2次関数 $y=f(x)$ の最大値・最小値は次のようになる。重要なのは，これらを丸暗記することではなく，軸の位置に着目してグラフをかいて考えることである。

●最大値について

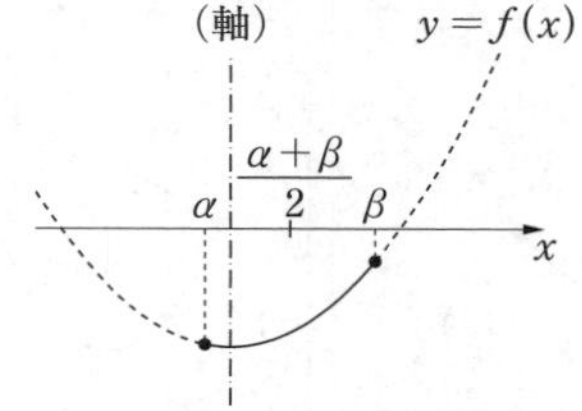


軸が定義域の中央よりも左側にあるとき
最大値は $f(\beta)$

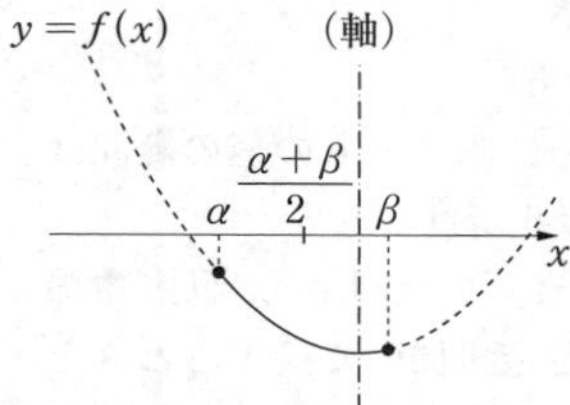


軸が定義域の中央よりも右側にあるとき
最大値は $f(\alpha)$

●最小値について

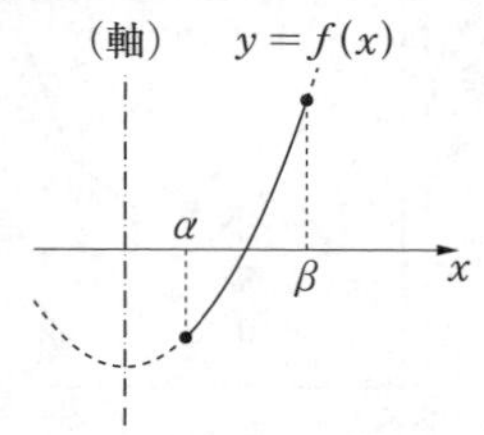


軸が定義域の左側にあるとき
最小値は $f(\alpha)$

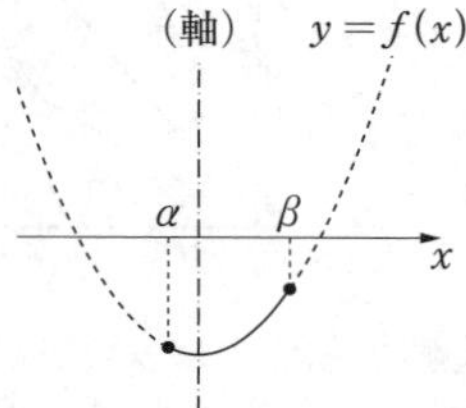


軸が定義域に含まれるとき
最小値は頂点の $y$ 座標

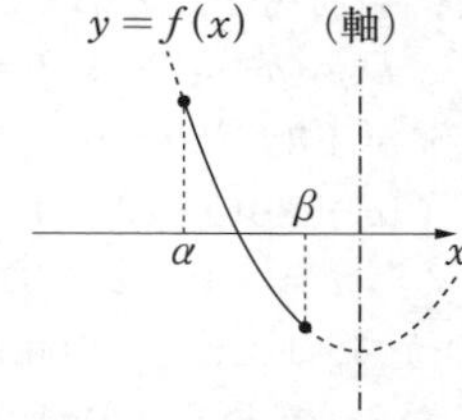


軸が定義域の右側にあるとき
最小値は $f(\beta)$

**核心はココ！**

**2次関数の最大・最小を求めるときは**
**軸，定義域の位置によって場合分け！**

## 38　2次不等式とグラフ　Lv.★★★

問題は22ページ

**考え方**　$y=f(x)$ のグラフは原点を通り傾き $a$ の直線であり，$y=g(x)$ のグラフは頂点の座標が $(2,\ 5)$ である下に凸の放物線である。「すべて」と「ある」の違いに注意して，定義域 $1 \leqq x \leqq 4$ における 2 つのグラフの上下関係を考えればよい。

また，(1)，(2)はグラフ全体の位置関係を考えればよいが，(3)，(4)は値域全体の大小関係を考えなければならないので，$f(x)$，$g(x)$ の最大値・最小値の大小比較となる。

**解答**

$$g(x)=x^2-4x+9=(x-2)^2+5$$

(1) 直線 $y=f(x)=ax$ が点 $(1,\ 6)$ を通るとき

$$a=6$$

であるから，求める $a$ の値の範囲は

$\boldsymbol{a \geqq 6}$　答

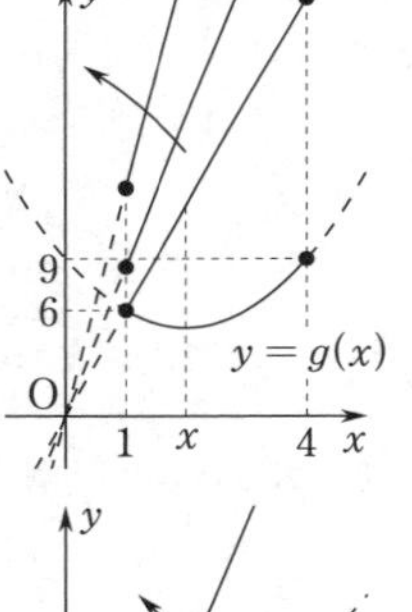


(2) 直線 $y=f(x)=ax$ が放物線 $y=g(x)$ と定義域内で接するときを考える。このとき，2 次方程式

$$f(x)=g(x)$$

$$x^2-(a+4)x+9=0$$

が $1 \leqq x \leqq 4$ の範囲に重解をもてばよく，判別式を $D$ とおくと

$$D=(a+4)^2-4\cdot 9=0$$

$$a^2+8a-20=0$$

$$(a+10)(a-2)=0$$

$$\therefore\quad a=-10,\ 2$$

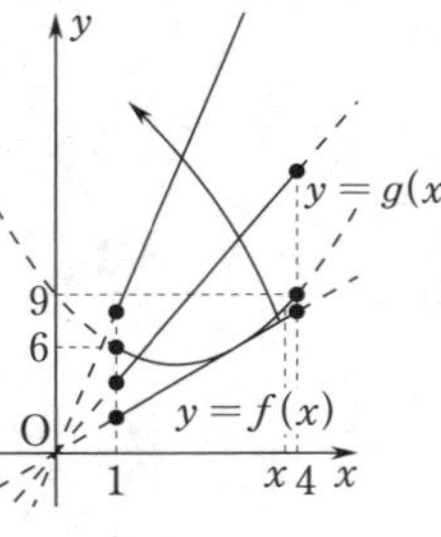


このうち，$1 \leqq x \leqq 4$ の範囲に重解をもつのは $a=2$ のときであるから，求める $a$ の値の範囲は

$\boldsymbol{a \geqq 2}$　答

(3) $1 \leqq x \leqq 4$ における $f(x)$ の最小値を $m_f$，$g(x)$ の最大値を $M_g$ とおくと

$$m_f=f(1)=a$$

$$M_g=g(4)=9$$

$m_f \geqq M_g$ となるような $a$ の値の範囲を求めればよいので

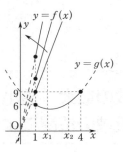

**Process**

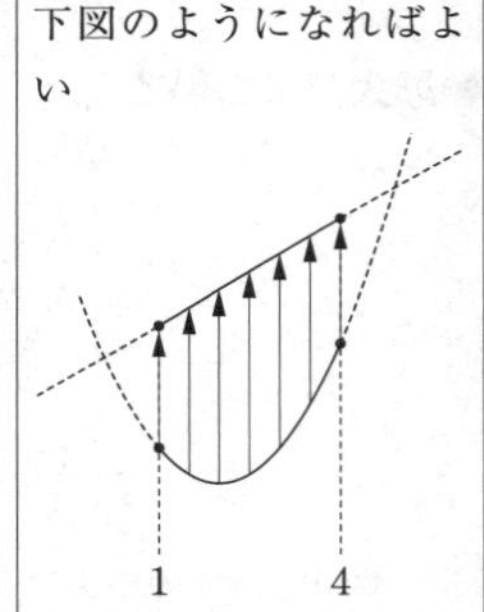


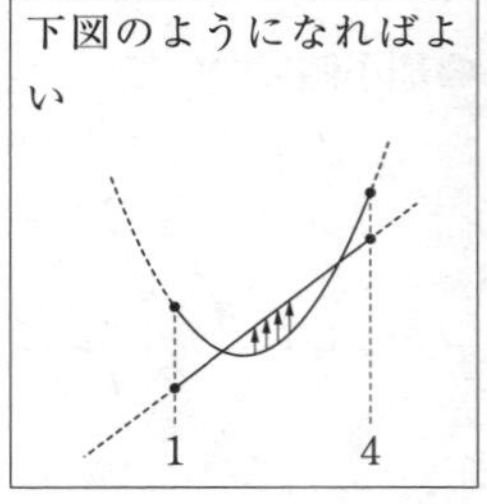


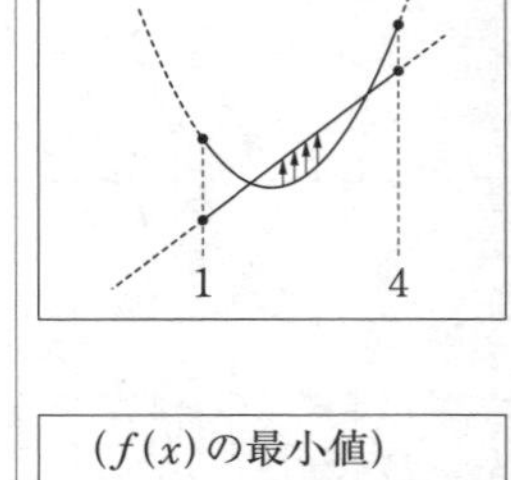


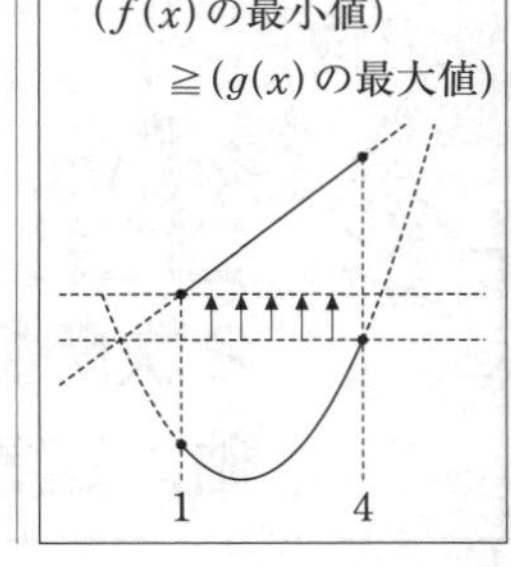

$a \geqq 9$ **答**

（4）$1 \leqq x \leqq 4$ における $f(x)$ の最大値を $M_f$，$g(x)$ の最小値を $m_g$ とおくと

$$M_f = f(4) = 4a$$

$$m_g = g(2) = 5$$

$M_f \geqq m_g$ となるような $a$ の値の範囲を求めればよいので

$$4a \geqq 5$$

$$\therefore \quad a \geqq \frac{5}{4}$$ **答**

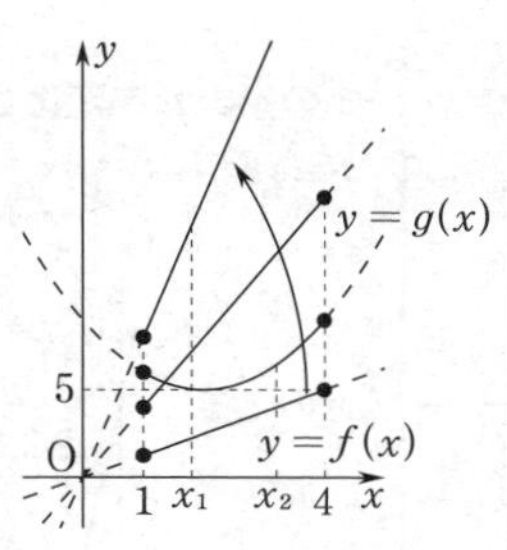


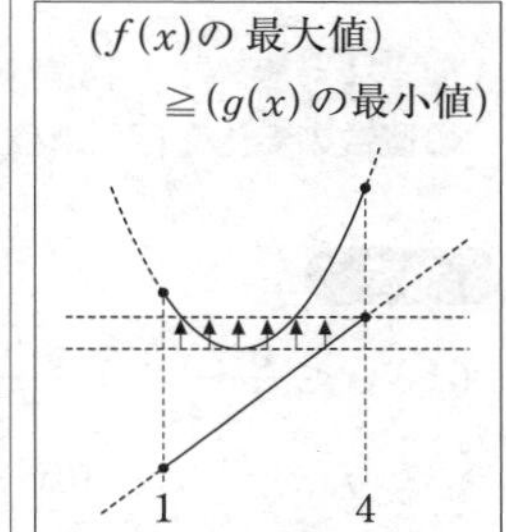


**解説**　（2），（4）のように「…をみたすものがある」という条件が考えにくい場合は，条件を否定して考えるとよい。こうすることで，（2）は（1）に，（4）は（3）にそれぞれ帰着できる。

（2）の条件を否定すると

定義域に属するすべての $x$ に対して，$f(x) < g(x)$ が成り立つ ………………①

である。このとき，$y = f(x)$ のグラフが $y = g(x)$ のグラフの下側にあればよい（接する場合を除く）ので，**解答**のように接する場合を考えれば，①をみたす $a$ の範囲は $a < 2$ である。これを否定して，（2）をみたす $a$ の値の範囲は $a \geqq 2$ と求めることができる。

同様に，（4）の条件を否定すると

定義域に属するすべての $x_1$ とすべての $x_2$ に対して，$f(x_1) < g(x_2)$ が成り立つ ………………②

である。このとき，$f(x)$の最大値が $g(x)$ の最小値よりも小さければよいので，②をみたす $a$ の範囲は

$$M_f < m_g \iff 4a < 5 \iff a < \frac{5}{4}$$

である。この条件を否定して，（4）をみたす $a$ の値の範囲は $a \geqq \frac{5}{4}$ と求めることができる。

**不等式の問題は，グラフの位置関係や関数の最大値・最小値に帰着できる！**

## 39 2次関数のグラフと共有点① Lv.★★★

問題は22ページ

**考え方** （2）直線 $y=ax+1$ の傾き $a$ を変化させて，（1）でかいたグラフとの共有点の個数の変化を捉えよう。このとき，直線 $y=ax+1$ は定点 $(0,\ 1)$ を通ることに着目する。

**解答**

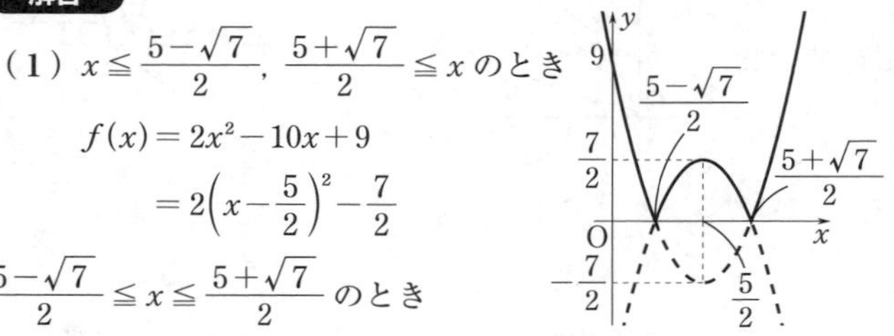

（1）$x \leqq \dfrac{5-\sqrt{7}}{2}$，$\dfrac{5+\sqrt{7}}{2} \leqq x$ のとき

$$f(x)=2x^2-10x+9$$
$$=2\left(x-\frac{5}{2}\right)^2-\frac{7}{2}$$

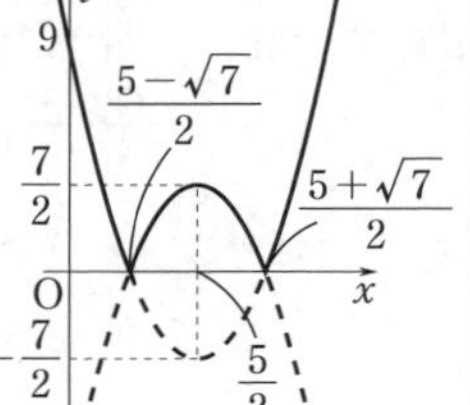


$\dfrac{5-\sqrt{7}}{2} \leqq x \leqq \dfrac{5+\sqrt{7}}{2}$ のとき

$$f(x)=-(2x^2-10x+9)=-2\left(x-\frac{5}{2}\right)^2+\frac{7}{2}$$

よって，$y=f(x)$ のグラフは，**上図の実線部分**となる。 答

（2）直線 $y=ax+1$ が点 $\left(\dfrac{5+\sqrt{7}}{2},\ 0\right)$ を通るとき

$$0=\frac{5+\sqrt{7}}{2}a+1 \qquad \therefore \quad a=\frac{\sqrt{7}-5}{9}$$

直線 $y=ax+1$ が $y=-(2x^2-10x+9)$ のグラフと接するとき

$$ax+1=-(2x^2-10x+9)$$
$$\therefore \quad 2x^2+(a-10)x+10=0$$

の判別式を $D$ とすると

$$D=(a-10)^2-80=0$$
$$\therefore \quad a=10\pm 4\sqrt{5}$$

$\dfrac{5-\sqrt{7}}{2} \leqq x \leqq \dfrac{5+\sqrt{7}}{2}$ の範囲で接するとき $a=10-4\sqrt{5}$

より求める $a$ の値の範囲は $\dfrac{\sqrt{7}-5}{9}<a<10-4\sqrt{5}$ 答

**Process**

絶対値記号の中身の符号で場合分け
↓
平方完成してグラフをかく

直線 $y=ax+1$ は傾きが $a$ で点 $(0,\ 1)$ を通る
↓
傾き $a$ を変化させて，共有点の個数が4個になるような状況を捉える

**文字定数を含む関数のグラフの共有点の個数は，傾きや定点などのグラフの特徴に着目して考えよう！**

## 40 2次関数のグラフと共有点② Lv.★★★

問題は23ページ

**考え方** $a$ の値が変化すると放物線が上下に動くので，$y=4|x-1|-3$ のグラフとの共有点の個数を捉えにくい。そこで，文字定数 $a$ を分離しよう。$x^2+a=4|x-1|-3$ が

$$a=-x^2+4|x-1|-3$$

と変形できることから，直線 $y=a$ を上下に動かして，$y=-x^2+4|x-1|-3$ のグラフとの共有点の個数を求める。

**解答**

$x^2+a=4|x-1|-3$ は

$$a=-x^2+4|x-1|-3$$

と変形できるので，直線 $y=a$ と $y=-x^2+4|x-1|-3$ のグラフとの共有点の個数を求めればよい。

$x\geqq 1$ のとき

$$\begin{aligned}&-x^2+4|x-1|-3\\=&-x^2+4(x-1)-3\\=&-(x-2)^2-3\end{aligned}$$

$x\leqq 1$ のとき

$$\begin{aligned}&-x^2+4|x-1|-3\\=&-x^2-4(x-1)-3\\=&-(x+2)^2+5\end{aligned}$$

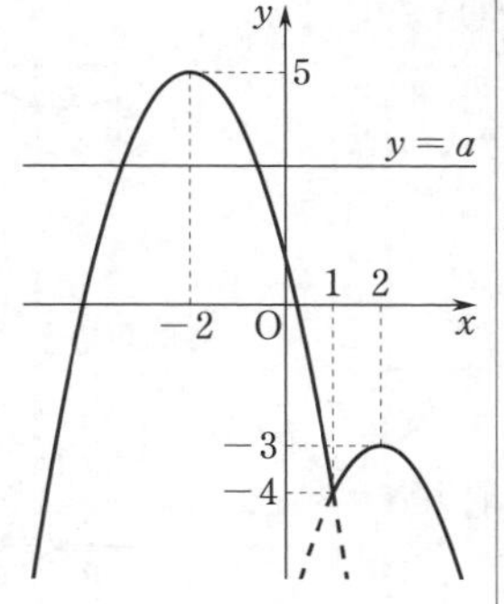


よって，$y=-x^2+4|x-1|-3$ のグラフは右図のようになるので，直線 $y=a$ との共有点の個数は

$$\begin{cases}-4<a<-3 \text{ のとき，4個}\\ a=-4,\ -3 \text{ のとき，3個}\\ a<-4,\ -3<a<5 \text{ のとき，2個}\\ a=5 \text{ のとき，1個}\\ a>5 \text{ のとき，なし}\end{cases}$$ **答**

**Process**

文字定数 $a$ を分離する

↓

絶対値記号の中身の符号で場合を分けて，グラフをかく

↓

直線 $y=a$ を上下に動かして，共有点の個数を読み取る

**核心はココ！**

**文字定数の値が変化するときのグラフの共有点が考えにくければ，文字定数を分離せよ！**

## 第6章　いろいろな関数，図形と方程式

### 41　解の配置　Lv.★★★

問題は23ページ

**考え方**　方程式 $f(x)=0$ の実数解は，$y=f(x)$ のグラフと $x$ 軸の共有点の $x$ 座標と読み替えることができる。そこで，$f(x)=x^2-2ax+b$ とおいて，$y=f(x)$ のグラフと $x$ 軸との位置関係を考えればよく，判別式，軸の位置，端点の $y$ 座標の正負について調べればよい。

**解答**

$f(x)=x^2-2ax+b=(x-a)^2+b-a^2$ とおく。

$f(x)=0$ が $0 \leqq x \leqq 1$ の範囲に解をもつ条件は次の 2 つの場合が考えられる。判別式を $D$ とおくと

（i）「$f(0) \leqq 0$ かつ $f(1) \geqq 0$」
　　または
　　「$f(0) \geqq 0$ かつ $f(1) \leqq 0$」

であるから

　　$b \leqq 0$ かつ $b \geqq 2a-1$
　　または
　　$b \geqq 0$ かつ $b \leqq 2a-1$

（ii）$\begin{cases} \dfrac{D}{4}=a^2-b \geqq 0 \\ 0 \leqq (\text{軸})=a \leqq 1 \\ f(0) \geqq 0 \text{ かつ } f(1) \geqq 0 \end{cases}$

であるから

$\begin{cases} b \leqq a^2 \\ 0 \leqq a \leqq 1 \\ b \geqq 0 \text{ かつ } b \geqq 2a-1 \end{cases}$

（i），（ii）より，点 $(a,\ b)$ の存在範囲は右図の斜線部分となる（境界も含む）。 答

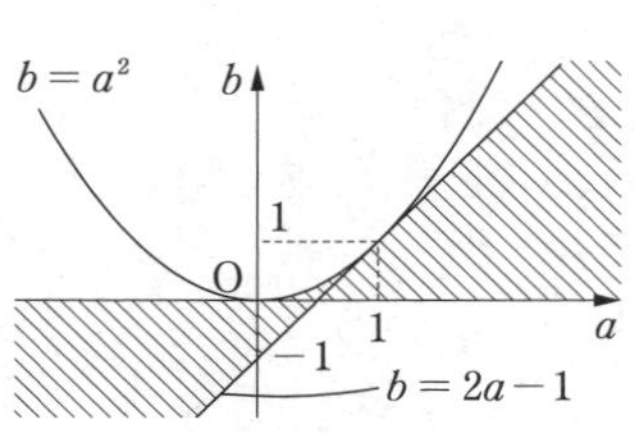


**Process**

方程式の実数解を，グラフと $x$ 軸の共有点の $x$ 座標に読み替える

↓

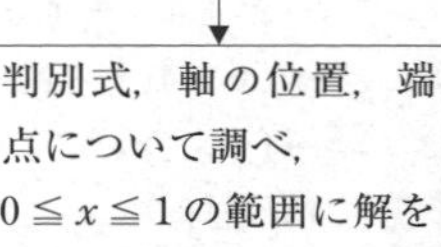
判別式，軸の位置，端点について調べ，$0 \leqq x \leqq 1$ の範囲に解をもつ条件を考える

**2 次方程式の解の配置の問題は**
**判別式，軸の位置，端点を調べる！**

## 42 図形への応用 Lv.★★★

問題は23ページ

**考え方** (1) まずは図をかいて，4点P，Q，R，Sの位置を把握しよう。PRとQSの交点の座標は$(a,\ a)$なので，$a$の値を大きくするにつれて，正方形PQRSは右上に平行移動する。

(2) $a$の値により共通部分の形が異なるので，場合を分けて面積を立式しよう。面積はいずれの場合も$a$の2次式になるので，平方完成をして最大値を求めればよい。

**解答**

(1) 4点P，Q，R，Sは右図のような位置関係にある。また，PRとQSの交点をTとするとT$(a,\ a)$なので，$a$の値を変化させると，正方形PQRSは，Tが直線$y=x$上にあるように平行移動する。

ここで，線分PQの中点が点Oと一致するとき

$$\frac{(a+1)+a}{2}=0$$

$$\therefore\quad a=-\frac{1}{2}$$

また，点Sが点Bと一致するとき

$$a=2$$

よって，長方形OABCと正方形PQRSが共有点をもつような$a$の値の範囲は，上図より

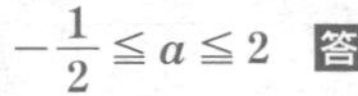

$$-\frac{1}{2}\leqq a\leqq 2 \quad \text{答}$$

(2) 長方形OABCと正方形PQRSが共有点をもつとき，共通部分の形は，$a$の値により(Ⅰ)〜(Ⅳ)のように変化する。

共通部分の面積を$S(a)$とおくと，

(Ⅰ) $-\dfrac{1}{2}\leqq a\leqq 0$のとき

$$S(a)=\frac{1}{2}(2a+1)^2$$

$$=2\left(a+\frac{1}{2}\right)^2$$

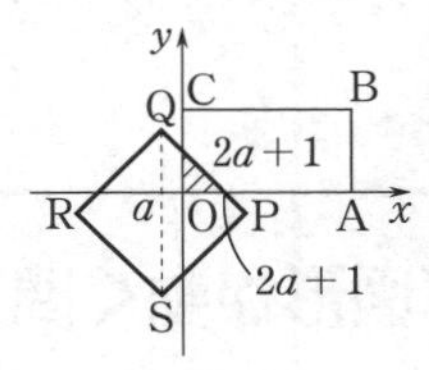


**Process**

図をかいて，変数によって正方形が動いていく様子を捉える

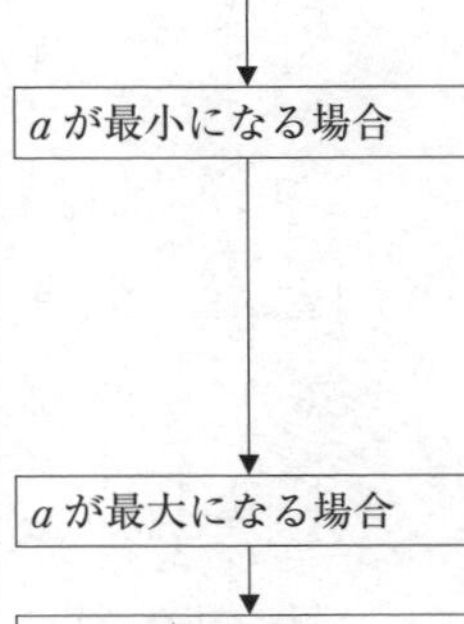


$a$が最小になる場合

$a$が最大になる場合

$a$の範囲を求める

共通部分の形により場合分けする

それぞれの場合で，面積を表す式を立式する

(Ⅱ) $0 \leqq a \leqq \frac{1}{2}$ のとき

直線PRで2つの台形に分けて

$$S(a)=\frac{1}{2}\{2a+(a+1)\}(1-a)$$

$$+\frac{1}{2}\{(a+1)+1\}a$$

$$=-a^2+2a+\frac{1}{2}=-(a-1)^2+\frac{3}{2}$$

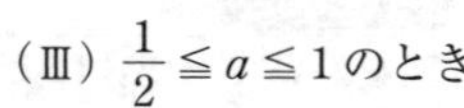

(Ⅲ) $\frac{1}{2} \leqq a \leqq 1$ のとき

正方形PQRSから，3つの直角二等辺三角形を除くと考えて

$$S(a)=(\sqrt{2})^2-\frac{1}{2}(\sqrt{2}\,a)^2$$

$$-\frac{1}{2}(\sqrt{2}-\sqrt{2}\,a)^2\times 2$$

$$=-3a^2+4a=-3\left(a-\frac{2}{3}\right)^2+\frac{4}{3}$$

(Ⅳ) $1 \leqq a \leqq 2$ のとき

$$S(a)=\frac{1}{2}\{2-(2a-2)\}\{1-(a-1)\}$$

$$=\frac{1}{2}(4-2a)(2-a)$$

$$=(a-2)^2$$

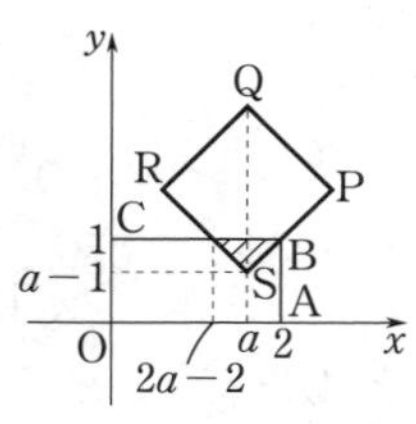


以上より，$b=S(a)$ のグラフは右図のようになるので，$S(a)$ は

**$a=\frac{2}{3}$ のとき，最大値 $\frac{4}{3}$ をとる。** 答

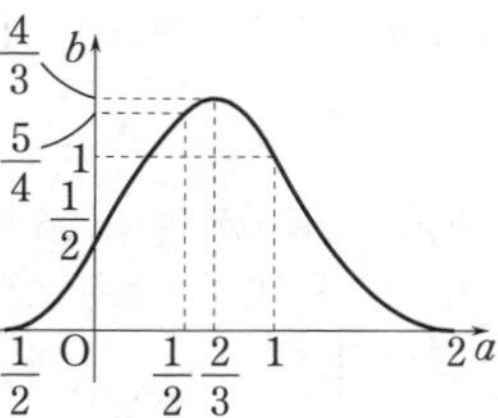


グラフをかいて，面積の最大値を求める

**変数によって図形が動く問題では，変数をいろいろ変化させたときの図をかいて考えよう！**

## 43 三角関数の最大・最小 Lv.★★★

問題は24ページ

**考え方** ［A］$\sin x$ と $\cos x$ の2次式であるから，まずは，次数を下げることを考える。すると，$\sin x$ と $\cos x$ の1次式になるので，三角関数の合成をすればよい。
［B］$x^2+y^2=1$ と $xy(x+y-1)$ から1文字消去しようとすると計算が煩雑になってしまう。そこで，原点を中心とする半径1の円周上にある点は変数 $\theta$ を用いて $(\cos\theta,\ \sin\theta)$ と表すことができることに着目しよう。すると，$x$，$y$ を $\theta$ を用いて表すことができ，与式は $\sin\theta$，$\cos\theta$ の対称式となる。基本対称式の1つである $\sin\theta+\cos\theta$ を $t$ で置き換えよう。文字を置き換えるときは，変域がどうなるかの注意も忘れずに行うこと。

**解答**

［A］$y=\sin^2 x+\sqrt{3}\sin x\cos x-2\cos^2 x$

$$=\frac{1-\cos 2x}{2}+\sqrt{3}\cdot\frac{\sin 2x}{2}-2\cdot\frac{1+\cos 2x}{2}$$

$$=\frac{\sqrt{3}}{2}\sin 2x-\frac{3}{2}\cos 2x-\frac{1}{2}$$

$$=\sqrt{3}\sin\left(2x-\frac{\pi}{3}\right)-\frac{1}{2}$$

$0\leqq x<2\pi$ より，$-1\leqq\sin\left(2x-\frac{\pi}{3}\right)\leqq 1$ であるから

$$-\sqrt{3}-\frac{1}{2}\leqq\sqrt{3}\sin\left(2x-\frac{\pi}{3}\right)-\frac{1}{2}\leqq\sqrt{3}-\frac{1}{2}$$

したがって，$y$ は $\sin\left(2x-\frac{\pi}{3}\right)=1$ のとき最大値 $\sqrt{3}-\frac{1}{2}$ をとり，

このとき，$-\frac{\pi}{3}\leqq 2x-\frac{\pi}{3}<\frac{11}{3}\pi$ より

$$2x-\frac{\pi}{3}=\frac{\pi}{2},\ \frac{5}{2}\pi \qquad \therefore\quad x=\frac{5}{12}\pi,\ \frac{17}{12}\pi$$

また，$y$ は $\sin\left(2x-\frac{\pi}{3}\right)=-1$ のとき最小値 $-\sqrt{3}-\frac{1}{2}$ をとり

$$2x-\frac{\pi}{3}=\frac{3}{2}\pi,\ \frac{7}{2}\pi \qquad \therefore\quad x=\frac{11}{12}\pi,\ \frac{23}{12}\pi$$

以上より

$$\begin{cases} x=\frac{5}{12}\pi,\ \frac{17}{12}\pi \text{ のとき，最大値 } \sqrt{3}-\frac{1}{2} \\ x=\frac{11}{12}\pi,\ \frac{23}{12}\pi \text{ のとき，最小値 } -\sqrt{3}-\frac{1}{2} \end{cases}$$ 答

［B］点 $(x,\ y)$ は原点を中心とする半径1の円周上を動くので
$x=\cos\theta,\ y=\sin\theta\ (0\leqq\theta<2\pi)$

**Process**

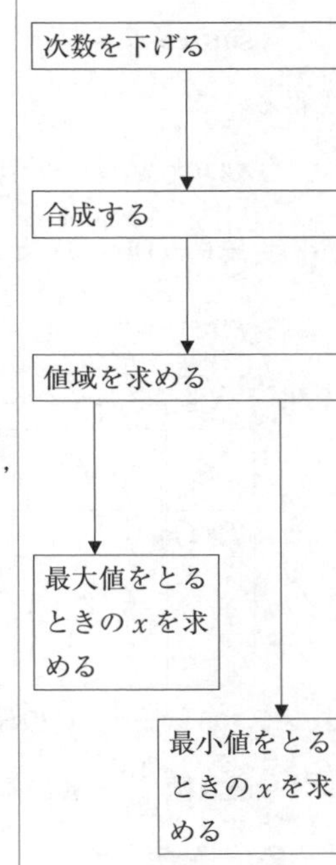
次数を下げる
合成する
値域を求める
最大値をとるときの x を求める
最小値をとるときの x を求める

と表せる。このとき

$$xy(x+y-1)=\sin\theta\cos\theta(\sin\theta+\cos\theta-1)$$

ここで，$t=\sin\theta+\cos\theta$ ……(＊)とおくと

$$t=\sqrt{2}\sin\left(\theta+\frac{\pi}{4}\right)$$

$\frac{\pi}{4}\leqq\theta+\frac{\pi}{4}<\frac{9}{4}\pi$ より

$$-1\leqq\sin\left(\theta+\frac{\pi}{4}\right)\leqq1 \qquad -\sqrt{2}\leqq\sqrt{2}\sin\left(\theta+\frac{\pi}{4}\right)\leqq\sqrt{2}$$

$$-\sqrt{2}\leqq t\leqq\sqrt{2}$$

置き換えた変数の変域を調べる

また，(＊)の両辺を2乗することで

$$t^2=(\sin\theta+\cos\theta)^2=1+2\sin\theta\cos\theta$$

$$\sin\theta\cos\theta=\frac{t^2-1}{2}$$

を得るので

$$xy(x+y-1)=\frac{t^2-1}{2}\cdot(t-1)=\frac{1}{2}(t+1)(t-1)^2$$

$f(t)=\frac{1}{2}(t+1)(t-1)^2$ とおくと

$$f'(t)=\frac{1}{2}(t-1)^2+\frac{1}{2}(t+1)\cdot2(t-1)=\frac{1}{2}(t-1)(3t+1)$$

より，$-\sqrt{2}\leqq t\leqq\sqrt{2}$ における $f(t)$ の増減は

変数を置き換えた関数の増減を調べる

| $t$ | $-\sqrt{2}$ | … | $-\frac{1}{3}$ | … | 1 | … | $\sqrt{2}$ |
|---|---|---|---|---|---|---|---|
| $f'(t)$ | | ＋ | 0 | － | 0 | ＋ | |
| $f(t)$ | $-\frac{\sqrt{2}+1}{2}$ | ↗ | 極大 $\frac{16}{27}$ | ↘ | 極小 0 | ↗ | $\frac{\sqrt{2}-1}{2}$ |

よって，$xy(x+y-1)$ の最大値と最小値は

最大値 $\frac{16}{27}$，最小値 $-\frac{\sqrt{2}+1}{2}$ 答

**核心はココ！**

**三角関数の最大・最小では**
**次数下げや置き換えを考えよ！**

## 44 三角関数を含む方程式 Lv. ★★★

問題は24ページ

**考え方** (3)では，$\sqrt{3}\sin\theta+\cos\theta=t$ と置き換えた $t$ についての方程式 $g(t)=0$ をつくり，$f(\theta)=0$ の解の個数を $g(t)=0$ の解の個数に読み替えよう。$t$ に対応する $\theta$ の値の個数に注意すること。

**解答**

(1) 合成公式を用いて

$$t=\sqrt{3}\sin\theta+\cos\theta$$

$$=2\sin\left(\theta+\frac{\pi}{6}\right)\ (\text{ただし } 0\leqq\theta\leqq\pi)$$

したがって，グラフは**下図の実線部分**である。 答

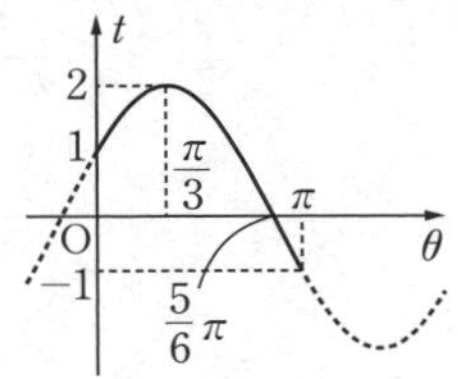


(2) $(\sqrt{3}\sin\theta+\cos\theta)^2$

$$=3\sin^2\theta+2\sqrt{3}\sin\theta\cos\theta+\cos^2\theta$$

$$=2\sin^2\theta+2\sqrt{3}\sin\theta\cos\theta+1$$

ここで，$\sqrt{3}\sin\theta+\cos\theta=t$ として

$$t^2=2\sin\theta(\sin\theta+\sqrt{3}\cos\theta)+1$$

$$\therefore\quad \sin\theta(\sin\theta+\sqrt{3}\cos\theta)=\frac{t^2-1}{2}$$ 答

(3) $\sqrt{3}\sin\theta+\cos\theta=t$ とおくと

$$f(\theta)=at+\frac{t^2-1}{2}$$

$$=\frac{1}{2}t^2+at-\frac{1}{2}$$

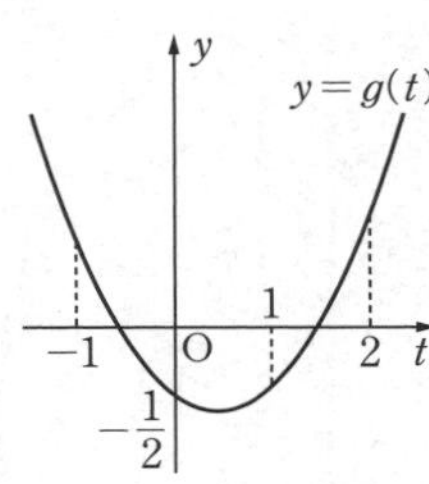


この右辺を $g(t)$ とおくと，$y=g(t)$ のグラフから，$t$ の 2 次方程式 $g(t)=0$ は異符号の解 $\alpha,\ \beta(\alpha<\beta)$ をもつ。

**Process**

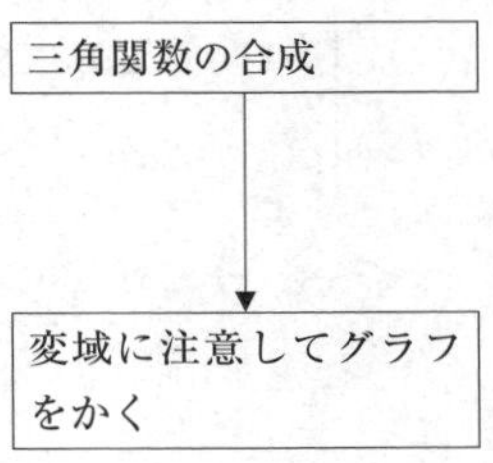


第1章 第2章 第3章 第4章 第5章 第6章 第7章 第8章 第9章 第10章 第11章 第12章 第13章

ここで（1）より，$t$ に対応する $\theta$ の個数は

$t<-1$ のとき0個，

$-1\leqq t<1$，$t=2$ のとき1個，

$1\leqq t<2$ のとき2個

なので $f(\theta)=0$ が $0\leqq\theta\leqq\pi$ の範囲に相異なる3つの解をもつのは

$-1\leqq\alpha<0$，$1\leqq\beta<2$

のときである。よって

$$\begin{cases} g(-1)=-a\geqq 0 \\ g(1)=a\leqq 0 \\ g(2)=2a+\dfrac{3}{2}>0 \end{cases}$$

$\therefore\quad -\dfrac{3}{4}<a\leqq 0$ 答

置き換えた変数 $t$ と置き換える前の変数 $\theta$ の対応を考える

↓

変数を置き換えた方程式 $g(t)=0$ の解の配置をグラフを用いて考える

↓

解の条件を不等式で立式

**三角関数を含む方程式の解を，置き換えを用いて求めるときは，解の対応を意識！**

## 45 tan の利用　Lv.★★★

問題は24ページ

**考え方**　2 直線のなす角に関する問題では，tan の加法定理

$$\tan(\alpha-\beta)=\frac{\tan\alpha-\tan\beta}{1+\tan\alpha\tan\beta}$$

を利用するとうまくいくことがある。直線の傾き等を $\tan\alpha$，$\tan\beta$ で表すとなす角についての式が得られるわけだ。

**解答**

$x$ 軸の正の方向から，
$\overrightarrow{\mathrm{PA}}=(-x,\ 1-x)$，
$\overrightarrow{\mathrm{PB}}=(-x,\ 2-x)$ へ反時計回りにはかった角をそれぞれ $\alpha$，$\beta$ とする。
$\angle\mathrm{APB}=\theta$ とすると，$x>0$ より

$$\theta=\alpha-\beta$$

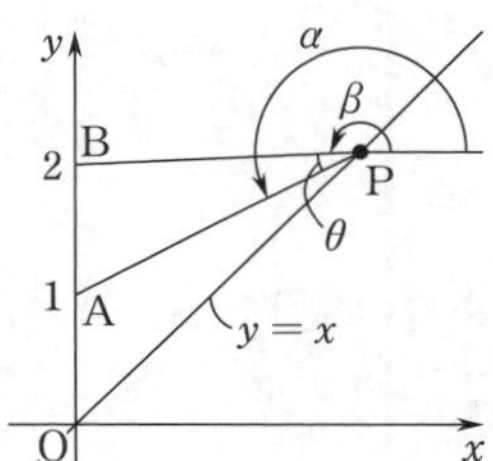


そして

$$\tan\alpha=\frac{x-1}{x},\quad \tan\beta=\frac{x-2}{x}$$

と表せる。

ここで，線分 AB を直径とする円は P の軌跡 $y=x$ $(x>0)$ と共有点をもたないので，P はこの円の外側にあり

$$0<\angle\mathrm{APB}=\theta<\frac{\pi}{2}$$

で考えればよい。

$$\begin{aligned}\tan\theta&=\tan(\alpha-\beta)\\&=\frac{\tan\alpha-\tan\beta}{1+\tan\alpha\tan\beta}\\&=\frac{\dfrac{x-1}{x}-\dfrac{x-2}{x}}{1+\dfrac{x-1}{x}\cdot\dfrac{x-2}{x}}\\&=\frac{1}{2x+\dfrac{2}{x}-3}\end{aligned}$$

**Process**

直線どうしのなす角を設定する

↓

tan の加法定理を利用する

$x>0$ より，相加・相乗平均の関係を用いて

$$2x+\frac{2}{x} \geqq 2\sqrt{2x \cdot \frac{2}{x}}=4$$

（等号成立は $2x=\frac{2}{x}$ より，$x=1$ のとき）

だから

$$0<\tan\theta \leqq \frac{1}{4-3}=1$$

これと $0<\theta<\frac{\pi}{2}$ より

$$0<\theta \leqq \frac{\pi}{4}$$

よって，求める最大値は

$x=1$ のとき $\frac{\pi}{4}$ である。 答

**2 直線のなす角に関する問題では，**
**tan の利用を考えよう！**

## 46 指数関数のグラフの応用 Lv.★★★

問題は25ページ

**考え方** (1) $2^x$, $2^{-x}$ はともに正であり，積が定数であることから，相加・相乗平均の関係を利用しよう。
(2) $-6\cdot 2^x-6\cdot 2^{-x}=-6t$ より，$4^x+4^{-x}$ を $t$ で表すことを考えたい。そこで，$t=2^x+2^{-x}$ の両辺を2乗してみよう。
(4) $t$ に対応する $x$ の値の個数に注意する。

**解答**

(1) $2^x>0$, $2^{-x}>0$ より，相加・相乗平均の関係より

$$t=2^x+2^{-x}\geqq 2\sqrt{2^x\cdot 2^{-x}}=2$$

等号成立条件は

$$2^x=2^{-x}$$

$$\therefore\quad x=0$$

よって，$t$ は $x=0$ のとき最小値2をとる。 答

(2) $4^x+4^{-x}=(2^x+2^{-x})^2-2$
$\qquad\qquad=t^2-2$

より

$$y=4^x+4^{-x}-6(2^x+2^{-x})$$
$$=t^2-6t-2$$ 答

(3) (1)，(2)より

$$y=(t-3)^2-11\quad(t\geqq 2)$$

グラフは右図のようになるから
$y$ は $t=3$ のとき最小値 $-11$ をとる。 答

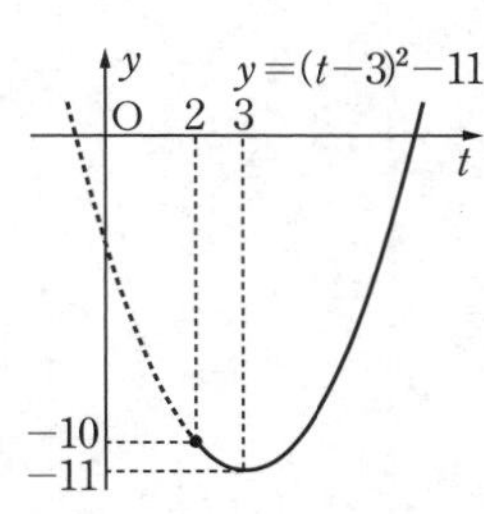


(4) $t=2^x$ は単調増加，$t=2^{-x}$ は単調減少であるから，$t=2^x+2^{-x}$ のグラフは右図のようになり，1つの $t$ の値に対応する $x$ の値の個数は

$$\begin{cases}t<2\text{のとき} & 0\text{個}\\ t=2\text{のとき} & 1\text{個}\\ t>2\text{のとき} & 2\text{個}\end{cases}$$

となる。

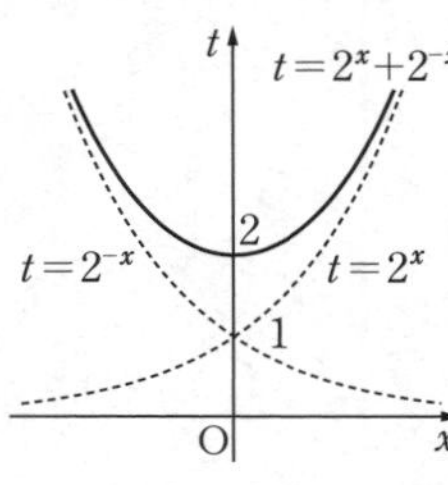


**Process**

相加・相乗平均の関係
↓
等号成立条件の確認

平方完成
↓
グラフをかいて最小値を求める

置き換えた変数 $t$ と置き換える前の変数 $x$ の対応を考える

よって(3)のグラフと $y=a$ の共有点の個数，および $t$ と $x$ の対応関係から

共有点の個数を考える

$$\begin{cases} a<-11 \text{ のとき　0 個} \\ a=-11,\ a>-10 \text{ のとき　2 個} \\ a=-10 \text{ のとき　3 個} \\ -11<a<-10 \text{ のとき　4 個} \end{cases}$$ 答

$a^x+a^{-x}$ を見たら，

相加・相乗平均の関係を利用しよう！

## 47 常用対数と桁数 Lv.★★★

問題は25ページ

**考え方** 桁数に関する問題では，その数と 10 の累乗との大小比較が大切となる。本問では $6^n$ が 39 桁の自然数であるから，$10^{38} \leqq 6^n < 10^{39}$ が成り立つ。この不等式を解くために，辺々常用対数をとって考えよう。

また，最高位の数字を考えるときは，$l \times 10^m \ (l=1,\ 2,\ \cdots,\ 9)$ と大小比較をする。

**解答**

$6^n$ が 39 桁の自然数になるとき

$$10^{38} \leqq 6^n < 10^{39}$$

が成り立つ。辺々常用対数をとると

$$\log_{10} 10^{38} \leqq \log_{10} 6^n < \log_{10} 10^{39}$$

$$38 \leqq n\log_{10} 6 < 39$$

$$38 \leqq n(\log_{10} 2 + \log_{10} 3) < 39$$

$$38 \leqq n(0.3010 + 0.4771) < 39$$

$$\frac{38}{0.7781} \leqq n < \frac{39}{0.7781}$$

$$\therefore \quad 48.8369\cdots \leqq n < 50.1220\cdots$$

したがって，求める自然数 $n$ の値は

$$n = 49,\ 50$$ **答**

(i) $n=49$ のとき

$$\log_{10} 6^{49} = 49\log_{10} 6 = 49 \times 0.7781 = 38.1269$$

ここで，$\log_{10} 1 = 0$，$\log_{10} 2 = 0.3010$ であるから

$$\log_{10} 1 < 0.1269 < \log_{10} 2$$

$$38 + \log_{10} 1 < 38 + 0.1269 < 38 + \log_{10} 2$$

$$\log_{10}(1 \cdot 10^{38}) < \log_{10} 6^{49} < \log_{10}(2 \cdot 10^{38})$$

$$\therefore \quad 1 \cdot 10^{38} < 6^{49} < 2 \cdot 10^{38}$$

したがって，$6^{49}$ の最高位の数字は 1 である。

(ii) $n=50$ のとき

$$\log_{10} 6^{50} = 50\log_{10} 6 = 50 \times 0.7781 = 38.905$$

ここで

$$\log_{10} 8 = \log_{10} 2^3 = 3\log_{10} 2 = 0.9030$$

$$\log_{10} 9 = \log_{10} 3^2 = 2\log_{10} 3 = 0.9542$$

であるから

**Process**

○が△桁の自然数ならば $10^{\triangle - 1} \leqq ○ < 10^{\triangle}$

↓

常用対数をとる

常用対数を用いて大小比較をする

↓

$\square \times 10^{\triangle - 1}$ の形ではさんで最高位の数字を見つける

$\log_{10}8 < 0.905 < \log_{10}9$

$38 + \log_{10}8 < 38 + 0.905 < 38 + \log_{10}9$

$\log_{10}(8 \cdot 10^{38}) < \log_{10}6^{50} < \log_{10}(9 \cdot 10^{38})$

$\therefore \quad 8 \cdot 10^{38} < 6^{50} < 9 \cdot 10^{38}$

したがって，$6^{50}$ の最高位の数字は 8 である。

（i），（ii）より，求める最高位の数字は

**$n = 49$ のとき 1，$n = 50$ のとき 8** 答

**解説**　たとえば，ある正の数 $x$ の整数部分が 4 桁である条件は

$$10^3 = 1000 \leqq x < 10000 = 10^4$$

をみたすことであり，また，1 より小さい正の数 $x$ が小数第 4 位に初めて 0 でない数字が現れる条件は

$$10^{-4} = 0.0001 \leqq x < 0.001 = 10^{-3}$$

をみたすことである。一般に

| $10^{n-1} \leqq x < 10^n$ をみたす $x$ は，$n$ 桁の実数 |
|---|
| $10^{-n} \leqq x < 10^{-n+1}$ をみたす $x$ は，小数第 $n$ 位に初めて 0 でない数字が現れる実数 |

であり，ある数 $x$ の桁数や小数第何位に初めて 0 でない数字が現れるかを求めるためには，10 を底とする対数（常用対数）をとって，この不等式をみたす $n$ を求めればよい。

**桁数や最高位の数字は常用対数を用いて考える！**

## 48 対数不等式と領域　Lv. ★★★

問題は25ページ

**考え方**　対数の形のままでは，点$(x,\ y)$の存在領域は考えづらい。そこで対数不等式を解くことを考えよう。その際，底の値と1との大小関係で不等式の不等号の向きが異なることに注意しよう。

**解答**

$0<x<1,\ x>1,\ 0<y<1,\ y>1$で考える。

$$\log_x y+2\log_y x-3$$
$$=\log_x y+\frac{2}{\log_x y}-3$$
$$=\frac{(\log_x y)^2-3\log_x y+2}{\log_x y}$$
$$=\frac{(\log_x y-2)(\log_x y-1)}{\log_x y}\leqq 0 \quad \cdots\cdots①$$

をみたす点$(x,\ y)$の存在する領域を考えればよい。

(i) $\log_x y>0$のとき，すなわち

$0<x<1,\ 0<y<1$または$x>1,\ y>1$

のとき，①より

$(\log_x y-2)(\log_x y-1)\leqq 0$

$1\leqq \log_x y\leqq 2 \quad \cdots\cdots②$

(ア) $0<x<1,\ 0<y<1$のとき

②より　$x^2\leqq y\leqq x$

(イ) $x>1,\ y>1$のとき

②より　$x\leqq y\leqq x^2$

(ii) $\log_x y<0$のとき，すなわち

$0<x<1,\ y>1$または$x>1,\ 0<y<1$

のとき，①より

$(\log_x y-2)(\log_x y-1)\geqq 0$

$\log_x y\leqq 1,\ \log_x y\geqq 2$

$\log_x y<0$とあわせて

$\log_x y<0 \quad \cdots\cdots③$

(ウ) $0<x<1,\ y>1$のとき

③より　$y>1$

(エ) $x>1,\ 0<y<1$のとき

③より　$y<1$

**Process**

底についての条件，真数条件を考える
↓
底の変換
↓
底，真数と1との大小関係に注意する
↓
対数不等式を解く

(ア)～(エ)より，求める領域は下図の斜線部分となる（境界は実線部は含み，破線部，軸，○印の点は含まない）。 答

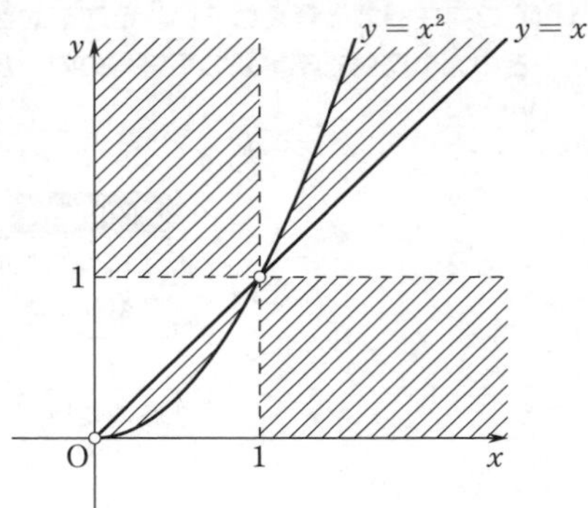

底，真数と 1 との大小関係に注意しよう！

## 49 円と直線① Lv.★★★

問題は26ページ

**考え方** 前半は円と直線の位置関係に関する問題で，「円の中心と直線の距離を，円の半径と比較する」というのが定石の一つ。後半は「弦の長さ」「円の中心と直線の距離」「円の半径」の関係を考え，三平方の定理を利用しよう。

**解答**

点 $(3,\ 0)$ を通る傾き $m$ の直線 $l$ の方程式は

$$y=m(x-3)$$

$$\therefore\quad mx-y-3m=0$$

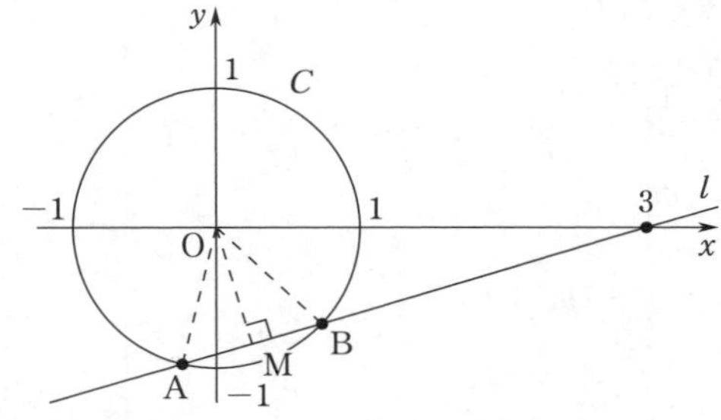


$l$ と $C$ が異なる2点で交わるとき，O と $l$ との距離 $d$ は1より小さいから

$$d=\frac{|-3m|}{\sqrt{m^2+1}}<1$$

両辺正なので，分母を払い，両辺を2乗すると

$$|-3m|<\sqrt{m^2+1}$$

$$9m^2<m^2+1$$

$$8m^2<1$$

これより，求める $m$ の値の範囲は

$$-\frac{\sqrt{2}}{4}<m<\frac{\sqrt{2}}{4} \quad \text{答} \quad \cdots\cdots①$$

$m$ がこの範囲にあるとき，弦 AB の中点を M とすると，△OAM について三平方の定理より

$$\mathrm{AM}^2=\mathrm{OA}^2-\mathrm{OM}^2=1-\left(\frac{|-3m|}{\sqrt{m^2+1}}\right)^2$$

$$=1-\frac{9m^2}{m^2+1}=\frac{-8m^2+1}{m^2+1}$$

**Process**

直線の方程式を $ax+by+c=0$ の形で立式する

↓

円の中心と直線との距離を考える

半径，弦の長さ，点と直線の距離に，三平方の定理を適用

AM $>0$ より　　AM $=\sqrt{\dfrac{-8m^2+1}{m^2+1}}$

よって　　AB $=2$AM $=2\sqrt{\dfrac{-8m^2+1}{m^2+1}}$

ここで　　$\triangle \mathrm{OAB}=\dfrac{1}{2}\mathrm{AB}\cdot\mathrm{OM}$

$$=\sqrt{\frac{-8m^2+1}{m^2+1}}\cdot\sqrt{\frac{9m^2}{m^2+1}}$$

$$=\frac{\sqrt{9m^2(-8m^2+1)}}{m^2+1}$$

$\triangle \mathrm{OAB}=\dfrac{1}{2}$ のとき

$$\frac{\sqrt{9m^2(-8m^2+1)}}{m^2+1}=\frac{1}{2}$$

$$2\sqrt{9m^2(-8m^2+1)}=m^2+1$$

両辺を 2 乗すると

$$4\{9m^2(-8m^2+1)\}=m^4+2m^2+1$$

$$289m^4-34m^2+1=0$$

$$(17m^2-1)^2=0$$

$$m^2=\frac{1}{17}$$

これは①をみたすので，求める $m$ の値は

$m=\pm\dfrac{1}{\sqrt{17}}$ 答

円と直線の位置関係は，
「円の中心と直線との距離」で考えよう

# 50 円と直線② Lv.★★★

問題は26ページ

**考え方** （1）「定数 $k$ の値によらず通る点」を求めるので，直線 $l$ の式が $k$ についての恒等式となるような値の組 $(x,\ y)$ を求めればよい。
（2）正三角形の外接円の図形的な性質を利用して考える。
・外心は各辺の垂直二等分線上にある
・中心角は 120°
などの条件を利用して座標を求めよう。
（3）2 つの曲線の交点の座標を求めて解こうとすると，計算が煩雑になる。そこで，2 つの曲線 $f(x,\ y)=0$，$g(x,\ y)=0$ の交点を通る曲線の式
$$f(x,\ y)+kg(x,\ y)=0$$
を利用しよう。

**解答**

（1）$l:(1-k)x+(1+k)y+2k-14=0$
から　$x+y-14+k(-x+y+2)=0$
上式がすべての $k$ について成り立つとき
$$\begin{cases}x+y-14=0\\-x+y+2=0\end{cases}$$
であり，$x=8$，$y=6$ より
　$A(8,\ 6)$ **答**

（2）外接円の中心を K とすると，K は線分 OA の垂直二等分線上にある。線分 OA の中点は $(4,\ 3)$，傾きは $\dfrac{3}{4}$ なので，垂直二等分線は
$$y-3=-\frac{4}{3}(x-4)$$
$$\therefore\quad y=\frac{-4x+25}{3}$$
となるので $K\left(t,\ \dfrac{-4t+25}{3}\right)$ とおける。また，$A(8,\ 6)$ であるから
$$OK=\frac{2}{\sqrt{3}}\cdot\frac{OA}{2}=\frac{10}{\sqrt{3}}$$
より

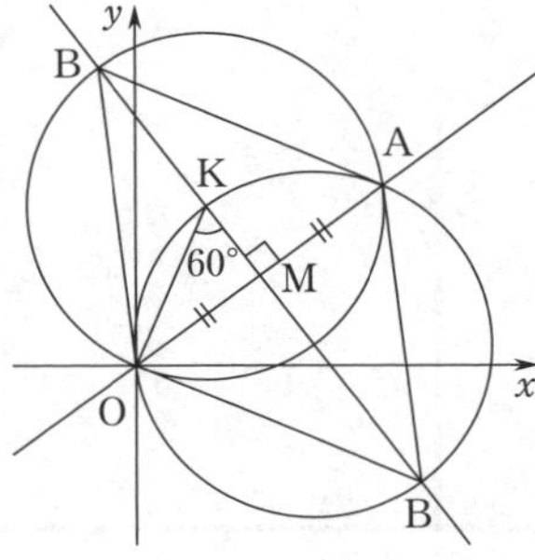


**Process**

$k$ について整理する
↓
$k$ についての恒等式になる条件を立式

正三角形の外接円の中心がみたす条件を図形的に考察する

$$\mathrm{OK}^2=\frac{100}{3}$$

$$t^2+\left(\frac{-4t+25}{3}\right)^2=\frac{100}{3}$$

$$t^2-8t+13=0$$

$$\therefore\quad t=4\pm\sqrt{3}$$

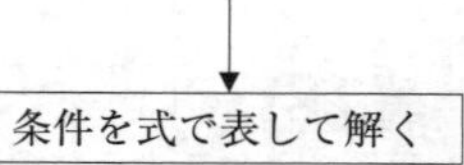


よって，求める座標は

$$\left(4\pm\sqrt{3}\,,\ 3\mp\frac{4\sqrt{3}}{3}\right)\text{（複号同順）}$$ **答**

（3）直線 $l$ と円 $C：x^2+y^2=16$ の交点を通る円の方程式は

$$x^2+y^2-16+\alpha\{x+y-14+k(-x+y+2)\}=0 \quad \cdots①$$

と表せる。これが 2 点 P$(-4,\ 0)$，Q$(2,\ 0)$ を通るとき

$$\begin{cases}\alpha(-18+6k)=0\\-12-12\alpha=0\end{cases}$$

$$\therefore\quad \alpha=-1,\ k=3$$

①に代入して，求める円の方程式は

$$x^2+y^2+2x-4y-8=0$$ **答**

共有点を通る曲線の方程式を立てる

↓

通る点の $x$ 座標，$y$ 座標を方程式に代入する

**2 つの曲線 $f(x,\ y)=0$，$g(x,\ y)=0$ の共有点を通る曲線の方程式は $f(x,\ y)+kg(x,\ y)=0$**

# 51 円に2点で接する放物線 Lv.★★★

問題は26ページ

**考え方** （1）2つの曲線の共有点は，曲線の方程式を連立して解いたときの解から考えることができる。2つの曲線が接するときは，どのような解をもてばよいか考えよう。

（2）放物線を境界とする図形の面積なので，積分計算が必要となる。図形的に面積を求められる部分と，積分が必要な部分に分けて考えるとよい。

**解答**

（1）$x^2+(y-a)^2=b^2$ ……………①

$y=x^2$ ……………………………②

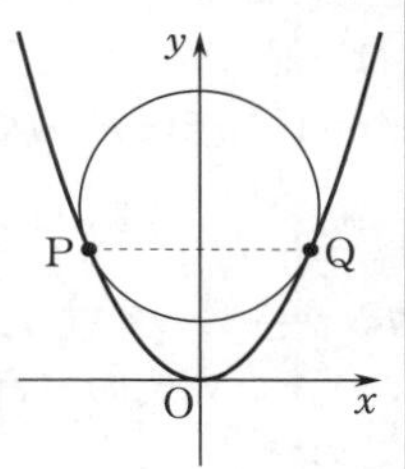


この2式から $x$ を消去すると

$$y^2-(2a-1)y+a^2-b^2=0 \quad \cdots③$$

円①が放物線②と異なる2点で接するための条件は，$y$ の2次方程式③が正の重解をもつことである。したがって，判別式より

$$(2a-1)^2-4(a^2-b^2)=0$$

から　$4b^2-4a+1=0$

このとき，③の重解は

$$y=\frac{2a-1}{2}=a-\frac{1}{2}>0 \left(\because \quad a>\frac{1}{2}\right)$$

よって　$4a-4b^2=1$ **答**

（2）$y=a-\dfrac{1}{2}$ を②に代入して

$$x=\pm\sqrt{a-\frac{1}{2}}$$

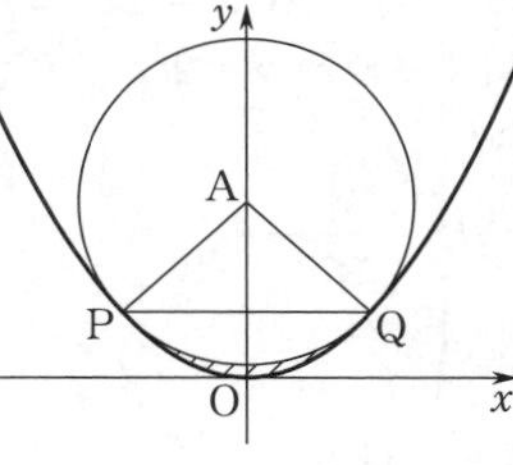


△APQが正三角形のとき，

PQ＝AP＝AQだから

$$2\sqrt{a-\frac{1}{2}}=|b|$$

$$4\left(a-\frac{1}{2}\right)=b^2$$

$\begin{cases}4a-4b^2=1\\4a-b^2=2\end{cases}$ を解くと　$a=\dfrac{7}{12}$，$b^2=\dfrac{1}{3}$

よって，円①の半径は $\dfrac{1}{\sqrt{3}}$，点P，Qの座標は $\left(\pm\dfrac{1}{2\sqrt{3}},\ \dfrac{1}{12}\right)$

である。円と放物線で囲まれた三日月形の面積を $S$ とすると

**Process**

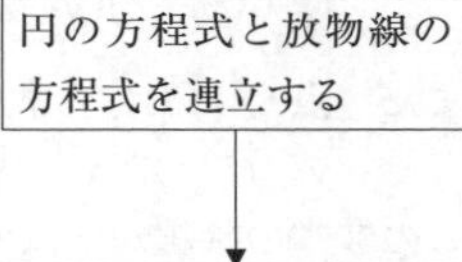

円の方程式と放物線の方程式を連立する


重解をもつ条件を考える

解が題意に適するかを確かめる

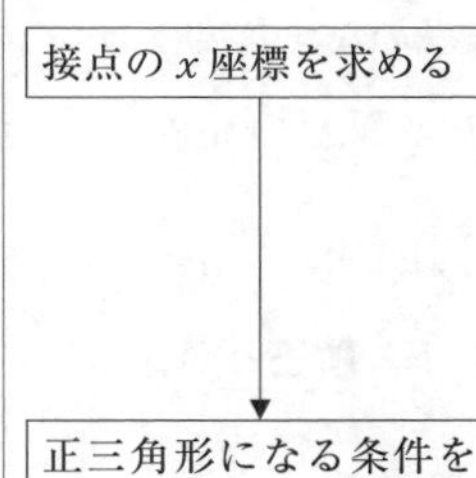

$$S=\int_{\frac{-1}{2\sqrt{3}}}^{\frac{1}{2\sqrt{3}}}\left(\frac{1}{12}-x^2\right)dx+\triangle\mathrm{APQ}-(\text{扇形 APQ})$$
$$=\frac{1}{6}\left(\frac{1}{\sqrt{3}}\right)^3+\frac{1}{2}\left(\frac{1}{\sqrt{3}}\right)^2\sin 60^\circ-\pi\left(\frac{1}{\sqrt{3}}\right)^2\times\frac{1}{6}$$
$$=\frac{11\sqrt{3}}{108}-\frac{\pi}{18}$$ **答**

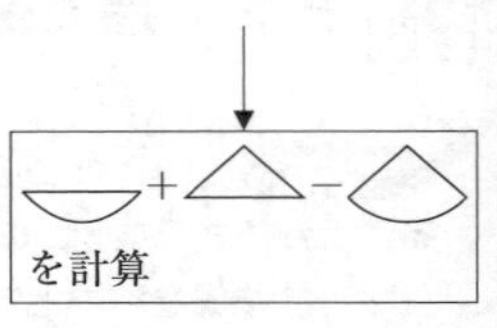

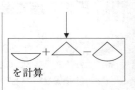

**別解**　円と放物線にともに接する直線に着目して解くと，次のようになる。

（1）題意の円と放物線は $y$ 軸に対して対称なので $\mathrm{P}(-t,\ t^2)$，$\mathrm{Q}(t,\ t^2)(t>0)$ としてよい。点Qにおける円 $x^2+(y-a)^2=b^2$ の接線は，$t^2\neq a$ より

$$tx+(t^2-a)(y-a)=b^2 \qquad \therefore\quad y=-\frac{t}{t^2-a}x+\frac{b^2}{t^2-a}+a$$

また，点Qにおける放物線 $y=x^2$ の接線は，$y'=2x$ より

$$y-t^2=2t(x-t) \qquad \therefore\quad y=2tx-t^2$$

この2本の接線が一致するので

$$\begin{cases}2t=-\dfrac{t}{t^2-a}\\[2mm] -t^2=\dfrac{b^2}{t^2-a}+a\end{cases}$$

$t$ を消去して

$$4a-4b^2=1$$

（2）△APQが正三角形のとき，$\angle\mathrm{AQP}=60^\circ$ より，Qにおいて放物線と円に接する直線 $y=2tx-t^2$ と $x$ 軸のなす角度は $30^\circ$ なので

$$2t=\tan 30^\circ \qquad \therefore\quad t=\frac{1}{2\sqrt{3}}$$

これより　　$a=\dfrac{7}{12}$，$b^2=\dfrac{1}{3}$

以下，**解答**と同様にして面積を得る。

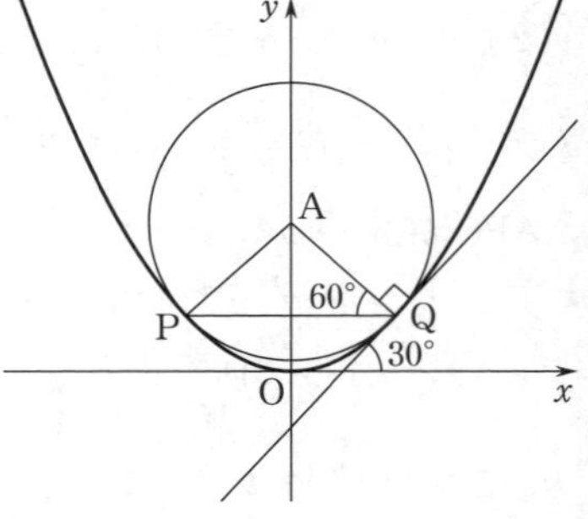

**2曲線が接するときは，**
**連立方程式の解や共通接線に着目せよ！**

## 52 互いに外接する2円 Lv.★★★

問題は27ページ

**考え方** 問題文に与えられた図形的条件を数式に読み替えることからはじめよう。ここでは2つの円が互いに外接する条件を

(2円の半径の和)＝(2円の中心間の距離)

と考えるとよい。

**解答**

$C$上の点の$y$座標は正の値をとり，Pを中心とする円$C'$は，円$C$と$x$軸に接するので，$b>0$であり$C'$の半径は$b$である。

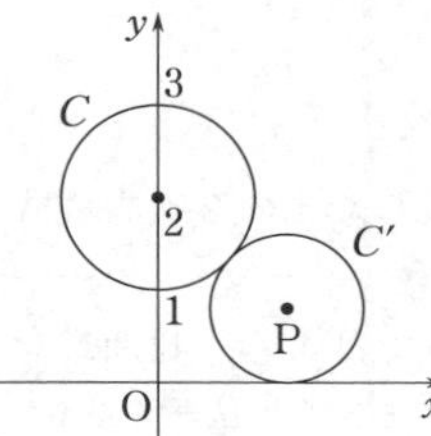


$C$と$C'$が外接するとき，$C$の中心$(0,\ 2)$とPとの距離は$C$と$C'$の半径の和$1+b$に等しいので

$$\sqrt{a^2+(b-2)^2}=1+b$$

両辺とも正なので，2乗すると

$$a^2+(b-2)^2=(1+b)^2 \qquad a^2-6b+3=0$$

$$\therefore \quad b=\frac{a^2+3}{6}$$

よって，Pの描く図形の方程式は $y=\dfrac{x^2+3}{6}$ **答**

**Process**

図形的条件を数式に読み替える
↓
動点の座標$a$と$b$の関係式を求める
↓
式を整理し，軌跡の方程式を求める

**別解** $\mathrm{Q}(0,\ 2)$とすると $\mathrm{PQ}=1+b$

また，Pと直線$y=-1$との距離は $b+1$

すなわち，PQ＝(Pと直線$y=-1$との距離)であるから，点Pの軌跡は，点Qを焦点とし，$y=-1$を準線とする放物線である。よって，求める軌跡の方程式は

$$x^2=4\cdot\frac{3}{2}\left(y-\frac{1}{2}\right) \qquad \therefore \quad y=\frac{x^2+3}{6}$$

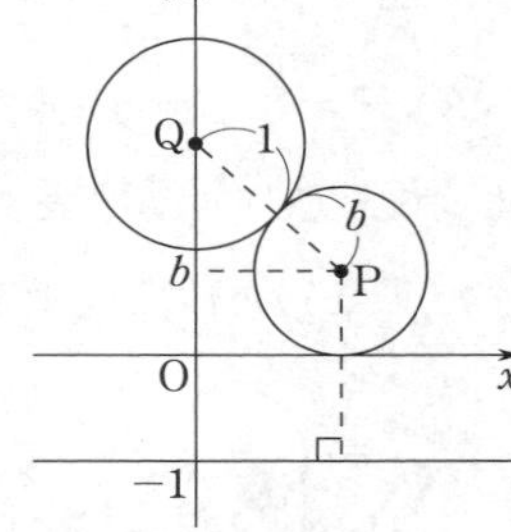

**図形的条件を読み取り，動点についての関係式を求めよう**

## 53 中点の軌跡 Lv.★★★

問題は27ページ

**考え方** （1）交点A，Bの$x$座標は2次方程式$x^2-2x-2=kx-(k^2+2)$の実数解である。したがって判別式を考えればよい。

（2）2点A，Bの$x$座標をそれぞれ$\alpha$，$\beta$とおくと，中点Cの$x$座標は$\dfrac{\alpha+\beta}{2}$で表せる。$\alpha+\beta$の値を求めるので，（1）で得られた2次方程式に解と係数の関係を用いればよい。

（3）パラメータ$k$を消去し，$x$と$y$の関係式をつくればよい。

**解答**

$$y=x^2-2x-2 \quad \cdots\cdots① \quad y=kx-(k^2+2) \quad \cdots\cdots②$$

（1）①，②から$y$を消去した$x$の2次方程式

$$x^2-(k+2)x+k^2=0 \quad \cdots\cdots③$$

が異なる2つの実数解をもてばよく，判別式を$D$とおくと

$$D=(k+2)^2-4k^2=-3k^2+4k+4>0$$

したがって　$-\dfrac{2}{3}<k<2$　答

（2）2点A，Bの$x$座標は③の2つの実数解であり，それぞれ$\alpha$，$\beta$とおく。解と係数の関係より$\alpha+\beta=k+2$となるから，線分ABの中点C$(x,\ y)$の$x$座標は

$$x=\frac{\alpha+\beta}{2}=\frac{k}{2}+1 \quad \cdots\cdots④$$

これと②を合わせて，求める点Cの座標は

$$\left(\frac{k}{2}+1,\ -\frac{k^2}{2}+k-2\right)$$ 答

（3）$x=\dfrac{k}{2}+1$から　$k=2(x-1)$

よって，点Cの軌跡を表す方程式は　$y=-2x^2+6x-6$　答

また，（1）の結果と④より　$\dfrac{2}{3}<x<2$　答

**Process**

交点A，Bの$x$座標を文字でおく
↓
解と係数の関係を利用して，中点Cの座標を$k$を用いて表す

パラメータ$k$を消去し，軌跡の方程式を求める
↓
（1）の結果から$x$の範囲（軌跡の限界）を求める

**動点の軌跡の問題では，**
**軌跡の限界を必ず調べよ！**

## 54 円の接線，軌跡 Lv.★★★

問題は27ページ

**考え方** （2）軌跡を求める問題の基本に従って，まず，軌跡を求める点の座標を$(X, Y)$とおき，$X$，$Y$をパラメータで表そう。

**解答**

（1）$M(x_1,\ y_1)$，$N(x_2,\ y_2)$とすると，M，Nを接点とする$C$の接線の方程式はそれぞれ

$$x_1x+y_1y=1$$

$$x_2x+y_2y=1$$

と表せる。これらは点$P(t,\ 2)$を通るので

$$tx_1+2y_1=1$$

$$tx_2+2y_2=1$$

これより，$M(x_1,\ y_1)$，$N(x_2,\ y_2)$はともに直線$tx+2y=1$上にあることがわかる。すなわち，直線MNは

$$tx+2y=1 \quad \cdots\cdots①$$

と表せる。Qは①と直線OPとの交点である。ここで，直線OPの方程式は

$$2x-ty=0 \quad \cdots\cdots②$$

と表せるから，これと①から$x$を消去して

$$\frac{t^2}{2}y+2y=1$$

$$\frac{t^2+4}{2}y=1$$

$$y=\frac{2}{t^2+4}$$

このとき，②より

$$x=\frac{t}{t^2+4}$$

だから，点Qの座標は

$$\left(\frac{t}{t^2+4},\ \frac{2}{t^2+4}\right)$$ **答**

（2）$Q(X,\ Y)$とおくと

$$X=\frac{t}{t^2+4},\quad Y=\frac{2}{t^2+4}$$

**Process**

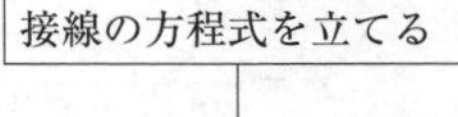


↓

接線が通る点の座標を代入する

↓

2式の形から，2点を通る直線の方程式を得る

軌跡を求める動点の座標を$(X,\ Y)$とおく

ここで，$Y=\dfrac{2}{t^2+4}\fallingdotseq 0$ より

$$\frac{X}{Y}=\frac{t}{2}$$

$$t=\frac{2X}{Y}$$

これを $Y=\dfrac{2}{t^2+4}$ に代入すると

$$Y=\frac{2}{\dfrac{4X^2}{Y^2}+4}$$

$$Y=\frac{Y^2}{2(X^2+Y^2)}$$

$$2(X^2+Y^2)Y=Y^2$$

$Y\fallingdotseq 0$ に注意すると

$$X^2+Y^2-\frac{Y}{2}=0$$

$$X^2+\left(Y-\frac{1}{4}\right)^2=\left(\frac{1}{4}\right)^2$$

だから，求める点Qの軌跡は，**中心 $\left(0,\ \dfrac{1}{4}\right)$，半径 $\dfrac{1}{4}$ の円。ただし，原点を除く。** 答

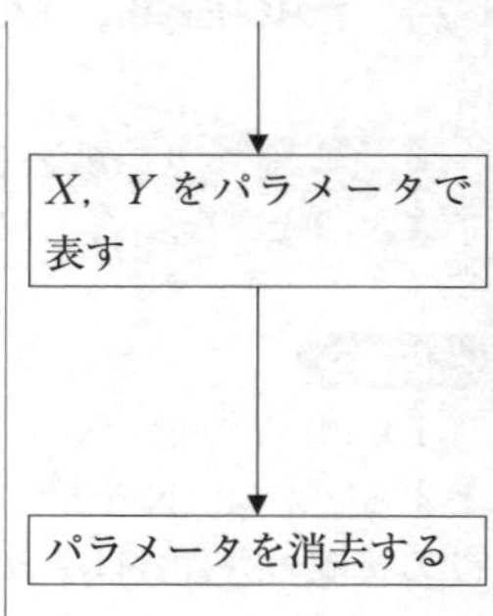

**軌跡を求める点の座標を $(X,\ Y)$ とおき，$X$，$Y$ をパラメータで表そう！**

## 55 軌跡・領域 Lv.★★★

問題は28ページ

**考え方** 座標平面上における点の軌跡を求めるには，その座標を$(x, y)$として，$x$，$y$の関係式を導く。

問題は点$\mathrm{Q}(\alpha+\beta,\ \alpha\beta)$だから，$\alpha+\beta=x$，$\alpha\beta=y$とおけばよい。ただし，「$\alpha$，$\beta$は実数」という隠れた条件があることに注意しなければならない。すなわち，$\alpha$，$\beta$が実数であるための$x$，$y$の条件も考えなくてはいけない。

**解答**

$\alpha+\beta=x$，$\alpha\beta=y$とおく。

このとき，$\alpha$，$\beta$は解と係数の関係より，$t$の2次方程式$t^2-xt+y=0$の実数解であり，実数解をもつための条件から

$$x^2-4y \geqq 0$$

また，点$\mathrm{P}(\alpha,\ \beta)$は$\alpha^2+\beta^2+\alpha\beta<1$をみたして動くから

$$(\alpha+\beta)^2-\alpha\beta<1$$

$$\therefore\quad x^2-y<1$$

よって，$x$，$y$のみたすべき条件は

$$\begin{cases} y \leqq \dfrac{x^2}{4} \\ y > x^2-1 \end{cases}$$

である。ここで，$\dfrac{x^2}{4}=x^2-1$から

$$x=\pm\frac{2}{\sqrt{3}}$$

したがって求める点$\mathrm{Q}(x,\ y)$の動く範囲は，右図の斜線部分となり，

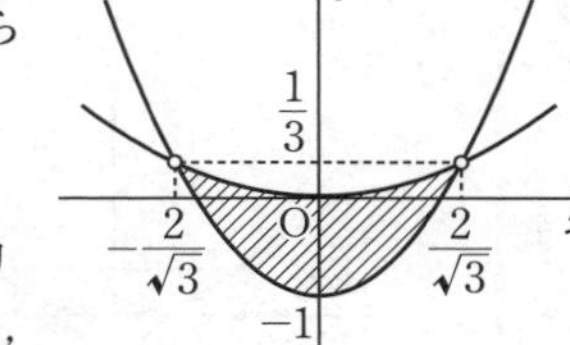


**境界は曲線$y=\dfrac{x^2}{4}\left(-\dfrac{2}{\sqrt{3}}<x<\dfrac{2}{\sqrt{3}}\right)$上の点を含み**

**$y=x^2-1$上の点を除く。** 答

**Process**

$\alpha+\beta=x$，$\alpha\beta=y$とおく

↓

$\alpha$，$\beta$が実数であるための$x$，$y$の条件を考える

↓

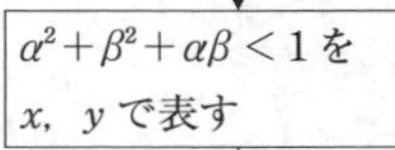


↓

領域を図示する

## 核心はココ！

**文字で置き換えた場合は**
**置き換えた文字のとり得る範囲を考える！**

第1章 第2章 第3章 第4章 第5章 第6章 第7章 第8章 第9章 第10章 第11章 第12章 第13章

## 56 直線の通過領域 Lv.★★★

問題は28ページ

**考え方** 「実数 $t$ を1つ定めると，直線 $l$ が1つ定まる」と考えて，$t$ に着目しよう。直線 $l$ の式を $t$ の方程式とみて，$-1 \leqq t \leqq 1$ の範囲に解をもつための $x$，$y$ の関係式を導く。

**解答**

$l : y = t(x-t)$ から　　$t^2 - xt + y = 0$

この左辺を $f(t)$ とおくと　　$f(t) = \left(t - \dfrac{x}{2}\right)^2 + y - \dfrac{x^2}{4}$

点 $(x,\ y)$ が直線 $l$ の通過する領域に含まれるための条件は，2次方程式 $f(t)=0$ が $-1 \leqq t \leqq 1$ の範囲に少なくとも1つの実数解をもつことである。$u=f(t)$ のグラフから

（ア）$\dfrac{x}{2} \leqq -1$ のとき　$\begin{cases} f(-1) = 1 + x + y \leqq 0 \\ f(1) = 1 - x + y \geqq 0 \end{cases}$

（イ）$1 \leqq \dfrac{x}{2}$ のとき　$\begin{cases} f(-1) = 1 + x + y \geqq 0 \\ f(1) = 1 - x + y \leqq 0 \end{cases}$

（ウ）$-1 < \dfrac{x}{2} < 1$ のとき，$y - \dfrac{x^2}{4} \leqq 0$ のもとで

$f(-1) = 1 + x + y \geqq 0$ または $f(1) = 1 - x + y \geqq 0$

（ア）～（ウ）を整理して

$x \leqq -2$ のとき　　$x - 1 \leqq y \leqq -x - 1$

$x \geqq 2$ のとき　　$-x - 1 \leqq y \leqq x - 1$

$-2 < x < 2$ のとき

$x - 1 \leqq y \leqq \dfrac{x^2}{4}$ または

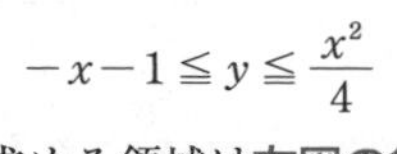

$-x - 1 \leqq y \leqq \dfrac{x^2}{4}$

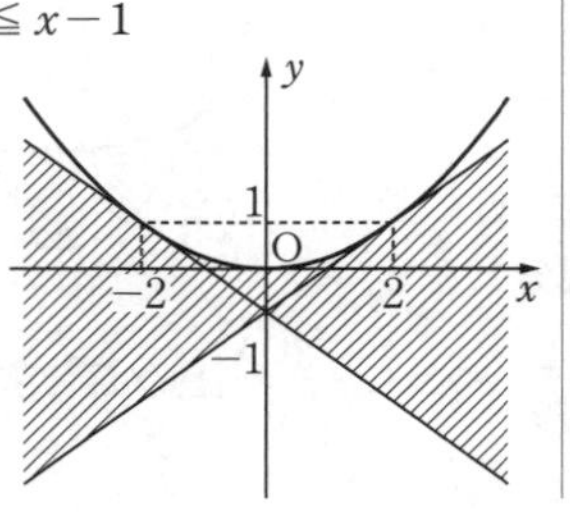


よって，求める領域は右図の斜線部分で，境界を含む。 答

**Process**

直線 $l$ の式を $t$ についての方程式とみる

↓

2次方程式の解の配置問題に帰着

↓

領域を求める

**核心はココ!**

パラメータ $t$ を含む直線の通過領域は
直線の式を $t$ の方程式とみて，
実数解をもつ条件を考えよう！

## 57 領域と最大・最小　Lv.★★★

問題は28ページ

**考え方**　（1）真数条件や底の条件に気をつけて領域 $D$ を求めよう。なお，境界となる図形が共有点をもつ場合は，その点の座標を明示すること。さらに，境界線上の点が $D$ に含まれるかどうかも明示する必要がある。

（2）$y-ax=k$ とおいて，これを直線の方程式と捉えるところがポイント。直線 $y=ax+k$ が領域 $D$ と共有点をもつような $k$ の値の最大値を求めればよい。

**解答**

（1）不等式を変形して

$$\log_3\left(\frac{x}{3}\right)^2 \leqq \log_3\frac{y}{3} \leqq \log_3\left\{\frac{x}{3}(2-x)\right\}$$

$$\therefore\quad \frac{x^2}{9} \leqq \frac{y}{3} \leqq \frac{x(2-x)}{3}$$

これと真数条件から

$$\begin{cases} y>0 \\ 0<x<2 \\ \dfrac{x^2}{3} \leqq y \leqq 2x-x^2 \end{cases}$$

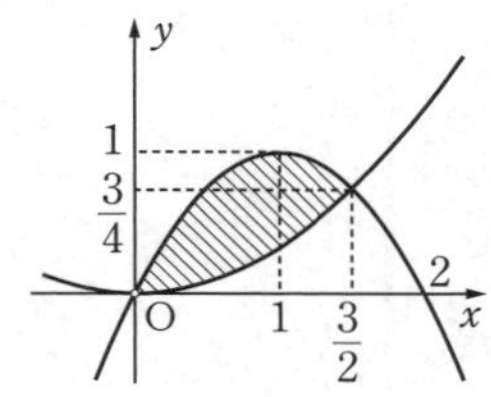


よって，領域 $D$ は右図の斜線部分で，

**境界を含む。ただし，O(0, 0) は除く。** 答

（2）$y-ax=k$ とおくと

$y=ax+k$ ……………………………①

これは，傾き $a(<2)$，$y$ 切片が $k$ の直線を表す。

また，放物線 $y=f(x)=2x-x^2$ ……………………②

について，$f'(x)=2-2x$ から

$$f'(0)=2,\ f'\left(\frac{3}{2}\right)=-1$$

直線①が領域 $D$ と共有点をもつという条件のもとで，$k$ が最大になるのは

**Process**

求める式を文字でおき，直線の方程式と捉える

↓

$y$ 切片 $k$ が最大になるときを考える

$-1 < a < 2$ なら，放物線②に接するとき

$a \leqq -1$ なら，点$\left(\dfrac{3}{2},\ \dfrac{3}{4}\right)$を通るとき

である。

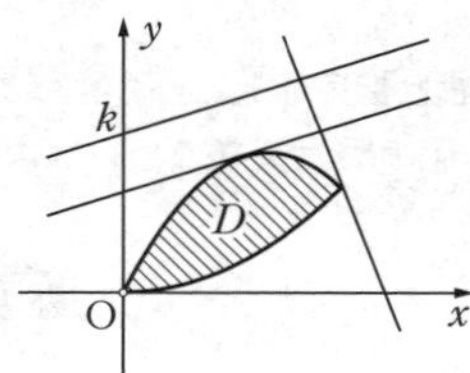


$f'(x) = 2 - 2x = a$ を解いて

$$x = 1 - \frac{a}{2}$$

$$\therefore\quad y = f\left(1 - \frac{a}{2}\right)$$

$$= 1 - \frac{a^2}{4}$$

よって，求める最大値 $M(a)$ は

$$M(a) = \begin{cases} 1 - a + \dfrac{a^2}{4} & (-1 < a < 2) \\ \dfrac{3}{4} - \dfrac{3}{2}a & (a \leqq -1) \end{cases}$$ 答

**領域の最大・最小問題は，求める式を文字でおき，その式が表す図形を考える！**

第20回

## 58 極値をとる点を通る直線 Lv.★★★

問題は29ページ

**考え方**　(1) $f(x)$ が極値をもつとき，$f'(x)=0$ は異なる2つの実数解をもつ。

(2) $m=\dfrac{f(p)-f(q)}{p-q}$ である。$p$，$q=\dfrac{-a\pm\sqrt{a^2-9a+18}}{3}$ であるが，これらをそのまま $m$ の式に代入すると，計算が複雑になる。そこで，$f'(p)=0$，$f'(q)=0$ に着目し，$f(x)$ を $f'(x)$ で割ることで，値を代入する式の次数を下げてから代入しよう。

**解答**

(1) $f'(x)=3x^2+2ax+3a-6$

$f(x)$ が極値をもつ条件は，$f'(x)=0$ が異なる2つの実数解をもつことであるから，$f'(x)=0$ の判別式を $D$ とおくと

$$\frac{D}{4}=a^2-3(3a-6)=(a-3)(a-6)>0$$

$\therefore\ \ a<3,\ 6<a$ **答**

(2) 求める $m$ の値は

$$m=\frac{f(p)-f(q)}{p-q}\quad\cdots\cdots①$$

と表せる。

ここで，$f(x)$ を $f'(x)$ で割ったときの商を $Q(x)$，余りを $R(x)$ とおくと

$$Q(x)=\frac{1}{3}x+\frac{1}{9}a$$

$$R(x)=\left(-\frac{2}{9}a^2+2a-4\right)x-\frac{1}{3}a^2+\frac{2}{3}a+5$$

であり

$$f(x)=Q(x)f'(x)+R(x)$$

と表せる。$p$，$q$ は $f'(x)=0$ の解より

$$f'(p)=0,\ f'(q)=0$$

であるから　$f(p)=R(p)$，$f(q)=R(q)$

したがって

$$f(p)-f(q)=R(p)-R(q)=\left(-\frac{2}{9}a^2+2a-4\right)(p-q)$$

よって，①より

$$m=\frac{\left(-\frac{2}{9}a^2+2a-4\right)(p-q)}{p-q}=-\frac{2}{9}a^2+2a-4$$ **答**

**Process**

$f'(p)=0$，$f'(q)=0$ に注目して，$f(x)$ を $f'(x)$ で割る

↓

次数を下げた式に $p$，$q$ を代入して計算する

＊別解　3次関数の極値の差 $f(p)-f(q)$ を計算するには，解と係数の関係を用いる方法も有効である。

$$f'(x)=3x^2+2ax+3a-6=0$$

の解が $p$，$q$ であるから，解と係数の関係より

$$p+q=-\frac{2}{3}a,\quad pq=a-2$$

である。したがって

$$\begin{aligned} f(p)-f(q)&=(p^3-q^3)+a(p^2-q^2)+(3a-6)(p-q)\\ &=(p-q)\{(p^2+pq+q^2)+a(p+q)+3a-6\}\\ &=(p-q)\{(p+q)^2-pq+a(p+q)+3a-6\}\\ &=(p-q)\left\{\left(-\frac{2}{3}a\right)^2-(a-2)+a\left(-\frac{2}{3}a\right)+3a-6\right\}\\ &=(p-q)\left(-\frac{2}{9}a^2+2a-4\right) \end{aligned}$$

あとは，**解答**のように，これを $m$ の式に代入して計算すればよい。

**高次の式の値は次数下げで簡単に**

## 59 解の存在条件と定義域 Lv.★★★

問題は29ページ

**考え方** （2）条件が基本対称式で表されているので，解と係数の関係を用いて，方程式の解の存在条件を考えることで，文字のとり得る値の範囲を求めよう。

**解答**

（1）$x+y+z=12$ および $2(xy+yz+zx)=90$

が成り立つことより　$y+z=12-x$

このとき　$yz=45-x(y+z)=x^2-12x+45$ 答

（2）（1）より $y$，$z$ は $t$ の2次方程式

$t^2-(12-x)t+x^2-12x+45=0$ ……………… (＊)

の2つの解である。(＊)が2つの正の解をもつための条件は

$$\begin{cases}(12-x)^2-4(x^2-12x+45)\geqq 0 & \cdots\cdots ① \\ 12-x>0 & \cdots\cdots ② \\ x^2-12x+45>0 & \cdots\cdots ③\end{cases}$$

①より　$3(x-2)(x-6)\leqq 0$　∴　$2\leqq x\leqq 6$（②をみたす）

③は，(左辺)$=(x-6)^2+9\geqq 9$ より，つねに成り立つ。

よって，求める $x$ の範囲は　$2\leqq x\leqq 6$ 答

（3）直方体の体積を $f(x)$ とすると

$f(x)=xyz=x^3-12x^2+45x$

$f'(x)=3x^2-24x+45=3(x-3)(x-5)$

右の増減表より，$f(x)$ の最大値は

54（$x=3$，6）

| $x$ | 2 | … | 3 | … | 5 | … | 6 |
|---|---|---|---|---|---|---|---|
| $f'(x)$ | | ＋ | 0 | － | 0 | ＋ | |
| $V$ | 50 | ↗ | 54 | ↘ | 50 | ↗ | 54 |

(＊)に $x=3$ を代入して

$t^2-9t+18=0$　$(t-3)(t-6)=0$　∴　$t=3$，6

$x=6$ を代入して　$(t-3)^2=0$　$t=3$（重解）

したがって，体積が最大である直方体は

$(x,\ y,\ z)=(3,\ 3,\ 6),\ (3,\ 6,\ 3),\ (6,\ 3,\ 3)$ 答

**Process**

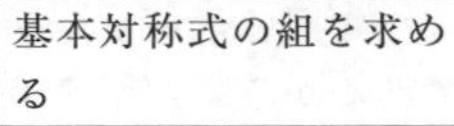

基本対称式の組を求める

↓

2つの数を解にもつ2次方程式を求める

↓

2次方程式の解の存在条件を考える

↓

定義域を求める

**核心はココ！**

**対称式を見たら**
**方程式の実数解の存在条件を思い出せ！**

# 第7章　微分・積分（数学Ⅱ）

## 60　不等式への応用　Lv. ★★★

問題は29ページ

**考え方**　本問のような，ある区間で常に成り立つ不等式の証明では，その区間における最大値や最小値について考える方針が有効である。“$0 \leqq x \leqq 1$ において，$f(x) \geqq 0$ となる”を，“$0 \leqq x \leqq 1$ における $f(x)$ の最小値が $0$ 以上となる”と読み替えよう。

**解答**

$$f'(x) = 3x^2 - 3a = 3(x^2 - a)$$

であるから，$f(x)$ の $0 \leqq x \leqq 1$ における最小値を $m(a)$ として，$m(a) \geqq 0$

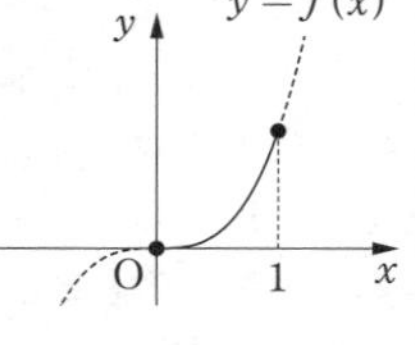


（Ⅰ）$a \leqq 0$ のとき

$f'(x) \geqq 0$ より，$y = f(x)$ は増加関数であるから　$m(a) = f(0) = a$

よって，$m(a) \geqq 0$ をみたす $a$ の値は　$a = 0$　………①

（Ⅱ）$a > 0$ のとき　$f'(x) = 3(x + \sqrt{a})(x - \sqrt{a})$

（ⅰ）$0 < \sqrt{a} \leqq 1$ すなわち $0 < a \leqq 1$ のとき，$f(x)$ の増減表は右上表のようになるから

| $x$ | $0$ | $\cdots$ | $\sqrt{a}$ | $\cdots$ | $1$ |
|---|---|---|---|---|---|
| $f'(x)$ | | $-$ | $0$ | $+$ | |
| $f(x)$ | | ↘ | 極小 | ↗ | |

$$m(a) = f(\sqrt{a}) = -2a\sqrt{a} + a$$

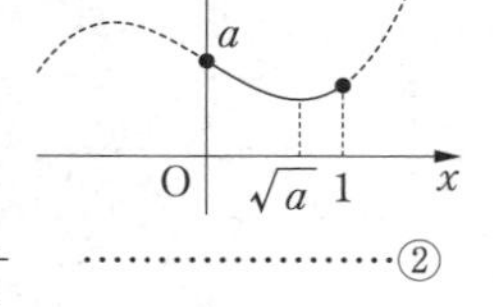


したがって，$a > 0$ より $m(a) \geqq 0$ をみたす $a$ の範囲は

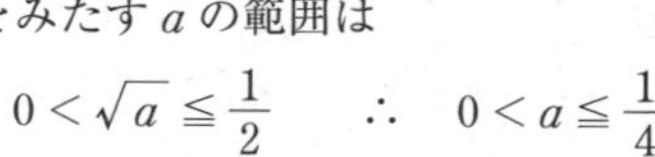

$$0 < \sqrt{a} \leqq \frac{1}{2} \qquad \therefore \quad 0 < a \leqq \frac{1}{4}$$　……………………②

（ⅱ）$1 < \sqrt{a}$ すなわち $a > 1$ のとき，$f(x)$ の増減表は右表のようになるから

| $x$ | $0$ | $\cdots$ | $1$ |
|---|---|---|---|
| $f'(x)$ | | $-$ | |
| $f(x)$ | | ↘ | |

$$m(a) = f(1) = 1 - 2a$$

したがって，$m(a) \geqq 0$ をみたす $a$ の範囲は

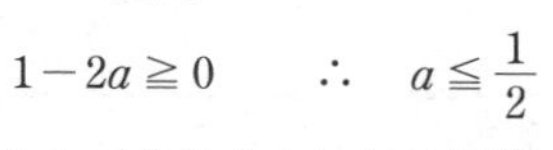

$$1 - 2a \geqq 0 \qquad \therefore \quad a \leqq \frac{1}{2}$$

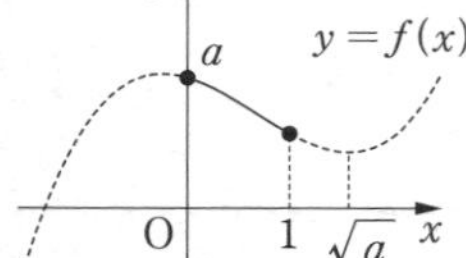


$a > 1$ であるからこれは不適。

①，②より，求める $a$ の範囲は　$0 \leqq a \leqq \dfrac{1}{4}$　**答**

**Process**

$f(x)$ が極値をもつか，もたないかで場合分けする

↓

$f(x)$ の極値が定義域内に存在するか，しないかで場合分けする

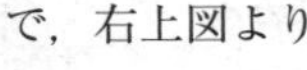

＊別解　Ⓐ　**解答**では場合分けをして考えたが，端点の値に着目すれば $a$ の範囲が狭まるので，場合分けをしなくて済む。

$f(x)=x^3-3ax+a$ について，$0\leqq x\leqq 1$ で $f(x)\geqq 0$ となるためには

$$f(0)\geqq 0 \quad \text{かつ} \quad f(1)\geqq 0$$

となることが必要であるから

$$a\geqq 0 \quad \text{かつ} \quad 1-3a+a\geqq 0 \qquad \therefore \quad 0\leqq a\leqq \frac{1}{2} \quad \cdots③$$

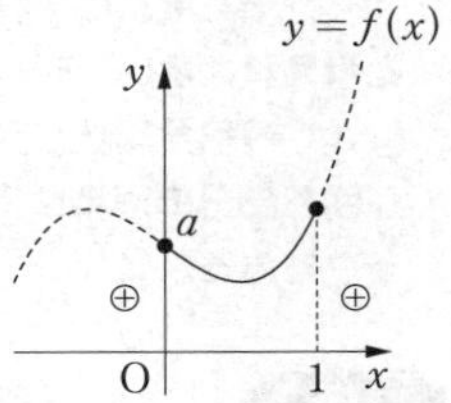

このとき　$f'(x)=3x^2-3a=3(x+\sqrt{a})(x-\sqrt{a})$

より，$a\neq 0$ のときの増減表は右下表のようになる。

したがって，$a=0$ のときも含めて，$f(\sqrt{a})\geqq 0$ であればよく

$$f(\sqrt{a})=-2a\sqrt{a}+a\geqq 0$$

$$\therefore \quad 0\leqq a\leqq \frac{1}{4} \quad \cdots\cdots\cdots\cdots④$$

| $x$ | 0 | $\cdots$ | $\sqrt{a}$ | $\cdots$ | 1 |
|---|---|---|---|---|---|
| $f'(x)$ | | $-$ | 0 | $+$ | |
| $f(x)$ | | ↘ | 極小 | ↗ | |

③，④より，求める $a$ の範囲は　$0\leqq a\leqq \dfrac{1}{4}$

Ⓑ　直線を分離して考える方針も有効である。$f(x)\geqq 0$ を変形すると $x^3\geqq a(3x-1)$ であるから，$0\leqq x\leqq 1$ において，直線 $y=a(3x-1)$ が曲線 $y=x^3$ の下側にあればよい。

$g(x)=x^3$，$h(x)=a(3x-1)$ とおく。曲線 $y=g(x)$ と直線 $y=h(x)$ が接する条件は，接点の $x$ 座標を $t$ とおくと

$$\begin{cases} g(t)=h(t) \\ g'(t)=h'(t) \end{cases} \qquad \therefore \quad \begin{cases} t^3=a(3t-1) \\ 3t^2=3a \end{cases}$$

$a$ を消去して　$t^3=t^2(3t-1)$　　$\therefore \quad t=0,\ \dfrac{1}{2}$

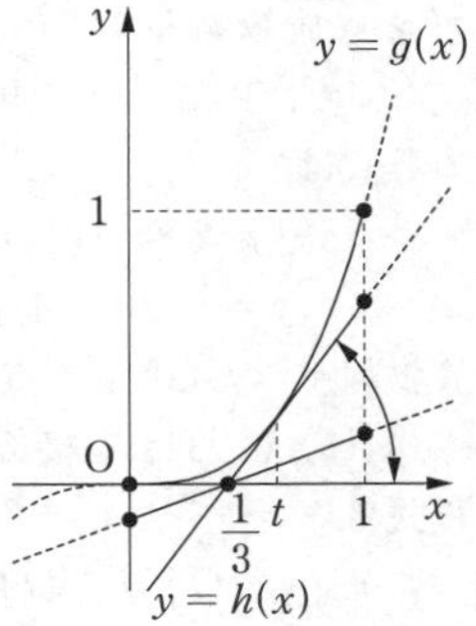

このとき，直線 $y=h(x)$ の傾きは，$3a=0,\ \dfrac{3}{4}$ であり，また，直線 $y=a(3x-1)$ は，$a$ の値に関わらず定点 $\left(\dfrac{1}{3},\ 0\right)$ を通るので，右上図より

$$0\leqq 3a\leqq \frac{3}{4} \qquad \therefore \quad 0\leqq a\leqq \frac{1}{4}$$

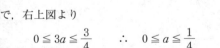

**ある区間で常に成り立つ不等式の証明は最大・最小問題として処理せよ！**

# 第7章 微分・積分（数学Ⅱ）

## 61 放物線と接線が囲む部分の面積 Lv.★★★

問題は30ページ

**考え方** （2）2つの放物線の共通接線を求めるためには
それぞれの放物線上に接点を設定して接線の方程式を求め，それらが一致すると考えればよい。
（3）被積分関数が区間によって変わることに注意して計算すればよい。放物線とその接線が囲む部分の面積は，被積分関数が$(\quad)^2$の形に因数分解されることに注目して計算するとラクである。

**解答**

（1）$f_1(x) \geqq f_2(x)$となるのは

$$-x^2+8x-9 \geqq -x^2+2x+3 \qquad \therefore \quad x \geqq 2$$

のときであるから

$$F(x)=\begin{cases} f_1(x)=-(x-4)^2+7 & (x \geqq 2 \text{のとき}) \\ f_2(x)=-(x-1)^2+4 & (x<2 \text{のとき}) \end{cases}$$

したがって，$y=F(x)$のグラフは右図の実線部分のようになる。 答

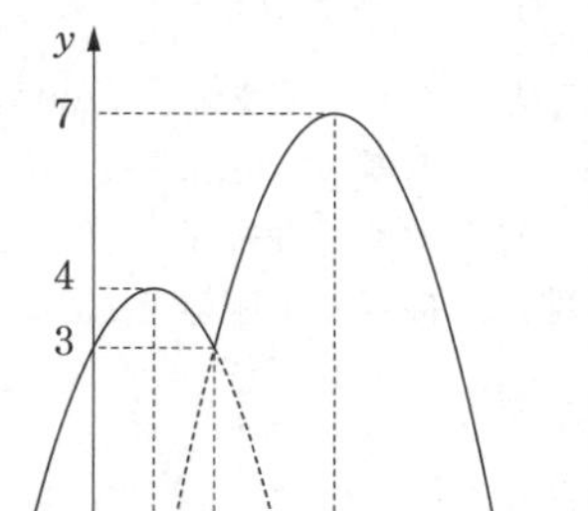


（2）放物線$y=f_1(x)$上の点$(s,\ f_1(s))$における接線の方程式は

$$y-f_1(s)=f_1{}'(s)(x-s)$$

$$\therefore \quad y=-2(s-4)x+s^2-9$$

放物線$y=f_2(x)$上の点$(t,\ f_2(t))$における接線の方程式は

$$y-f_2(t)=f_2{}'(t)(x-t)$$

$$\therefore \quad y=-2(t-1)x+t^2+3$$

これらが一致するとき

$$\begin{cases} -2(s-4)=-2(t-1) \\ s^2-9=t^2+3 \end{cases}$$

$$\therefore \quad s=\frac{7}{2},\ t=\frac{1}{2}$$

したがって，求める接線$l$の方程式は

$$l: y=x+\frac{13}{4}$$ 答

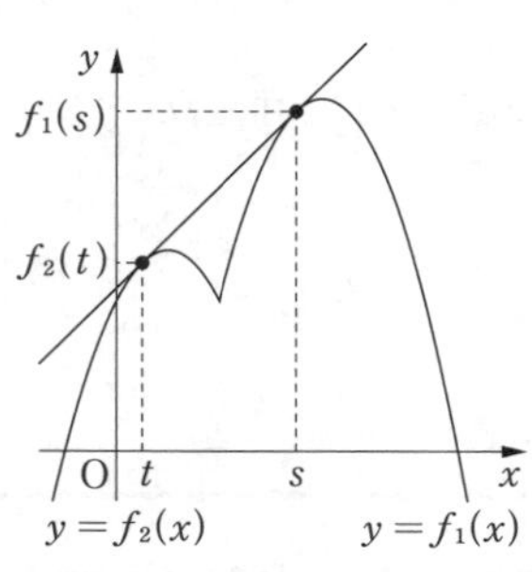


**Process**

一方の放物線の接線を求める
↓
もう一方の放物線の接線を求める
↓
2つの接線の方程式の係数を比較する

第1章 第2章 第3章 第4章 第5章 第6章 第7章 第8章 第9章 第10章 第11章 第12章 第13章

（3）（2）より，放物線 $y=f_1(x)$，$y=f_2(x)$ と接線 $l$ の接点の $x$ 座標はそれぞれ

$$x=\frac{7}{2},\ x=\frac{1}{2}$$

したがって，求める面積は

$$\int_{\frac{1}{2}}^{2}\left\{\left(x+\frac{13}{4}\right)-f_2(x)\right\}dx+\int_{2}^{\frac{7}{2}}\left\{\left(x+\frac{13}{4}\right)-f_1(x)\right\}dx$$

$$=\int_{\frac{1}{2}}^{2}\left(x-\frac{1}{2}\right)^2dx+\int_{2}^{\frac{7}{2}}\left(x-\frac{7}{2}\right)^2dx$$

$$=\left[\frac{1}{3}\left(x-\frac{1}{2}\right)^3\right]_{\frac{1}{2}}^{2}+\left[\frac{1}{3}\left(x-\frac{7}{2}\right)^3\right]_{2}^{\frac{7}{2}}$$

$$=\frac{9}{8}+\frac{9}{8}=\frac{9}{4}$$ **答**

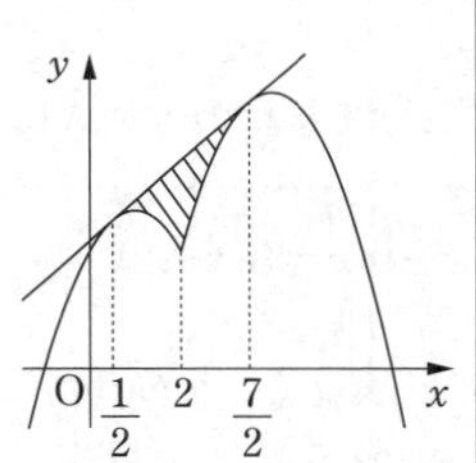


**＊別解**　2つの放物線の共通接線を求める際には，2次方程式の重解条件を用いてもよい。

求める接線 $l$ の方程式を $y=ax+b$ とおく。$l$ は $y=f_1(x)$，$y=f_2(x)$ のグラフとそれぞれ接するから，2次方程式

$$f_1(x)=ax+b \iff x^2+(a-8)x+b+9=0$$

$$f_2(x)=ax+b \iff x^2+(a-2)x+b-3=0$$

はそれぞれ重解をもつ。したがって

$$(a-8)^2-4(b+9)=0 \quad かつ \quad (a-2)^2-4(b-3)=0$$

$$\therefore\quad a=1,\ b=\frac{13}{4}$$

したがって，求める接線 $l$ の方程式は

$$l : y=x+\frac{13}{4}$$

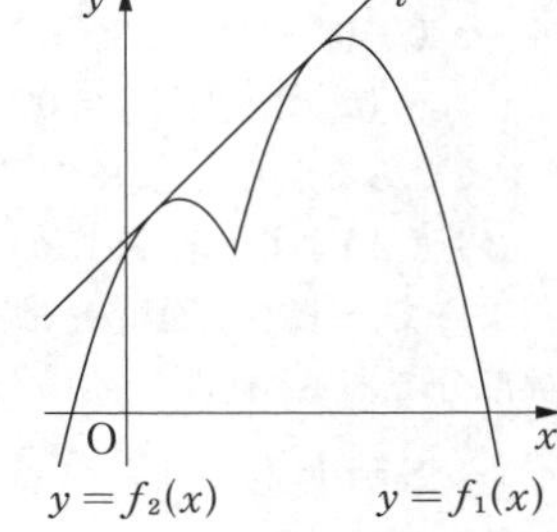

## 核心はココ！

**共通接線の問題では**
**『2つの曲線の接線が一致する』と考えよ！**

# 第7章　微分・積分（数学Ⅱ）

## 62　3次関数のグラフと接線が囲む部分の面積　Lv. ★★★

問題は30ページ

**考え方**　（2）まず，接点Rの $x$ 座標を $t$ として，Rにおける接線の方程式を $t$ を用いて表そう。それが点P(2, 0)を通ることから，$t$ の値を求めればよい。

**解答**

（1）$C : y = x^3 - 4x$　…………①

より　$y' = 3x^2 - 4$

曲線 $C$ 上の点P(2, 0)における接線の方程式は

$$y = 8(x-2) \quad \cdots\cdots ②$$

①と②を連立させて　$x^3 - 4x = 8(x-2)$

$$x^3 - 12x + 16 = 0$$

$$(x-2)^2(x+4) = 0 \qquad \therefore \quad x = 2\ (\text{重解}),\ -4$$

よって，求める点Qの $x$ 座標は　$-4$　**答**

（2）点R$(t,\ t^3-4t)$（ただし $t \neq 2$）とする。点Rにおける曲線 $C$ の接線の方程式は

$$y - (t^3 - 4t) = (3t^2 - 4)(x - t)$$

これが点P(2, 0)を通るとき

$$0 - (t^3 - 4t) = (3t^2 - 4)(2 - t)$$

$$\therefore \quad (t-2)^2(t+1) = 0$$

$t \neq 2$ であるから，点Rの $x$ 座標は　$-1$　**答**

（3）（2）より，直線PR：$y = -x + 2$

よって，求める面積 $S$ は右図の斜線部分であるから

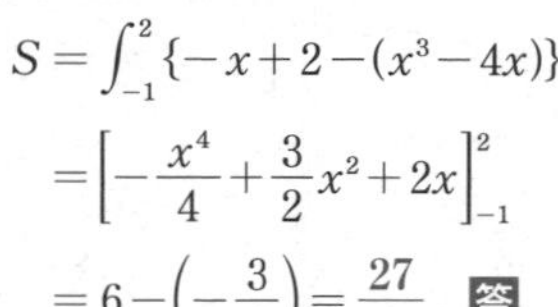

$$S = \int_{-1}^{2} \{-x + 2 - (x^3 - 4x)\}\,dx$$

$$= \left[-\frac{x^4}{4} + \frac{3}{2}x^2 + 2x\right]_{-1}^{2}$$

$$= 6 - \left(-\frac{3}{4}\right) = \frac{27}{4}$$　**答**

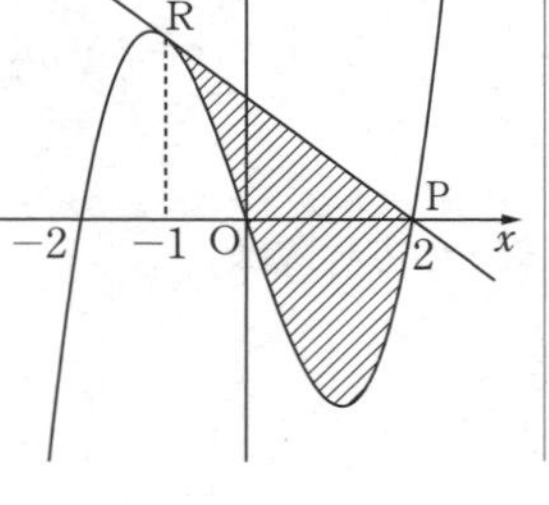


**Process**

接点の座標を文字でおき，接線の方程式を立式する
↓
接線の方程式に通る点の座標を代入する
↓
接点の座標を求める

**核心はココ！**

**接線の方程式を求めるときは**
**まず接点の座標を設定せよ！**

## 63 面積の一定と軌跡 Lv.★★★

問題は30ページ

**考え方** 点Pの座標は$(a,\ b)$と与えられているので，図形の面積を$a$，$b$の式で表せばよい。なお，$b<a^2$は点Pが$\Gamma$の下側にある，すなわち接線が2本引ける条件である。

**解答**

$\Gamma: y=x^2$ より　　$y'=2x$

$\Gamma$上の点$(t,\ t^2)$における接線の方程式は

$$y-t^2=2t(x-t) \quad \text{すなわち} \quad y=2tx-t^2 \quad \cdots\cdots(*)$$

と表される。点Aの$x$座標を$\alpha$，点Bの$x$座標を$\beta(\alpha<\beta)$とすると，点A，Bにおける接線の方程式はそれぞれ

$$y=2\alpha x-\alpha^2,\ y=2\beta x-\beta^2$$

これらを連立して解くと　　$x=\dfrac{\alpha+\beta}{2}$

これがPの$x$座標$a$であるから，問題の図形の面積$S$は

$$S=\int_\alpha^a\{x^2-(2\alpha x-\alpha^2)\}dx+\int_a^\beta\{x^2-(2\beta x-\beta^2)\}dx$$

$$=\int_\alpha^a(x-\alpha)^2dx+\int_a^\beta(x-\beta)^2dx$$

$$=\left[\frac{(x-\alpha)^3}{3}\right]_\alpha^a+\left[\frac{(x-\beta)^3}{3}\right]_a^\beta$$

$$=\frac{(\beta-\alpha)^3}{24}\times2=\frac{(\beta-\alpha)^3}{12}$$

よって，$S=\dfrac{2}{3}$となるための条件は

$$(\beta-\alpha)^3=8 \quad \text{すなわち} \quad \beta-\alpha=2$$

$\alpha$，$\beta$は$(*)$つまり$t^2-2at+b=0$の2つの解であるから

$$\alpha=a-\sqrt{a^2-b},\ \beta=a+\sqrt{a^2-b}$$

よって　　$\beta-\alpha=2\sqrt{a^2-b}=2$　　$\therefore$　$a^2-b=1$

したがって，求める点Pの軌跡は**放物線$y=x^2-1$** 答

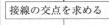

**Process**

接点の座標を文字でおく
↓
接線の交点を求める
↓
面積の式を立式する

**積分で面積を求めるときは**
**積分区間の変わり目に注意せよ！**

# 第8章 数列

## 64 数列の和を含む漸化式 Lv.★★★

問題は31ページ

**考え方** (2)では，$a_{n+1}$ を $a_n$ を用いて表したいので，まずは与式の $n$ を $n+1$ とした式をつくろう。その後，$S_{n+1}$ と $S_n$ を用いない式をつくることを考えたい。そこで

$$S_{n+1}=a_1+a_2+\cdots+a_n+a_{n+1}=S_n+a_{n+1}$$

から，$a_{n+1}=S_{n+1}-S_n$ が成り立つことを利用しよう。

**解答**

(1) $S_n=-2a_n+3n$ ……①

①で $n=1$ として

$$S_1=-2a_1+3$$

$S_1=a_1$ より

$$a_1=-2a_1+3 \qquad \therefore \quad a_1=1 \quad \text{答}$$

また，①で $n=2$ として

$$S_2=-2a_2+6$$

$S_2=a_1+a_2=1+a_2$ より

$$1+a_2=-2a_2+6 \qquad \therefore \quad a_2=\frac{5}{3} \quad \text{答}$$

(2) ①で $n$ を $n+1$ におきかえて

$$S_{n+1}=-2a_{n+1}+3(n+1) \quad \cdots\cdots ②$$

$S_{n+1}-S_n=a_{n+1}$ なので，②−① より

$$a_{n+1}=-2a_{n+1}+2a_n+3 \qquad \therefore \quad a_{n+1}=\frac{2}{3}a_n+1 \quad \text{答}$$

(3) (2)で得られた式を変形すると

$$a_{n+1}-3=\frac{2}{3}(a_n-3)$$

したがって，数列 $\{a_n-3\}$ は，初項が $a_1-3=-2$，公比が $\frac{2}{3}$ の等比数列であるから

$$a_n-3=-2\left(\frac{2}{3}\right)^{n-1} \qquad \therefore \quad a_n=3\left\{1-\left(\frac{2}{3}\right)^n\right\} \quad \text{答}$$

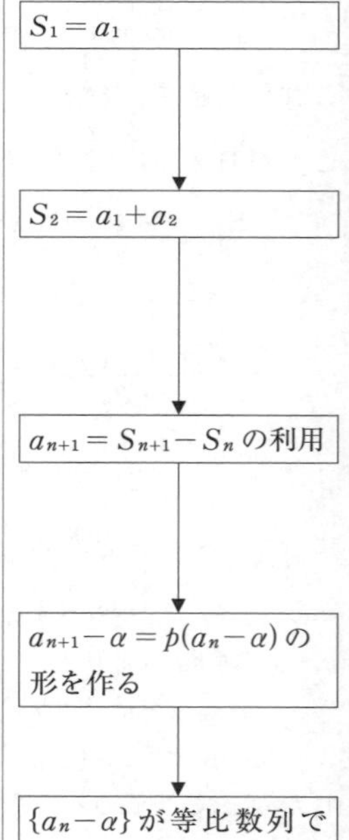
Process
$S_1=a_1$
$S_2=a_1+a_2$
$a_{n+1}=S_{n+1}-S_n$ の利用
$a_{n+1}-\alpha=p(a_n-\alpha)$ の形を作る
$\{a_n-\alpha\}$ が等比数列であることを利用する

核心はココ!

**和から一般項を求める際には**
**$a_{n+1}=S_{n+1}-S_n\,(n=1,\ 2,\ \cdots)$，$a_1=S_1$ を利用する**

## 65 分数式からなる数列の和 Lv.★★★

問題は31ページ

**考え方** 与えられた数列 $\{a_n\}$ の規則性が見えないので，階差数列を調べてみよう。
（2），（3）のような分数式からなる数列の和を求めるときは，部分分数分解により各項を2つの分数の差の形に変形することがポイント。

**解答**

（1） 数列 $\{a_n\}$ の階差数列を $\{b_n\}$ とする。

$\{a_n\}$：2, 6, 12, 20, 30, 42, …
$\{b_n\}$：　4, 6, 8, 10, 12 …

$\{b_n\}$ は初項4，公差2の等差数列であるから

$$b_n=4+(n-1)\cdot 2=2n+2$$

したがって，$n\geqq 2$ のとき

$$a_n=a_1+\sum_{k=1}^{n-1}b_k=2+\sum_{k=1}^{n-1}(2k+2)$$
$$=2+2\cdot\frac{n(n-1)}{2}+2(n-1)$$
$$=n^2+n$$

これは $n=1$ のときもみたすので

$$a_n=n^2+n$$ 答

である。

したがって

$$S_n=\sum_{k=1}^{n}(k^2+k)=\frac{n(n+1)(2n+1)}{6}+\frac{n(n+1)}{2}$$
$$=\frac{n(n+1)(n+2)}{3}$$ 答

（2） （1）の結果より

$$\frac{1}{a_n}=\frac{1}{n(n+1)}=\frac{1}{n}-\frac{1}{n+1}$$

であるから

$$\frac{1}{a_1}+\frac{1}{a_2}+\frac{1}{a_3}+\cdots+\frac{1}{a_n}$$
$$=\left(\frac{1}{1}-\frac{1}{2}\right)+\left(\frac{1}{2}-\frac{1}{3}\right)+\left(\frac{1}{3}-\frac{1}{4}\right)+\cdots+\left(\frac{1}{n}-\frac{1}{n+1}\right)$$
$$=1-\frac{1}{n+1}$$
$$=\frac{n}{n+1}$$ 答

**Process**

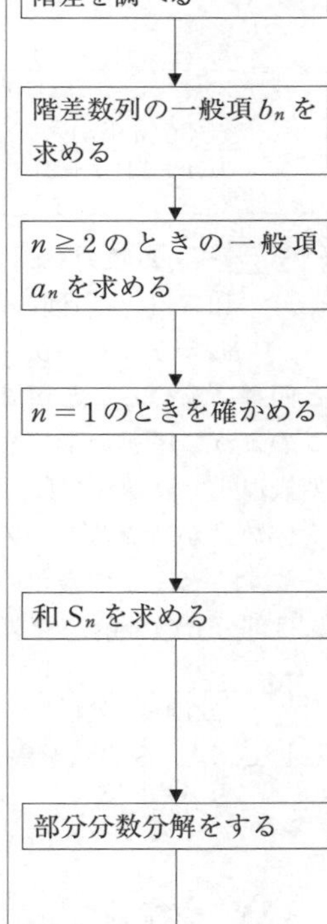

階差を調べる
階差数列の一般項 $b_n$ を求める
$n\geqq 2$ のときの一般項 $a_n$ を求める
$n=1$ のときを確かめる
和 $S_n$ を求める
部分分数分解をする
式を書き下し，途中の項を相殺する

（3）（1）の結果より

$$\frac{1}{S_n}=\frac{3}{n(n+1)(n+2)}=\frac{3}{2}\left\{\frac{1}{n(n+1)}-\frac{1}{(n+1)(n+2)}\right\}$$

であるから

$$\frac{1}{S_1}+\frac{1}{S_2}+\frac{1}{S_3}+\cdots+\frac{1}{S_n}$$

$$=\frac{3}{2}\left[\left(\frac{1}{1\cdot2}-\frac{1}{2\cdot3}\right)+\left(\frac{1}{2\cdot3}-\frac{1}{3\cdot4}\right)+\left(\frac{1}{3\cdot4}-\frac{1}{4\cdot5}\right)+\cdots+\left\{\frac{1}{n(n+1)}-\frac{1}{(n+1)(n+2)}\right\}\right]$$

$$=\frac{3}{2}\left\{\frac{1}{2}-\frac{1}{(n+1)(n+2)}\right\}=\frac{3}{2}\cdot\frac{(n+1)(n+2)-2}{2(n+1)(n+2)}$$

$$=\frac{3n(n+3)}{4(n+1)(n+2)}$$ 答

**解説**　ある数列 $\{a_n\}$ が，$a_n=c_{n+1}-c_n$ と変形できたとき，$\{a_n\}$ の和 $S_n$ は，右図のように途中の項が相殺されて

$$S_n=a_1+a_2+a_3+\cdots+a_n=c_{n+1}-c_1$$

と簡単に求めることができる。$\sum$ 公式が適用できない場合は，このように階差の形に変形して和を考える。一般項が分数式や無理式で表された数列の和がその代表例である。

$$\begin{array}{rl} a_1= & c_2-c_1 \\ a_2= & c_3-c_2 \\ a_3= & c_4-c_3 \\ & \vdots \\ +)\ a_n= & c_{n+1}-c_n \\ \hline S_n= & c_{n+1}-c_1 \end{array}$$

分数式からなる数列の和を考えるときは，各項を部分分数分解すると，この階差の形が現れることが少なくない。すぐには部分分数分解ができない場合は

$$\frac{1}{(\text{分母})\times(\text{分母})'}=\frac{A}{(\text{分母})}+\frac{B}{(\text{分母})'}$$

として，$A$，$B$ の値を決定すればよい。

$\dfrac{1}{(n\text{の式})\times(n\text{の式})}$ 型の数列の和を求めるには

**部分分数分解が効果的**

## 66 (等差数列)×(等比数列)の和 Lv.★★★

問題は31ページ

**考え方** (2)で問われている平均年齢 $A_n$ は，$\dfrac{(\text{全個体の年齢数の合計 } S_n)}{(\text{個体の総数 } T_n)}$ で求められるので，まずは $S_n$，$T_n$ を求めよう。$S_n$ については(1)の実験をもとに規則性を見つければ，(等差数列)×(等比数列)の和の形で書けることがわかるだろう。このような数列の和を求めるときは，等比数列の公比 $r$ に着目して「$S_n-rS_n$」を考えるのがポイントである。

**解答**

(1) 年齢5，4，3，2，1の個体がそれぞれ1，2，$2^2$，$2^3$，$2^4$ 個ずつあるから

$$S_4=5\cdot1+4\cdot2+3\cdot2^2+2\cdot2^3+1\cdot2^4$$
$$=57 \quad \text{答}$$

(2) 年齢 $n+1$，$n$，…，2，1の個体がそれぞれ1，$k$，…，$k^{n-1}$，$k^n$ 個ずつあるから

$$S_n=(n+1)+n\cdot k+\cdots+2\cdot k^{n-1}+1\cdot k^n \quad \cdots\cdots①$$

両辺に $k$ をかけると

$$kS_n=(n+1)\cdot k+\cdots+3\cdot k^{n-1}+2\cdot k^n+1\cdot k^{n+1} \quad \cdots②$$

①−② より

$$(1-k)S_n=(n+1)-(k+k^2+\cdots+k^{n+1})$$
$$=n+1-\frac{k(1-k^{n+1})}{1-k}$$

$$\therefore \quad S_n=\frac{k(k^{n+1}-1)}{(k-1)^2}-\frac{n+1}{k-1}$$

また，個体の総数を $T_n$ とすると

$$T_n=1+k+k^2+\cdots+k^n=\frac{k^{n+1}-1}{k-1}$$

であるから，$k>1$ より

$$A_n=\frac{S_n}{T_n}=\frac{k}{k-1}-\frac{n+1}{k^{n+1}-1}<\frac{k}{k-1} \quad \text{（証終）}$$

**Process**

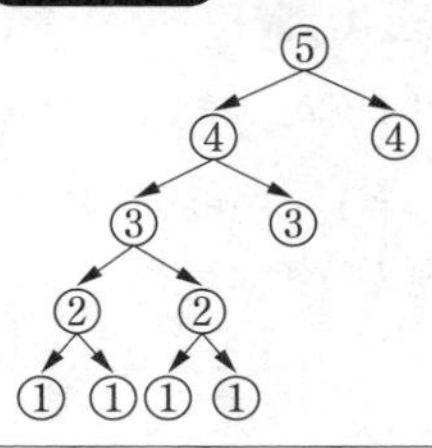


$S_n$ を(等差数列)×(等比数列)の和で表す

↓

公比 $k$ に着目して $S_n-kS_n$ を考える

↓

個体の総数 $T_n$ を等比数列の和で表す

↓

$A_n=\dfrac{S_n}{T_n}$

**核心はココ!**

**(等差数列)×(等比数列)の形の数列の和は等比数列の公比に着目して求めよ！**

## 67　分数の漸化式　Lv.★★★

問題は32ページ

**考え方**　(1)は「$\dfrac{1}{a_n}$ を $n$ の式で表せ」とあるので，両辺の逆数をとってみよう。すると，$\left\{\dfrac{1}{a_n}\right\}$ の漸化式が得られるので，これを解けばよい。

(2) $\sum$ の中身は2次式になるので，$\displaystyle\sum_{k=1}^{n}k$，$\displaystyle\sum_{k=1}^{n}k^2$ の公式を用いて計算しよう。

**解答**

(1) $a_1=1,\ a_{n+1}=\dfrac{a_n}{4a_n+1}\quad(n=1,\ 2,\ \cdots)$

$a_1=1$ だから帰納的に $a_n>0$ であり，とくに $a_n\neq0$ であるから，両辺の逆数をとって

$$\frac{1}{a_{n+1}}=\frac{4a_n+1}{a_n}\qquad\therefore\quad\frac{1}{a_{n+1}}=\frac{1}{a_n}+4$$

数列 $\left\{\dfrac{1}{a_n}\right\}$ は，初項が $\dfrac{1}{a_1}=1$，公差が4の等差数列であるから

$$\boldsymbol{\frac{1}{a_n}}=1+(n-1)\cdot4=4n-3$$ 答

(2) $a_n=\dfrac{1}{4n-3}\quad(n=1,\ 2,\ \cdots)$ だから

$$a_k-a_{k+1}=\frac{1}{4k-3}-\frac{1}{4k+1}=\frac{4}{(4k-3)(4k+1)}$$

したがって

$$\sum_{k=1}^{n}\left(\frac{12}{a_k-a_{k+1}}+9\right)$$
$$=\sum_{k=1}^{n}(48k^2-24k)$$
$$=48\cdot\frac{1}{6}n(n+1)(2n+1)-24\cdot\frac{1}{2}n(n+1)$$
$$=4n(n+1)(4n-1)$$ 答

**Process**

(両辺) $\neq0$ を確かめて両辺の逆数をとる

↓

$\left\{\dfrac{1}{a_n}\right\}$ の漸化式を解く

↓

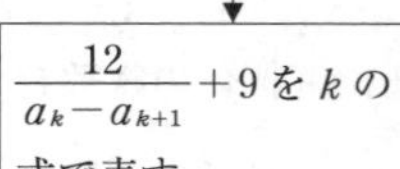
$\dfrac{12}{a_k-a_{k+1}}+9$ を $k$ の式で表す

↓

$\displaystyle\sum_{k=1}^{n}k$，$\displaystyle\sum_{k=1}^{n}k^2$ の公式を用いて和を求める

核心はココ！

**分数の漸化式は，まず逆数をとれ！**

## 68 2項間漸化式 Lv.★★★

問題は32ページ

**考え方** [A]，[B]ともに $b_n = a_n - g(n)$ の形で置換の方法が与えられているので，$a_n = b_n + g(n)$ の形に直して与式に代入すればよい。

[B]では $\{b_n\}$ が等比数列になることから，漸化式は $b_{n+1} = rb_n$ の形になるはずである。

**解答**

[A]（1）$b_n = a_n - 5^n$ とおくと $a_n = b_n + 5^n$ であるから，与えられた漸化式より

$$b_{n+1} + 5^{n+1} = 4(b_n + 5^n) + 5^n \quad \therefore \quad b_{n+1} = 4b_n$$ 答

（2）$b_1 = a_1 - 5^1 = 9 - 5 = 4$

であるから，（1）の漸化式より

$$b_n = 4 \cdot 4^{n-1} = 4^n \quad \therefore \quad a_n = 4^n + 5^n$$ 答

[B]（1）$b_n = a_n - (\alpha n + \beta)$ とおくと $a_n = b_n + \alpha n + \beta$ であるから，与えられた漸化式より

$$b_{n+1} + \alpha(n+1) + \beta = 2(b_n + \alpha n + \beta) - 2n + 1$$

$$\therefore \quad b_{n+1} = 2b_n + (\alpha - 2)n - \alpha + \beta + 1$$

よって，$\{b_n\}$ が等比数列となるのは

$$\begin{cases} \alpha - 2 = 0 \\ -\alpha + \beta + 1 = 0 \end{cases} \quad \therefore \quad \begin{cases} \alpha = 2 \\ \beta = 1 \end{cases}$$ 答

（2）（1）の結果から，$b_n = a_n - (2n+1)$ とおくと

$$b_{n+1} = 2b_n, \quad b_1 = a_1 - (2 \cdot 1 + 1) = -1$$

であるから

$$b_n = -2^{n-1} \quad \therefore \quad a_n = -2^{n-1} + 2n + 1$$ 答

（3）（2）の結果から

$$S_n = \sum_{k=1}^{n} a_k = \sum_{k=1}^{n} (-2^{k-1} + 2k + 1)$$

$$= -\frac{2^n - 1}{2 - 1} + 2 \cdot \frac{n(n+1)}{2} + n$$

$$= -2^n + n^2 + 2n + 1$$ 答

**Process**

置き換えた数列 $\{b_n\}$ の漸化式を立てる
↓
$b_{n+1} = rb_n$ の形になる条件を立式
↓
置き換えた数列 $\{b_n\}$ の一般項を求める
↓
もとの数列 $\{a_n\}$ の一般項を求める

**解説** Ⓐ $a_{n+1} = pa_n + f(n)$ の漸化式は

$$g(n+1) = pg(n) + f(n) \quad \cdots\cdots\cdots\cdots\cdots\cdots(*)$$

をみたす $g(n)$ を1つ見つけ，漸化式と（＊）の差をとることによって，等比数列に帰着させることができる。このとき，（＊）を特性方程式という。

$$\begin{array}{rrl} & a_{n+1} & = pa_n + f(n) \\ -) & g(n+1) & = pg(n) + f(n) \\ \hline & a_{n+1} - g(n+1) & = p(a_n - g(n)) \end{array}$$

$g(n)$ は，$f(n)$ の形に合わせて

$f(n)$ が定数　$\Longrightarrow g(n)=\alpha$（定数）

$f(n)$ が 1 次式 $\Longrightarrow g(n)=An+B$（1 次式）

$f(n)$ が 2 次式 $\Longrightarrow g(n)=An^2+Bn+C$（2 次式）

$f(n)$ が $q^{n+1}$　$\Longrightarrow g(n)=Aq^{n+1}$（べき乗）

とおくことで，求めることができる。

Ⓑ ［A]，［B］ともに，（1）の誘導がなくても，次のように漸化式を解くことができる。どれも有名な手法なので，マスターしておこう。

**・［A］ $4^{n+1}$ で割って…**

$$a_{n+1}=4a_n+5^n \qquad \frac{a_{n+1}}{4^{n+1}}=\frac{a_n}{4^n}+\frac{1}{4}\left(\frac{5}{4}\right)^n$$

であるから，$d_n=\dfrac{a_n}{4^n}$ とおくと，与えられた漸化式は

$$d_{n+1}=d_n+\frac{1}{4}\left(\frac{5}{4}\right)^n,\ d_1=\frac{a_1}{4^1}=\frac{9}{4}$$

と変形できる。よって，$n\geqq 2$ において

$$d_n=d_1+\sum_{k=1}^{n-1}\frac{1}{4}\left(\frac{5}{4}\right)^k=\frac{9}{4}+\frac{\frac{5}{16}\left\{1-\left(\frac{5}{4}\right)^{n-1}\right\}}{1-\frac{5}{4}}=1+\left(\frac{5}{4}\right)^n$$

$$\frac{a_n}{4^n}=1+\left(\frac{5}{4}\right)^n \qquad a_n=4^n+5^n \quad （これは\ n=1\ のときもみたす）$$

**・［B］ 階差をとって…**

$a_{n+1}-a_n=c_n$ とおくと，与えられた漸化式は

$$\begin{cases} c_{n+1}=2c_n-2 \\ c_1=a_2-a_1=(2a_1-2\cdot 1+1)-a_1=1 \end{cases}$$

$$\begin{array}{rl} a_{n+2} & =2a_{n+1}-2(n+1)+1 \\ -)\quad a_{n+1} & =2a_n\ -2n\qquad +1 \\ \hline a_{n+2}-a_{n+1} & =2(a_{n+1}-a_n)-2 \end{array}$$

と変形でき，さらに

$$c_{n+1}=2c_n-2 \qquad c_{n+1}-2=2(c_n-2)$$

よって，数列 $\{c_n-2\}$ は初項 $c_1-2=-1$，公比 2 の等比数列であるから

$$c_n-2=-1\cdot 2^{n-1}=-2^{n-1} \qquad \therefore\quad a_{n+1}-a_n=-2^{n-1}+2 \qquad （以下，省略）$$

**$a_{n+1}=pa_n+f(n)$ の漸化式は**
**等比数列に帰着させて解け！**

## 69 連立漸化式 Lv.★★★

問題は32ページ

**考え方** (1) 数列$\{a_n\}$が等比数列になるとき，漸化式は$a_{n+1}=ra_n$の形になる。これをみたす$c$を求めよ，ということである。

(2) (1)より$\left\{x_n+\frac{1}{\sqrt{5}}y_n\right\}$，$\left\{x_n-\frac{1}{\sqrt{5}}y_n\right\}$の一般項がわかっているので，これらを$x_n$，$y_n$についての連立方程式とみればよい。

**解答**

(1) $a_n=x_n+cy_n$より

$$a_{n+1}=x_{n+1}+cy_{n+1}=x_n+y_n+c(5x_n+y_n)$$
$$=(1+5c)x_n+(1+c)y_n \quad \cdots\cdots ①$$

また，数列$\{a_n\}$が等比数列になるとき，$a_{n+1}=ra_n$をみたす実数$r$が存在するので

$$a_{n+1}=ra_n=rx_n+rcy_n \quad \cdots\cdots ②$$

①，②の係数を比較すると

$$\begin{cases}1+5c=r\\1+c=rc\end{cases}$$

$r$を消去して

$$1+c=(1+5c)c \qquad 5c^2=1 \qquad \therefore\quad c=\pm\frac{1}{\sqrt{5}}$$ 答

このとき，複号同順として

初項は　$a_1=x_1+cy_1=1\pm\frac{1}{\sqrt{5}}\cdot5=1\pm\sqrt{5}$

公比は　$r=1+5c=1+5\cdot\left(\pm\frac{1}{\sqrt{5}}\right)=1\pm\sqrt{5}$

であるから，$\{a_n\}$の一般項は

$$a_n=(1\pm\sqrt{5})^n$$ 答

(2) (1)の結果から

$$\begin{cases}x_n+\frac{1}{\sqrt{5}}y_n=(1+\sqrt{5})^n\\x_n-\frac{1}{\sqrt{5}}y_n=(1-\sqrt{5})^n\end{cases}$$

これを解いて

$$\begin{cases}x_n=\frac{1}{2}\{(1+\sqrt{5})^n+(1-\sqrt{5})^n\}\\y_n=\frac{\sqrt{5}}{2}\{(1+\sqrt{5})^n-(1-\sqrt{5})^n\}\end{cases}$$ 答

**Process**

$x_{n+1}+cy_{n+1}$を$x_n$，$y_n$で表す

↓

数列$\{x_n+cy_n\}$が等比数列になる条件を立式

↓

$x_n+cy_n$の一般項を求める

↓

$x_n$，$y_n$の連立方程式とみて解く

**解説**　連立漸化式も等比数列に帰着させることが目標である。すなわち

$$x_{n+1}+cy_{n+1}=r(x_n+cy_n)$$

と変形して，初項 $x_1+cy_1$，公比 $r$ の等比数列に帰着させる。これにより，数列 $\{x_n+cy_n\}$ の一般項が求まり，その結果から，数列 $\{x_n\}$，$\{y_n\}$ の一般項 $x_n$，$y_n$ も求まる。

とくに

$$\begin{cases} b_{n+1}=\alpha b_n+\beta c_n \\ c_{n+1}=\beta b_n+\alpha c_n \end{cases}$$

のように，$b_n$ と $c_n$ の係数が対称である場合は，和と差を考えることによって

$b_{n+1}+c_{n+1}=(\alpha+\beta)(b_n+c_n) \longrightarrow$ 数列 $\{b_n+c_n\}$ は公比 $\alpha+\beta$ の等比数列

$b_{n+1}-c_{n+1}=(\alpha-\beta)(b_n-c_n) \longrightarrow$ 数列 $\{b_n-c_n\}$ は公比 $\alpha-\beta$ の等比数列

このように，簡単に等比数列に帰着させることができる。

**別解**　連立漸化式は，どちらか一方の項を消去することで3項間漸化式に帰着させることもできる。数列 $\{y_n\}$ に関する項を消去して，数列 $\{x_n\}$ の3項間漸化式を導いてみよう。

$x_{n+1}=x_n+y_n$ より

$$y_n=x_{n+1}-x_n \qquad \therefore \quad y_{n+1}=x_{n+2}-x_{n+1}$$

これらを $y_{n+1}=5x_n+y_n$ に適用すると

$$x_{n+2}-x_{n+1}=5x_n+x_{n+1}-x_n$$

$$\therefore \quad x_{n+2}-2x_{n+1}-4x_n=0 \quad (x_1=1,\ x_2=x_1+y_1=6)$$

さらに，$x_{n+2}-px_{n+1}=q(x_{n+1}-px_n)$ の形に変形すると

$$\begin{cases} x_{n+2}-(1+\sqrt{5})x_{n+1}=(1-\sqrt{5})\{x_{n+1}-(1+\sqrt{5})x_n\} \\ x_{n+2}-(1-\sqrt{5})x_{n+1}=(1+\sqrt{5})\{x_{n+1}-(1-\sqrt{5})x_n\} \end{cases}$$

$$\therefore \quad \begin{cases} x_{n+1}-(1+\sqrt{5})x_n=(1-\sqrt{5})^{n-1}\{x_2-(1+\sqrt{5})x_1\}=-\sqrt{5}(1-\sqrt{5})^n \\ x_{n+1}-(1-\sqrt{5})x_n=(1+\sqrt{5})^{n-1}\{x_2-(1-\sqrt{5})x_1\}=\sqrt{5}(1+\sqrt{5})^n \end{cases}$$

辺々ひいて

$$x_n=\frac{1}{2}\{(1+\sqrt{5})^n+(1-\sqrt{5})^n\}$$

$y_n=x_{n+1}-x_n$ に代入して　　$y_n=\dfrac{\sqrt{5}}{2}\{(1+\sqrt{5})^n-(1-\sqrt{5})^n\}$

**連立漸化式も等比数列に帰着させて解け！**

## 70 倍数の証明（数学的帰納法） Lv.★★★

問題は33ページ

**考え方** すべての自然数について成り立つ命題を示すので，数学的帰納法が有効である。13 の倍数であることを示すので，$n=k+1$ のときの成立を示すときには 13 をくくり出すことを意識して変形しよう。

**解答**

数学的帰納法を用いて示す。

（Ⅰ）$n=1$ のとき，与式は

$$4^{2\cdot1-1}+3^{1+1}=4+9=13$$

より 13 の倍数である。

（Ⅱ）$n=k$（$k$ は自然数）で成り立つとすると，与式は整数 $m$ を用いて

$$4^{2k-1}+3^{k+1}=13m$$

とかける。$n=k+1$ のとき

$$\begin{aligned}4^{2(k+1)-1}+3^{(k+1)+1}&=4^{2k+1}+3^{k+2}\\&=4^2(4^{2k-1}+3^{k+1})-4^2\cdot3^{k+1}+3^{k+2}\\&=16\cdot13m-13\cdot3^{k+1}\\&=13(16m-3^{k+1})\end{aligned}$$

$16m-3^{k+1}$ は整数なので，$n=k+1$ のとき与式は 13 の倍数である。

よって，自然数 $n$ について $4^{2n-1}+3^{n+1}$ は 13 の倍数である。

（証終）

**Process**

$n=1$ のときの成立を示す

↓

$n=k$ のときの成立を仮定

↓

$n=k+1$ のときの成立を示す

**核心はココ！**

すべての自然数で成り立つ命題の証明には
数学的帰納法が有効

## 71　不等式の証明（数学的帰納法）　Lv.★★★

問題は33ページ

**考え方**　すべての自然数について成り立つ不等式を示すので，数学的帰納法を利用する。まずは帰納法における仮定と結論を確認しよう。本問では

(仮定)：$k! \geqq 2^{k-1}$

(結論)：$(k+1)! \geqq 2^k$

となる。仮定の式をうまく利用して示そう。

**解答**

（1）$n! \geqq 2^{n-1}$　……(＊)とし，数学的帰納法を用いて示す。

(Ⅰ)$n=1$のとき，(左辺)$=1!=1$，(右辺)$=2^0=1$で，(＊)は成り立つ。

(Ⅱ)$n=k$（$k$は自然数）のとき，(＊)が成り立つと仮定すると

$$k! \geqq 2^{k-1}$$

$n=k+1$のとき，(左辺)−(右辺)を考えると

$$\begin{aligned}(k+1)!-2^k &= (k+1)\cdot k!-2^k \\ &\geqq (k+1)\cdot 2^{(k-1)}-2^k \\ &= (k-1)\cdot 2^{(k-1)} \geqq 0 \quad (\because \quad k \geqq 1)\end{aligned}$$

より$(k+1)! \geqq 2^k$となるので，$n=k+1$のときも(＊)は成り立つ。

よって，自然数$n$について不等式(＊)は成り立つ。（証終）

（2）(＊)より，$\dfrac{1}{k!} \leqq \dfrac{1}{2^{k-1}}$であるから

$$\sum_{k=1}^{n}\frac{1}{k!} \leqq \sum_{k=1}^{n}\left(\frac{1}{2}\right)^{k-1} = \frac{1-\left(\frac{1}{2}\right)^n}{1-\frac{1}{2}} = 2\left\{1-\left(\frac{1}{2}\right)^n\right\}$$

$$\therefore \quad 1+\sum_{k=1}^{n}\frac{1}{k!} \leqq 3-\frac{1}{2^{n-1}} < 3$$

すなわち　$1+\dfrac{1}{1!}+\dfrac{1}{2!}+\cdots+\dfrac{1}{n!} < 3$　（証終）

**Process**

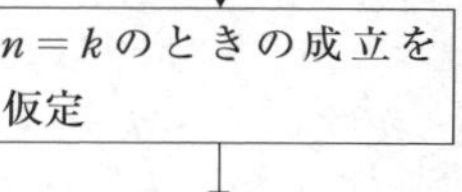

$n=1$のときの成立を示す

↓

$n=k$のときの成立を仮定

↓

$n=k+1$のときの成立を示す

**不等式の証明にも，数学的帰納法が有効。**
**仮定を利用できるように式変形せよ！**

## 72 数学的帰納法と漸化式 Lv.★★★

問題は33ページ

**考え方** (2)(1)で求めたいくつかの項を見て一般項 $a_n$ が推定できるので，それが正しいことを数学的帰納法によって証明する。$n=m+1$ での成立を示すときには，仮定の仕方に注意しよう。$a_{m+1}$ は $a_0$, $a_1$, …, $a_m$ で定義されるので，$n=0$, 1, …, $m$ での成立を仮定しなくてはいけない。

(3) $\dfrac{n!}{k!(n-k)!}$ は二項係数 ${}_n\mathrm{C}_k$ である。$\displaystyle\sum_{k=0}^{n} {}_n\mathrm{C}_k a^{n-k}b^k=(a+b)^n$ を利用しよう。

**解答**

(1) $a_{n+1}=\dfrac{1}{n+1}\displaystyle\sum_{k=0}^{n} a_k a_{n-k}$ $(n=0,\ 1,\ 2,\ \cdots)$

$$=\frac{1}{n+1}(a_0a_n+a_1a_{n-1}+a_2a_{n-2}+\cdots+a_na_0)$$

$n=0$, 1, 2 として

$$\left.\begin{aligned}
a_1&=\frac{1}{1}\left(\frac{1}{2}\cdot\frac{1}{2}\right)=\frac{1}{4}\\
a_2&=\frac{1}{2}\left(\frac{1}{2}\cdot\frac{1}{4}+\frac{1}{4}\cdot\frac{1}{2}\right)=\frac{1}{8}\\
a_3&=\frac{1}{3}\left(\frac{1}{2}\cdot\frac{1}{8}+\frac{1}{4}\cdot\frac{1}{4}+\frac{1}{8}\cdot\frac{1}{2}\right)=\frac{1}{16}
\end{aligned}\right\}$$ 答

(2) (1)から

$$a_n=\frac{1}{2^{n+1}}\quad\cdots\cdots\cdots\cdots\cdots\cdots\cdots(*)$$

と推定できる。これを数学的帰納法を用いて示す。

(Ⅰ) $a_0=\dfrac{1}{2}$ だから，$n=0$ のとき$(*)$は成り立つ。

(Ⅱ) $n=0$, 1, …, $m$ ($m$ は負でない整数) のとき，$(*)$が成り立つと仮定する。

このとき，$a_k=\dfrac{1}{2^{k+1}}$, $a_{m-k}=\dfrac{1}{2^{m-k+1}}$ $(0\leqq k\leqq m)$ より

$$a_{m+1}=\frac{1}{m+1}\sum_{k=0}^{m}\frac{1}{2^{k+1}}\cdot\frac{1}{2^{m-k+1}}=\frac{1}{m+1}\sum_{k=0}^{m}\frac{1}{2^{m+2}}$$

$$=\frac{1}{m+1}\cdot\frac{m+1}{2^{m+2}}=\frac{1}{2^{m+2}}$$

よって，$n=m+1$ のときも$(*)$は成り立つ。

したがって，求める一般項は

$$a_n=\frac{1}{2^{n+1}}$$ 答

**Process**

$n=0$ を代入 → $n=1$ を代入 → $n=2$ を代入

$n=0$ のときの成立を示す → $n=0$, 1, …, $m$ のときの成立を仮定 → $n=m+1$ のときの成立を示す

（3）$b_n = \sum_{k=0}^{n} \frac{n!}{k!(n-k)!} a_k a_{n-k}$

$= \sum_{k=0}^{n} {}_n\mathrm{C}_k \frac{1}{2^{k+1}} \cdot \frac{1}{2^{n-k+1}}$

$= \frac{1}{4} \sum_{k=0}^{n} {}_n\mathrm{C}_k \left(\frac{1}{2}\right)^{n-k} \cdot \left(\frac{1}{2}\right)^{k}$

$= \frac{1}{4}\left(\frac{1}{2}+\frac{1}{2}\right)^{n} = \frac{1}{4}$ 答

**数学的帰納法で証明するときは，**
**仮定の仕方に注意！**

## 73 群数列 Lv.★★★

問題は34ページ

**考え方** 1つの数列であっても，与えられた規則によってはいくつかのグループ（群）に分けて考えた方がよい場合がある（群数列の問題）。このタイプでは

各群がどのように構成されているか

⟶ 各群の最後（あるいは最初）の項は，もとの数列の第何項か

といったところを中心に

第○群の△番目の項 ⟷ もとの数列の第□項

という対応を考えるところがポイントとなる。

**解答**

初項から順に1，2，3，…個ずつの群に分け，$i$ 番目の群を第 $i$ 群とする。すなわち

$$\underbrace{1}_{\text{第1群}} \mid \underbrace{1\quad 3}_{\text{第2群}} \mid \underbrace{1\quad 3\quad 5}_{\text{第3群}} \mid \underbrace{1\quad 3\quad 5\quad 7}_{\text{第4群}} \mid 1\quad \cdots$$

（1）$k+1$ 回目に現れる1は第 $k+1$ 群の初項である。

第 $i$ 群に含まれる項数は $i$ 個であるから，第 $k$ 群の末項までの項数は

$$1+2+3+\cdots+k=\frac{k(k+1)}{2}$$

したがって，$k+1$ 回目に現れる1は

$$\frac{k(k+1)}{2}+1=\frac{k^2+k+2}{2}\ \textbf{(項)}$$ 答

（2）$17=2\times9-1$ より，17が初めて現れるのは第9群の9番目であり，それ以降は各群の9番目に現れる。

よって，$m$ 回目に現れる17は第 $m+8$ 群の9番目の項であるから

$$1+2+3+\cdots+(m+7)+9=\frac{(m+7)(1+m+7)}{2}+9$$

$$=\frac{m^2+15m+74}{2}\ \textbf{(項)}$$ 答

（3）第 $i$ 群に含まれる $i$ 個の奇数の総和は

$$1+3+5+\cdots+(2i-1)=i^2$$

$k+1$ 回目に現れる1は第 $k+1$ 群の初項なので，求める和は，第1群から第 $k$ 群までの総和に1を加えたものであるから

$$\sum_{i=1}^{k} i^2+1=\frac{k(k+1)(2k+1)}{6}+1$$

**Process**

数列の規則性に着目して群に分ける

↓

$k+1$ 番目に現れる1が第○群の△番目の項であることを把握

↓

第○－1群までの項数を考える

↓

○群の1番目から△番目の項までの項数を加える

$k+1$ 番目に現れる1が第○群の△番目の項であることを把握

↓

第○－1群までの和と，第○群の1番目から△番目の項までの和を加える

$$=\frac{2k^3+3k^2+k+6}{6}$$ 答

（4）初項から第 $s$ 群の末項までの総和は

$$\sum_{i=1}^{s} i^2=\frac{s(s+1)(2s+1)}{6}$$

題意をみたす最小の $n$ が第 $s$ 群にあるとすると，$s$ は

$$\frac{s(s+1)(2s+1)}{6}>1300$$

をみたす最小の数である。ここで

$$\frac{15\cdot16\cdot31}{6}=1240,\quad \frac{16\cdot17\cdot33}{6}=1496$$

であり，また数列 $\{s(s+1)(2s+1)\}$ は増加数列であるから，$s$ の値は $s=16$ である。

さらに，題意をみたす $n$ が第 16 群の $t$ 番目の項であるとすると，$t$ は

$$1240+1+3+5+\cdots+(2t-1)>1300$$

$$\therefore\quad t^2>60$$

をみたす最小の数である。すなわち $t=8$ である。

したがって，第 $n$ 項は第 16 群の 8 番目の項なので

$$1+2+\cdots+15+8=\frac{15\cdot16}{2}+8=128$$ 答

最小の $n$ が第○群にあることを把握

↓

最小の $n$ が第○群の△番目の項と把握

**群数列では，各群がどのような特徴で区切られていて，何項あるのかを考えることが大切**

## 74 ガウス記号と漸化式 Lv.★★★

問題は34ページ

**考え方** （2）$a_{k+5}$ を $a_k$ で表すのだから，$\left[\dfrac{3(k+5)}{5}\right]$ から $\left[\dfrac{3k}{5}\right]$ を作り出すことを考える。このとき（1）の操作が生きてくる。

（3）（2）の漸化式より

$a_1$，…，$a_5$ の値 $\longrightarrow$ $a_6$，…，$a_{10}$ の値 $\longrightarrow \cdots \longrightarrow$ $a_{5n-4}$，…，$a_{5n}$ の値

と定まっていくので，$\{a_k\}$ を初項から5項ずつまとめて和を考えるとよい。

**解答**

（1）$a_k=\left[\dfrac{3k}{5}\right]$ より

$$\left.\begin{aligned} a_1&=\left[\frac{3\cdot1}{5}\right]=\left[\frac{3}{5}\right]=0\\ a_2&=\left[\frac{3\cdot2}{5}\right]=\left[\frac{6}{5}\right]=\left[1+\frac{1}{5}\right]=1\\ a_3&=\left[\frac{3\cdot3}{5}\right]=\left[\frac{9}{5}\right]=\left[1+\frac{4}{5}\right]=1\\ a_4&=\left[\frac{3\cdot4}{5}\right]=\left[\frac{12}{5}\right]=\left[2+\frac{2}{5}\right]=2\\ a_5&=\left[\frac{3\cdot5}{5}\right]=[3]=3 \end{aligned}\right\}\ \text{答}$$

（2）$a_{k+5}=\left[\dfrac{3(k+5)}{5}\right]=\left[\dfrac{3k}{5}+3\right]$

ここで，整数 $n$ に対して

$$[x+n]=[x]+n$$

がいえるので

$$a_{k+5}=\left[\frac{3k}{5}\right]+3=a_k+3$$ （証終）

（3）$b_k=a_{5k-4}+a_{5k-3}+a_{5k-2}+a_{5k-1}+a_{5k}$ とおくと

$$b_1=a_1+a_2+a_3+a_4+a_5=7$$

$$\begin{aligned} b_{k+1}&=a_{5(k+1)-4}+a_{5(k+1)-3}+a_{5(k+1)-2}+a_{5(k+1)-1}+a_{5(k+1)}\\ &=(a_{5k-4}+3)+(a_{5k-3}+3)+(a_{5k-2}+3)\\ &\qquad+(a_{5k-1}+3)+(a_{5k}+3)\\ &=b_k+15 \end{aligned}$$

であるから

$$b_k=7+15(k-1)=15k-8$$

したがって

**Process**

- $k=1,\ 2,\ \cdots,\ 5$ をそれぞれ代入する
- 整数はガウス記号[ ]の外に出せる
- ↓ 5項ごとの和 $b_k$ を考える
- ↓ $\{b_k\}$ の漸化式を立てる
- ↓ $b_k$ を求める

$$\sum_{k=1}^{5n} a_k = \sum_{k=1}^{n} b_k = \sum_{k=1}^{n}(15k-8) = 15\cdot\frac{1}{2}n(n+1)-8n$$

$$= \frac{1}{2}n(15n-1)$$ 答

5 項ごとの和 $b_k$ をたし合わせる

**＊別解** （2）より，数列 $\{a_k\}$ は

$$\begin{cases} a_1 \longrightarrow a_6 \longrightarrow a_{11} \longrightarrow \cdots \longrightarrow a_{5n-4} \\ a_2 \longrightarrow a_7 \longrightarrow a_{12} \longrightarrow \cdots \longrightarrow a_{5n-3} \\ a_3 \longrightarrow a_8 \longrightarrow a_{13} \longrightarrow \cdots \longrightarrow a_{5n-2} \\ a_4 \longrightarrow a_9 \longrightarrow a_{14} \longrightarrow \cdots \longrightarrow a_{5n-1} \\ a_5 \longrightarrow a_{10} \longrightarrow a_{15} \longrightarrow \cdots \longrightarrow a_{5n} \end{cases}$$

のように定まっていく。これを用いて，$k$ を 5 で割った余りによりグループを分けて和を考えてもよい。$k=5l-m$ $(m=0,\ 1,\ \cdots,\ 4)$ とおくと

$$a_{5(l+1)-m} = a_{5l-m}+3 \qquad \therefore \quad a_{5l-m} = a_{5-m}+3(l-1)$$

すなわち

$$a_k = \begin{cases} 3l & (k=5l) \\ 3l-1 & (k=5l-1) \\ 3l-2 & (k=5l-2,\ 5l-3) \\ 3l-3 & (k=5l-4) \end{cases}$$

これを用いると，（3）は

$$\sum_{k=1}^{5n} a_k = a_1+a_2+\cdots+a_{5n}$$
$$=(a_1+a_6+\cdots+a_{5n-4})+(a_2+a_7+\cdots+a_{5n-3})+\cdots+(a_5+a_{10}+\cdots+a_{5n})$$
$$=\sum_{l=1}^{n} a_{5l-4}+\sum_{l=1}^{n} a_{5l-3}+\sum_{l=1}^{n} a_{5l-2}+\sum_{l=1}^{n} a_{5l-1}+\sum_{l=1}^{n} a_{5l}$$
$$=\sum_{l=1}^{n}(3l-3)+\sum_{l=1}^{n}(3l-2)+\sum_{l=1}^{n}(3l-2)+\sum_{l=1}^{n}(3l-1)+\sum_{l=1}^{n}3l$$
$$=\frac{3}{2}n(n+1)\cdot 5-8n=\frac{1}{2}n(15n-1)$$

と求められる。

**複雑な数列の和は，**
**数列の定まり方に着目して求めよ！**

## 75 二項定理 Lv.★★★

問題は34ページ

**考え方** $(a+b)^n$ を展開した式における $a^{n-r}b^r$ の項は，$n$ 個の因数 $(a+b)$ から $a$ か $b$ のいずれかを $a$ が $(n-r)$ 個，$b$ が $r$ 個となるように選んでかけ合わせた積である。このことから，$a^{n-r}b^r$ の係数は ${}_n\mathrm{C}_r$ とわかる。

**解答**

（1）$(1+x)^k$ を展開したときの一般項は

$${}_k\mathrm{C}_r x^r \ (r=0,\ 1,\ 2,\ \cdots,\ k)$$

となるから，$x^2$ の係数は $r=2$ のときで

$${}_k\mathrm{C}_2=\frac{1}{2}k(k-1)$$ 答

（2）（i）$(1+x)^1$ における $x^2$ の係数は0より $k=1,\ 2,\ \cdots$ において $(1+x)^k$ を展開したときの $x^2$ の係数は $\frac{1}{2}k(k-1)$ だから

$$a_n=\sum_{k=1}^{n}\frac{1}{2}k(k-1)=\frac{1}{2}\left\{\frac{1}{6}n(n+1)(2n+1)-\frac{1}{2}n(n+1)\right\}$$
$$=\frac{1}{6}n(n+1)(n-1)$$ 答

（ii）$n\geqq 2$ において

$$\frac{1}{a_n}=\frac{6}{(n-1)n(n+1)}=3\left\{\frac{1}{(n-1)n}-\frac{1}{n(n+1)}\right\}$$

であるから

$$S_n=\sum_{k=2}^{n}\frac{1}{a_k}=3\sum_{k=2}^{n}\left\{\frac{1}{(k-1)k}-\frac{1}{k(k+1)}\right\}$$
$$=3\left[\left(\frac{1}{1\cdot 2}-\frac{1}{2\cdot 3}\right)+\left(\frac{1}{2\cdot 3}-\frac{1}{3\cdot 4}\right)+\cdots+\left\{\frac{1}{(n-1)n}-\frac{1}{n(n+1)}\right\}\right]$$
$$=3\cdot\left\{\frac{1}{1\cdot 2}-\frac{1}{n(n+1)}\right\}=\frac{3(n+2)(n-1)}{2n(n+1)}$$ 答

**Process**

- $x^r$ の係数を考える
- ↓ $x^2$ の係数を求める
- $(1+x)^k$ における $x^2$ の係数を考える
- ↓ $k=1,\ 2,\ \cdots,\ n$ に対する $x^2$ の係数をたし合わせる
- 2つの分数の差の形に部分分数分解をする
- ↓ 式を書き下し，途中の項を相殺する

**$(a+b)^n$ が出てきたときは**
**二項定理を思い出そう！**

# 第8章　数列

## 76　数列の図形への応用　Lv.★★★

問題は35ページ

**考え方**　$a_n$，$a_{n+1}$ はそれぞれ，点 $\mathrm{A}_n$ における $C$ の接線，法線の $y$ 切片に現れる。そこで，接線と法線の方程式を $\mathrm{A}_n$ の座標を用いて表そう。

**解答**

（1）$y=x^2$ から　　$y'=2x$

$\mathrm{A}_n(t_n,\ t_n{}^2)\ (t_n>0)$ とすると，2 直線 $l_n$，$m_n$ の方程式はそれぞれ

$$y-t_n{}^2=2t_n(x-t_n)$$

$$y-t_n{}^2=-\frac{1}{2t_n}(x-t_n)$$

よって

$$l_n:y=2t_nx-t_n{}^2$$

$$m_n:y=-\frac{1}{2t_n}x+t_n{}^2+\frac{1}{2}$$

これらの $y$ 切片がそれぞれ $-a_n$，$3a_{n+1}$ に一致するから

$$t_n{}^2=a_n \text{ かつ } t_n{}^2+\frac{1}{2}=3a_{n+1}$$

$t_n$ を消去して，求める関係式は

$$3a_{n+1}=a_n+\frac{1}{2}$$ 答

（2）$a_{n+1}-\dfrac{1}{4}=\dfrac{1}{3}\left(a_n-\dfrac{1}{4}\right)$

数列 $\left\{a_n-\dfrac{1}{4}\right\}$ は，初項が $a_1-\dfrac{1}{4}=\dfrac{3}{4}$，公比が $\dfrac{1}{3}$ の等比数列であるから

$$a_n-\frac{1}{4}=\frac{3}{4}\left(\frac{1}{3}\right)^{n-1}$$

$$\therefore\quad a_n=\frac{1}{4}+\frac{3}{4}\left(\frac{1}{3}\right)^{n-1}$$ 答

**Process**

接線・法線の方程式を求める
↓
接点の座標を用いて接線・法線の $y$ 切片を表す
↓
$a_{n+1}$ と $a_n$ の関係式をつくる
↓
$a_{n+1}-\alpha=p(a_n-\alpha)$ の形を作る
↓
$\{a_n-\alpha\}$ が等比数列であることを利用する

**核心はココ！**

**$a_1$ から $a_2$，$a_2$ から $a_3$，…と順に決まっていく数列の一般項を求めるときは漸化式を使おう！**

## 77 確率の漸化式 Lv.★★★

問題は35ページ

**考え方** (2) $P_n$ を用いて $P_{n+1}$ を表すので，「$n$ 回目の試行後」から「$n+1$ 回目の試行後」での状態の変化を捉える。$n$ 回目までの数字の和が偶数，奇数で場合を分けて，$n+1$ 回目の試行の結果に結びつける。

**解答**

(1) 1回の試行で，偶数のカード，奇数のカードを取り出す確率はそれぞれ $\frac{4}{9}$，$\frac{5}{9}$ だから

$$\boldsymbol{P_2}=\left(\frac{4}{9}\right)^2+\left(\frac{5}{9}\right)^2=\frac{41}{81}$$

$$\boldsymbol{P_3}=\left(\frac{4}{9}\right)^3+{}_3\mathrm{C}_1\frac{4}{9}\left(\frac{5}{9}\right)^2=\frac{364}{729}$$ 答

(2) $n$ 回目までの数字の和を $S_n$ とすると，$S_{n+1}$ が偶数になるのは次の(ア)，(イ)の場合がある。

(ア) $S_n$ が偶数で，$n+1$ 回目に偶数のカードを取り出す

(イ) $S_n$ が奇数で，$n+1$ 回目に奇数のカードを取り出す

したがって

$$P_{n+1}=P_n\times\frac{4}{9}+(1-P_n)\times\frac{5}{9}$$

$$\therefore\quad P_{n+1}=-\frac{1}{9}P_n+\frac{5}{9}$$ 答

(3) (2)から

$$P_1=\frac{4}{9},\ P_{n+1}-\frac{1}{2}=-\frac{1}{9}\left(P_n-\frac{1}{2}\right)$$

数列 $\left\{P_n-\frac{1}{2}\right\}$ は，初項が $P_1-\frac{1}{2}=-\frac{1}{18}$，公比が $-\frac{1}{9}$ の等比数列であるから　$P_n-\frac{1}{2}=-\frac{1}{18}\left(-\frac{1}{9}\right)^{n-1}$

よって，求める $P_n$ は　$P_n=\frac{1}{2}\left\{1+\left(-\frac{1}{9}\right)^n\right\}$ 答

**Process**

1回の試行で偶数，奇数のカードを取り出す確率をそれぞれ求める

↓

カードの数字の和が偶数となる組み合わせを考える

$n$ 回目までの数字の和の偶奇で場合分け

↓

(偶数)+(偶数)=(偶数)
(奇数)+(奇数)=(偶数)
を用いて $P_{n+1}$ を $P_n$ で表す

**確率の漸化式を立てるときは直前の状態に応じて場合分けして考える！**

## 78 不定方程式の解の個数 Lv.★★★

問題は35ページ

**考え方** (1) 不等式をみたす整数の組$(x,\ y)$の個数は，不等式の表す領域に含まれる格子点（$x$座標と$y$座標がともに整数である点）の個数として考えることができる。格子点の個数を求める際には，座標軸に垂直な直線上の格子点の個数を数えてから，それらをたし合わせると考えやすい。

(2) (1)の結果が使えるように$z$を固定して考えてみよう。

**解答**

(1) $a_k$は，$\dfrac{x}{3}+\dfrac{y}{2}\leqq k$，$x\geqq 0$，$y\geqq 0$の表す領域$D$に含まれる格子点の個数と読み替えることができる。

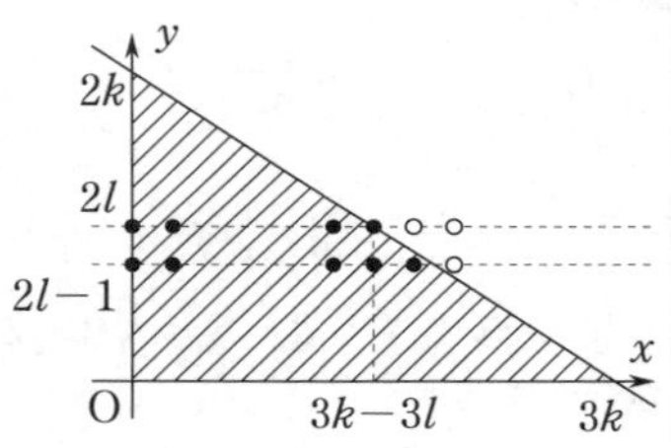


これらの格子点のうち，直線$y=2l$ $(l=0,\ 1,\ 2,\ \cdots,\ k)$上にあるものは

$(0,\ 2l)$，$(1,\ 2l)$，$\cdots$，$(3k-3l,\ 2l)$ の $3k-3l+1$（個）

また，直線$y=2l-1$ $(l=1,\ 2,\ \cdots,\ k)$上にあるものは

$(0,\ 2l-1)$，$(1,\ 2l-1)$，$\cdots$，$(3k-3l+1,\ 2l-1)$ の $3k-3l+2$（個）

よって，領域$D$に含まれる格子点の個数は

$$\boldsymbol{a_k}=\sum_{l=0}^{k}(3k-3l+1)+\sum_{l=1}^{k}(3k-3l+2)$$
$$=-3\cdot\frac{1}{2}k(k+1)+(3k+1)(k+1)-3\cdot\frac{1}{2}k(k+1)+(3k+2)k$$
$$=\boldsymbol{3k^2+3k+1}$$ 答

(2) $\dfrac{x}{3}+\dfrac{y}{2}\leqq n-z$より，$z=m$ $(0\leqq m\leqq n)$のときの0以上の整数の組$(x,\ y)$の個数は$a_{n-m}$である。よって

$$\boldsymbol{b_n}=\sum_{m=0}^{n}a_{n-m}$$
$$=\sum_{k=0}^{n}a_k \quad (\because\ \ k=n-m\text{とおいた})$$
$$=\sum_{k=0}^{n}(3k^2+3k+1)$$

**Process**

整数の組の個数を格子点の個数に読み替える
↓
$y$軸に垂直な直線上にある格子点の個数を数え上げる
↓
たし合わせて，領域内の格子点の個数を求める

$z$を固定して整数の組$(x,\ y)$の個数を考える
↓
固定していた文字$z$を動かし，整数の組$(x,\ y,\ z)$の個数を求める

$$=3\cdot\frac{1}{6}n(n+1)(2n+1)+3\cdot\frac{1}{2}n(n+1)+(n+1)$$

$$=\frac{1}{2}(n+1)(2n^2+n+3n+2)$$

$$=(n+1)^3$$ 答

---

**別解**　(1)は，格子点を数えやすい図形を利用して次のように考えてもよい。

4点$(0,\ 0)$，$(3k,\ 0)$，$(3k,\ 2k)$，$(0,\ 2k)$を頂点とする長方形の周および内部に含まれる格子点の個数は

$(3k+1)(2k+1)$（個）

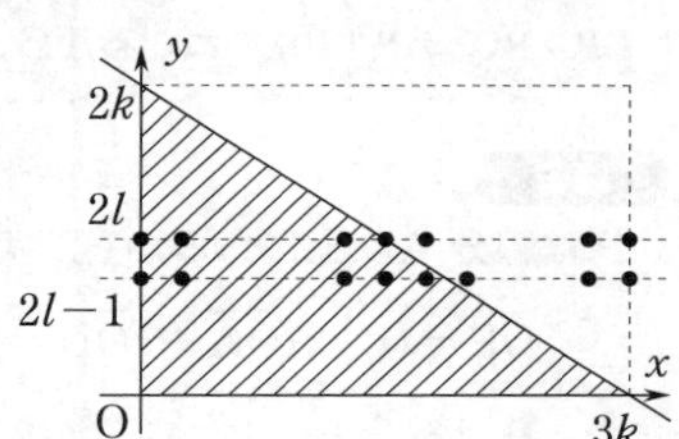


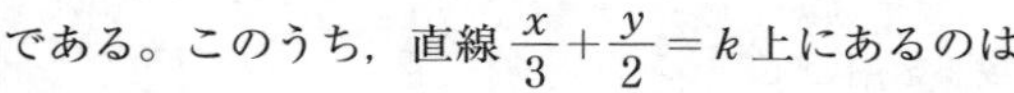

である。このうち，直線$\dfrac{x}{3}+\dfrac{y}{2}=k$上にあるのは

$(0,\ 2k)$，$(3,\ 2k-2)$，$(6,\ 2k-4)$，…，$(3k,\ 0)$の$k+1$（個）

であるから，領域$D$に含まれる格子点の個数$a_k$は

$$a_k=\frac{1}{2}\{(3k+1)(2k+1)-(k+1)\}+k+1$$

$$=\frac{1}{2}(6k^2+4k)+k+1$$

$$=3k^2+3k+1$$

**核心はココ！**

**整数の組の個数を求めるときは，1文字固定して考える！**

# 第9章　ベクトル

## 79　ベクトルの1次独立　Lv. ★★★

問題は36ページ

**考え方**　「点Pは線分ADと線分BCの交点」
$\iff$「Pは線分AD上にあり，かつ，Pは線分BC上にある」
と読み替えることによって，$\overrightarrow{\mathrm{OP}}$ は1次独立である2つのベクトル $\overrightarrow{\mathrm{OA}}$，$\overrightarrow{\mathrm{OB}}$ を用いて2通りで表すことができるから，係数を比較することで，$\overrightarrow{\mathrm{OP}}$ を求めることができる。このとき，BP：PC，AP：PDもわかるから，面積比を求めることができる。

**解答**

Pは線分AD上にあるから，実数 $s$ を用いて

$$\overrightarrow{\mathrm{OP}}=(1-s)\overrightarrow{\mathrm{OA}}+s\overrightarrow{\mathrm{OD}}=(1-s)\overrightarrow{\mathrm{OA}}+\frac{3}{7}s\overrightarrow{\mathrm{OB}}$$

また，Pは線分BC上にあるから，実数 $t$ を用いて

$$\overrightarrow{\mathrm{OP}}=(1-t)\overrightarrow{\mathrm{OC}}+t\overrightarrow{\mathrm{OB}}=\frac{3}{5}(1-t)\overrightarrow{\mathrm{OA}}+t\overrightarrow{\mathrm{OB}}$$

$\overrightarrow{\mathrm{OA}}$，$\overrightarrow{\mathrm{OB}}$ は1次独立であるから

$$\begin{cases}1-s=\dfrac{3}{5}(1-t)\\ \dfrac{3}{7}s=t\end{cases}\qquad\therefore\quad\begin{cases}t=\dfrac{3}{13}\\ s=\dfrac{7}{13}\end{cases}$$

したがって，求める $\overrightarrow{\mathrm{OP}}$ は

$$\overrightarrow{\mathbf{OP}}=\frac{6}{13}\overrightarrow{\mathbf{OA}}+\frac{3}{13}\overrightarrow{\mathbf{OB}}$$ **答**

また，$t$，$s$ の値より

BP：PC＝10：3

AP：PD＝7：6

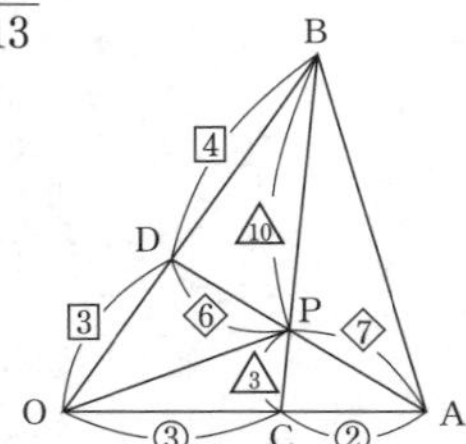


とわかるから，△OABの面積を $S$ とすると

$$S_1=S\times\frac{3}{13}=\frac{3}{13}S,\quad S_2=S\times\frac{3}{5}\times\frac{10}{13}\times\frac{4}{7}=\frac{24}{91}S$$

したがって　　$S_1:S_2=\dfrac{3}{13}:\dfrac{24}{91}=7:8$ **答**

**Process**

$\overrightarrow{\mathrm{OP}}$ を $\overrightarrow{\mathrm{OA}}$ と $\overrightarrow{\mathrm{OB}}$ を用いて，2通りで表す

↓

1次独立の性質を使って，係数を比較する

**核心はココ！**

共線条件はベクトルの基本！

## 80 外心の位置ベクトル Lv.★★★

問題は36ページ

**考え方** △ABC の外心 O に関する問題では，図形的性質より次の 2 つの事項に注目するとよい。

（i）円 $O$ は△ABC の外接円なので，OA = OB = OC

（ii）3 辺 AB，BC，CA の垂直 2 等分線の交点が O

（1）まずは始点を A にそろえる。（i）の条件を使うために，半径を $r$ とおいて考えよう。

（2）$\overrightarrow{AO}=x\overrightarrow{AB}+y\overrightarrow{AC}$ とおいて，$x$，$y$ に成り立つ関係式を 2 つ求めればよい。

**解答**

（1）円 $O$ の半径を $r$ とすると

$$|\overrightarrow{OB}|^2=|\overrightarrow{AB}-\overrightarrow{AO}|^2=|\overrightarrow{AB}|^2-2\overrightarrow{AB}\cdot\overrightarrow{AO}+|\overrightarrow{AO}|^2$$

$$r^2=2^2-2\overrightarrow{AB}\cdot\overrightarrow{AO}+r^2$$

$$\therefore\quad \overrightarrow{AB}\cdot\overrightarrow{AO}=2$$ 答

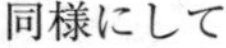

同様にして

$$|\overrightarrow{OC}|^2=|\overrightarrow{AC}-\overrightarrow{AO}|^2$$

$$=|\overrightarrow{AC}|^2-2\overrightarrow{AC}\cdot\overrightarrow{AO}+|\overrightarrow{AO}|^2$$

$$r^2=3^2-2\overrightarrow{AC}\cdot\overrightarrow{AO}+r^2$$

$$\therefore\quad \overrightarrow{AC}\cdot\overrightarrow{AO}=\frac{9}{2}$$ 答

（2）点 O は平面 ABC 上の点であるから

$$\overrightarrow{AO}=x\overrightarrow{AB}+y\overrightarrow{AC}\ (x,\ y\ は実数)$$

とおくことができて，（1）の結果より

$$\begin{cases}\overrightarrow{AB}\cdot\overrightarrow{AO}=x|\overrightarrow{AB}|^2+y\overrightarrow{AB}\cdot\overrightarrow{AC}=2 & \cdots\cdots①\\ \overrightarrow{AC}\cdot\overrightarrow{AO}=x\overrightarrow{AB}\cdot\overrightarrow{AC}+y|\overrightarrow{AC}|^2=\dfrac{9}{2} & \cdots\cdots②\end{cases}$$

ここで，BC $=\sqrt{7}$ より

$$|\overrightarrow{BC}|^2=|\overrightarrow{AC}-\overrightarrow{AB}|^2=|\overrightarrow{AC}|^2-2\overrightarrow{AC}\cdot\overrightarrow{AB}+|\overrightarrow{AB}|^2$$

$$(\sqrt{7})^2=3^2-2\overrightarrow{AC}\cdot\overrightarrow{AB}+2^2$$

$$\therefore\quad \overrightarrow{AB}\cdot\overrightarrow{AC}=3 \quad \cdots\cdots③$$

①，②，③より

$$\begin{cases}4x+3y=2\\ 3x+9y=\dfrac{9}{2}\end{cases}\quad\therefore\quad\begin{cases}x=\dfrac{1}{6}\\ y=\dfrac{4}{9}\end{cases}$$

**Process**

OA, OB, OC は△ABC の外接円の半径

↓

始点を A に変え，目的の内積を作り出す

したがって

$$\overrightarrow{\mathbf{AO}}=\frac{1}{6}\overrightarrow{\mathbf{AB}}+\frac{4}{9}\overrightarrow{\mathbf{AC}}$$ 答

（3）BD // AC より，実数 $t(\neq 0)$ を用いて

$$\overrightarrow{\mathrm{BD}}=t\overrightarrow{\mathrm{AC}}$$

とおけるから

$$\overrightarrow{\mathrm{AD}}=\overrightarrow{\mathrm{AB}}+t\overrightarrow{\mathrm{AC}}$$

$$\therefore\quad \overrightarrow{\mathrm{OD}}=-\overrightarrow{\mathrm{AO}}+\overrightarrow{\mathrm{AB}}+t\overrightarrow{\mathrm{AC}}$$

A B C D E O

したがって

$$|\overrightarrow{\mathrm{OD}}|^2=|-\overrightarrow{\mathrm{AO}}+\overrightarrow{\mathrm{AB}}+t\overrightarrow{\mathrm{AC}}|^2$$
$$=|\overrightarrow{\mathrm{AO}}|^2+|\overrightarrow{\mathrm{AB}}|^2+t^2|\overrightarrow{\mathrm{AC}}|^2$$
$$+2(-\overrightarrow{\mathrm{AO}}\cdot\overrightarrow{\mathrm{AB}}+t\overrightarrow{\mathrm{AB}}\cdot\overrightarrow{\mathrm{AC}}-t\overrightarrow{\mathrm{AC}}\cdot\overrightarrow{\mathrm{AO}})$$

$|\overrightarrow{\mathrm{OD}}|=|\overrightarrow{\mathrm{AO}}|$ および①，②，③より

OD は外接円の半径

$$2^2+t^2\cdot 3^2+2\left(-2+t\cdot 3-t\cdot\frac{9}{2}\right)=0$$

$$\therefore\quad t=\frac{1}{3}\quad (\because\quad t\neq 0)$$

したがって

$$\overrightarrow{\mathbf{AD}}=1\cdot\overrightarrow{\mathbf{AB}}+\frac{1}{3}\overrightarrow{\mathbf{AC}}$$ 答

（4）E は直線 AO 上の点であるから，$k$ を実数とすると

$$\overrightarrow{\mathrm{AE}}=k\overrightarrow{\mathrm{AO}}=\frac{k}{6}\overrightarrow{\mathrm{AB}}+\frac{4}{9}k\overrightarrow{\mathrm{AC}}$$

E は直線 CD 上の点であるから，$l$ を実数とすると

$$\overrightarrow{\mathrm{AE}}=l\overrightarrow{\mathrm{AC}}+(1-l)\overrightarrow{\mathrm{AD}}$$
$$=l\overrightarrow{\mathrm{AC}}+(1-l)\left(\overrightarrow{\mathrm{AB}}+\frac{1}{3}\overrightarrow{\mathrm{AC}}\right)$$
$$=(1-l)\overrightarrow{\mathrm{AB}}+\left(\frac{1}{3}+\frac{2}{3}l\right)\overrightarrow{\mathrm{AC}}$$

$\overrightarrow{\mathrm{AB}}$ と $\overrightarrow{\mathrm{AC}}$ は1次独立であるから

$$\begin{cases}\dfrac{k}{6}=1-l\\[2mm]\dfrac{4}{9}k=\dfrac{1}{3}+\dfrac{2}{3}l\end{cases}\qquad\therefore\quad\begin{cases}k=\dfrac{9}{5}\\[2mm]l=\dfrac{7}{10}\end{cases}$$

したがって

$$\mathbf{CE}:\mathbf{DE}=(1-l):l=3:7$$ 答

**別解** (1), (2)を**考え方**の(ii)に注目して解くと，以下のようになる。

(1) 点Oは弦 AB, ACの垂直2等分線の交点である。

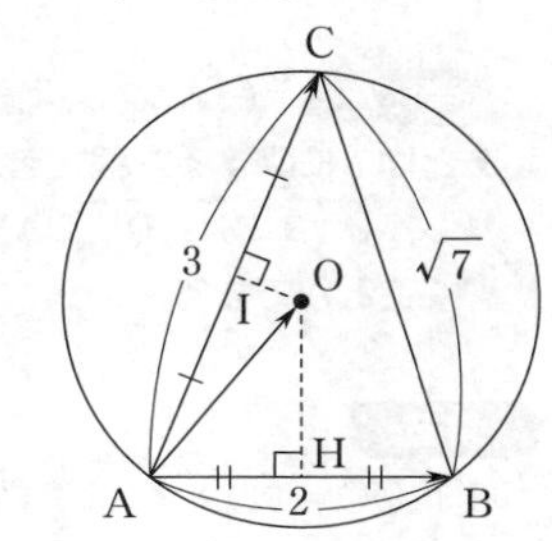


線分 ABの中点をH，線分 ACの中点をIとすると

$$\overrightarrow{AB}\cdot\overrightarrow{AO}=|\overrightarrow{AB}|\cdot|\overrightarrow{AO}|\cos\angle OAH$$
$$=|\overrightarrow{AB}|\cdot|\overrightarrow{AH}|$$
$$=2\cdot1=2$$
$$\overrightarrow{AC}\cdot\overrightarrow{AO}=|\overrightarrow{AC}|\cdot|\overrightarrow{AO}|\cos\angle OAI$$
$$=|\overrightarrow{AC}|\cdot|\overrightarrow{AI}|$$
$$=3\cdot\frac{3}{2}=\frac{9}{2}$$

(2) $\overrightarrow{AO}=x\overrightarrow{AB}+y\overrightarrow{AC}$ ($x$, $y$は実数) とおくと

$$\overrightarrow{OH}=\overrightarrow{AH}-\overrightarrow{AO}=\left(\frac{1}{2}-x\right)\overrightarrow{AB}-y\overrightarrow{AC}$$
$$\overrightarrow{OI}=\overrightarrow{AI}-\overrightarrow{AO}=-x\overrightarrow{AB}+\left(\frac{1}{2}-y\right)\overrightarrow{AC}$$

ここで，**解答**と同様の方法により

$$\overrightarrow{AB}\cdot\overrightarrow{AC}=3$$

OH⊥ABより $\overrightarrow{OH}\cdot\overrightarrow{AB}=0$ であるから

$$\overrightarrow{OH}\cdot\overrightarrow{AB}=\left(\frac{1}{2}-x\right)|\overrightarrow{AB}|^2-y\overrightarrow{AB}\cdot\overrightarrow{AC}=\left(\frac{1}{2}-x\right)2^2-y\cdot3=0$$

$\therefore\quad 4x+3y=2$ ……④

OI⊥ACより $\overrightarrow{OI}\cdot\overrightarrow{AC}=0$ であるから

$$\overrightarrow{OI}\cdot\overrightarrow{AC}=-x\overrightarrow{AB}\cdot\overrightarrow{AC}+\left(\frac{1}{2}-y\right)|\overrightarrow{AC}|^2=-x\cdot3+\left(\frac{1}{2}-y\right)\cdot3^2=0$$

$\therefore\quad 2x+6y=3$ ……⑤

④, ⑤より，$x=\frac{1}{6}$, $y=\frac{4}{9}$ であるから

$$\overrightarrow{AO}=\frac{1}{6}\overrightarrow{AB}+\frac{4}{9}\overrightarrow{AC}$$

**外心Oは三角形ABCの外接円の中心。**
**OA＝OB＝OCを利用しよう**

## 81　垂心の位置ベクトル　Lv. ★★★

問題は36ページ

**考え方**　(1) 点Cは直線OA上の点であるから，実数 $t$ を用いて $\overrightarrow{OC}=t\overrightarrow{OA}$ とおける。あとは $t$ に関する方程式を1つ導けばよい。ベクトルの垂直条件を考えよう。
(2) $\overrightarrow{OA}\perp\overrightarrow{BH}$，$\overrightarrow{OB}\perp\overrightarrow{AH}$ から，ベクトルの垂直条件より $u$，$v$ についての連立方程式を導くことができる。

**解答**

(1) $\overrightarrow{OC}=t\overrightarrow{OA}$（$t$ は実数）とおく。
$\overrightarrow{OA}\perp\overrightarrow{BC}$ より

$$\overrightarrow{OA}\cdot\overrightarrow{BC}=0$$
$$\overrightarrow{OA}\cdot(\overrightarrow{OC}-\overrightarrow{OB})=0$$
$$\overrightarrow{OA}\cdot(t\overrightarrow{OA}-\overrightarrow{OB})=0$$
$$t|\overrightarrow{OA}|^2-\overrightarrow{OA}\cdot\overrightarrow{OB}=0$$

$|\overrightarrow{OA}|\neq 0$ より

$$\therefore\quad t=\frac{\overrightarrow{OA}\cdot\overrightarrow{OB}}{|\overrightarrow{OA}|^2}$$

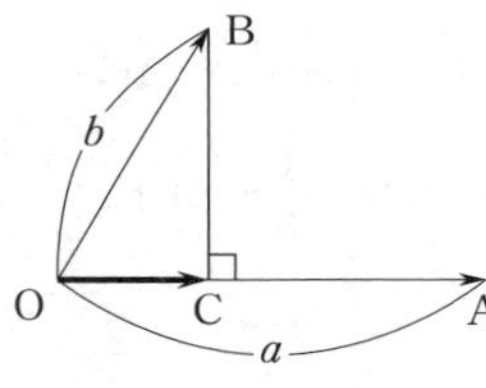

したがって

$$\overrightarrow{OC}=\frac{\overrightarrow{OA}\cdot\overrightarrow{OB}}{|\overrightarrow{OA}|^2}\overrightarrow{OA}=\frac{k}{a^2}\overrightarrow{OA}$$ **答**

(2) $\overrightarrow{OH}=u\overrightarrow{OA}+v\overrightarrow{OB}$（$u$，$v$ は実数）とおく。
$\overrightarrow{OA}\perp\overrightarrow{BH}$，$\overrightarrow{OB}\perp\overrightarrow{AH}$ より

$$\begin{cases}\overrightarrow{OA}\cdot\overrightarrow{BH}=0\\ \overrightarrow{OB}\cdot\overrightarrow{AH}=0\end{cases}\iff\begin{cases}u|\overrightarrow{OA}|^2+(v-1)\overrightarrow{OA}\cdot\overrightarrow{OB}=0\\ (u-1)\overrightarrow{OA}\cdot\overrightarrow{OB}+v|\overrightarrow{OB}|^2=0\end{cases}$$

$|\overrightarrow{OA}|=\sqrt{2}$，$|\overrightarrow{OB}|=1$，$\overrightarrow{OA}\cdot\overrightarrow{OB}=k$ であるから

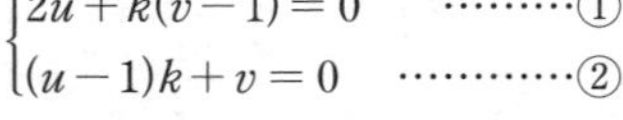

$$\begin{cases}2u+k(v-1)=0 & \cdots\cdots①\\ (u-1)k+v=0 & \cdots\cdots②\end{cases}$$

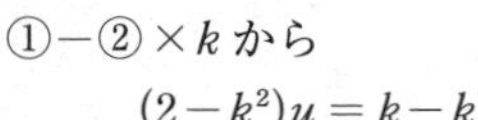

①−②×$k$ から

$$(2-k^2)u=k-k^2$$

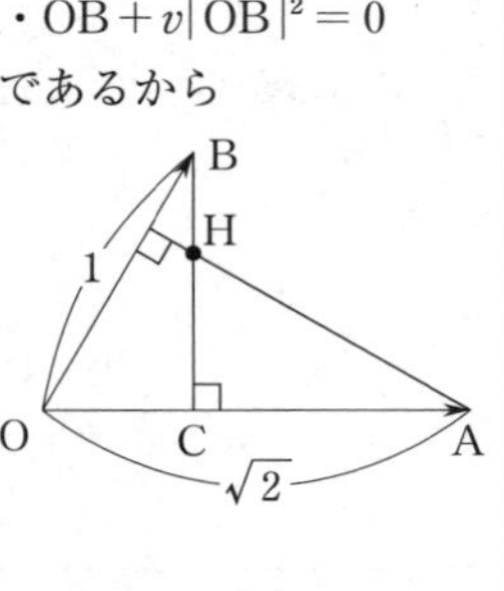


ここで

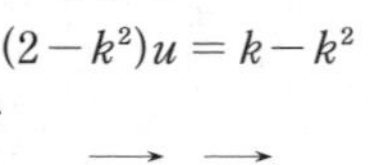

$$k=\overrightarrow{OA}\cdot\overrightarrow{OB}$$
$$=\sqrt{2}\cdot 1\cdot\cos\angle BOA$$

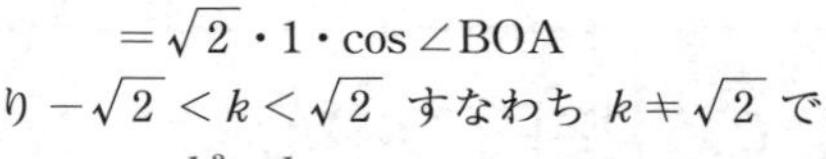

より $-\sqrt{2}<k<\sqrt{2}$ すなわち $k\neq\sqrt{2}$ であるから

$$u=\frac{k^2-k}{k^2-2}$$ **答**

**Process**

点Cは直線OA上の点
↓
ベクトルの垂直条件を用いる

このとき，②より

$$v=\frac{k^2-2k}{k^2-2}$$ 答

別解　(1)は $\overrightarrow{\mathrm{OA}}$ の単位ベクトルを用いる方法もある。

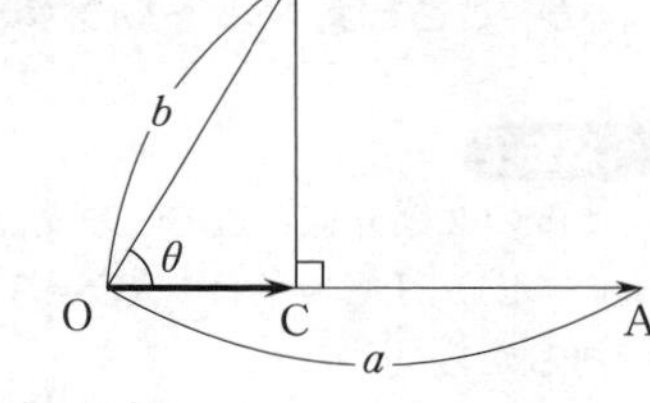


$\angle\mathrm{AOB}=\theta$ とおくと

$$|\overrightarrow{\mathrm{OC}}|=b\cos\theta$$

$\overrightarrow{\mathrm{OA}}\cdot\overrightarrow{\mathrm{OB}}=k$ より

$$k=ab\cos\theta \qquad \therefore\quad |\overrightarrow{\mathrm{OC}}|=b\cos\theta=\frac{k}{a}$$

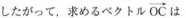

したがって，求めるベクトル $\overrightarrow{\mathrm{OC}}$ は

$$\overrightarrow{\mathrm{OC}}=|\overrightarrow{\mathrm{OC}}|\times\frac{\overrightarrow{\mathrm{OA}}}{|\overrightarrow{\mathrm{OA}}|}=\frac{k}{a}\times\frac{\overrightarrow{\mathrm{OA}}}{a}=\frac{k}{a^2}\overrightarrow{\mathrm{OA}}\left(=\frac{\overrightarrow{\mathrm{OA}}\cdot\overrightarrow{\mathrm{OB}}}{|\overrightarrow{\mathrm{OA}}|^2}\overrightarrow{\mathrm{OA}}\right)\cdots\cdots\cdots\cdots(*)$$

解説　本問の $\overrightarrow{\mathrm{OC}}$ を

$\overrightarrow{\mathrm{OB}}$ の $\overrightarrow{\mathrm{OA}}$ への正射影ベクトル

という。正射影ベクトルの考え方を知っていると，様々なベクトルの問題で有効となる。是非，その考え方を身につけて，積極的に活用しよう。

たとえば，三角形の面積の公式

$$(\triangle\mathrm{OAB}\text{の面積})=\frac{1}{2}\sqrt{|\overrightarrow{\mathrm{OA}}|^2|\overrightarrow{\mathrm{OB}}|^2-(\overrightarrow{\mathrm{OA}}\cdot\overrightarrow{\mathrm{OB}})^2}$$

を次のように導くことができる。

△OAB において，点 B から OA に引いた垂線と OA との交点を C とする。

また，$\overrightarrow{\mathrm{OA}}=\vec{a}$，$\overrightarrow{\mathrm{OB}}=\vec{b}$ とする。三平方の定理と(＊)より(**別解**の図も参照せよ)

$$\mathrm{BC}=\sqrt{\mathrm{OB}^2-\mathrm{OC}^2}=\sqrt{|\vec{b}|^2-\left|\frac{\vec{a}\cdot\vec{b}}{|\vec{a}|^2}\vec{a}\right|^2}=\frac{\sqrt{|\vec{a}|^2|\vec{b}|^2-(\vec{a}\cdot\vec{b})^2}}{|\vec{a}|}$$

$$\therefore\quad(\triangle\mathrm{OAB}\text{の面積})=\frac{1}{2}\mathrm{OA}\cdot\mathrm{BC}=\frac{1}{2}\sqrt{|\vec{a}|^2|\vec{b}|^2-(\vec{a}\cdot\vec{b})^2}$$ （証終）

**2 つのベクトルが垂直のときは**
**(内積)＝0 をうまく使おう**

# 第9章　ベクトル

## 82　内心の位置ベクトル　Lv.★★★

問題は37ページ

**考え方**　∠A の 2 等分線と辺 BC の交点を D とすると，角の 2 等分線の性質より AB：AC＝BD：CD が成り立つ。∠B の 2 等分線についても同様の性質が成り立つので，それらを用いて，分点の位置ベクトルを考える。△ABC の面積は，様々なアプローチがあるが，ここでは，ベクトルの内積を利用する公式を用いる。

**解答**

∠A の 2 等分線と辺 BC の交点を D とすると

$$\mathrm{BD}:\mathrm{DC}=\mathrm{AB}:\mathrm{AC}=3:2$$

であるから

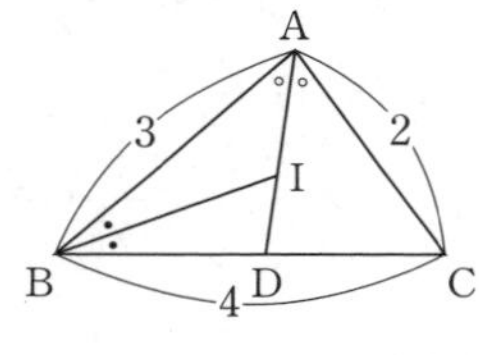


$$\overrightarrow{\mathrm{AD}}=\frac{2\overrightarrow{\mathrm{AB}}+3\overrightarrow{\mathrm{AC}}}{5}$$

$$=\frac{2}{5}\overrightarrow{\mathrm{AB}}+\frac{3}{5}\overrightarrow{\mathrm{AC}}$$

また，BI は ∠B の 2 等分線なので

$$\mathrm{AI}:\mathrm{ID}=\mathrm{AB}:\mathrm{BD}=3:\left(4\times\frac{3}{5}\right)=5:4$$

よって　$\overrightarrow{\mathbf{AI}}=\frac{5}{9}\overrightarrow{\mathrm{AD}}=\frac{2}{9}\overrightarrow{\mathbf{AB}}+\frac{1}{3}\overrightarrow{\mathbf{AC}}$　答

また，$|\overrightarrow{\mathrm{BC}}|^2=|\overrightarrow{\mathrm{AC}}-\overrightarrow{\mathrm{AB}}|^2$ から

$$16=|\overrightarrow{\mathrm{AC}}|^2-2\overrightarrow{\mathrm{AC}}\cdot\overrightarrow{\mathrm{AB}}+|\overrightarrow{\mathrm{AB}}|^2$$

$$=4-2\overrightarrow{\mathrm{AB}}\cdot\overrightarrow{\mathrm{AC}}+9\qquad\therefore\quad\overrightarrow{\mathrm{AB}}\cdot\overrightarrow{\mathrm{AC}}=-\frac{3}{2}$$

したがって

$$\triangle\mathbf{ABC}=\frac{1}{2}\sqrt{|\overrightarrow{\mathrm{AB}}|^2|\overrightarrow{\mathrm{AC}}|^2-(\overrightarrow{\mathrm{AB}}\cdot\overrightarrow{\mathrm{AC}})^2}=\frac{3\sqrt{15}}{4}$$　答

また，AD：ID＝9：4 より

$$\triangle\mathbf{IBC}=\frac{4}{9}\triangle\mathrm{ABC}=\frac{\sqrt{15}}{3}$$　答

**Process**

角の 2 等分線の性質を利用する

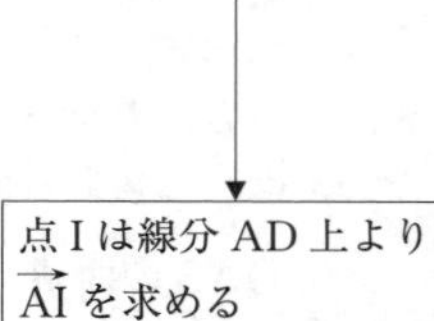

点 I は線分 AD 上より
$\overrightarrow{\mathrm{AI}}$ を求める

**核心はココ！**

**内心は三角形の内角の 2 等分線の交点。**
**角の 2 等分線の性質から内分の比を求めよ！**

## 83 円と直線の交点 Lv.★★★

問題は37ページ

**考え方** 点Fは,「直線AEの延長上」にあって「円の中心からの距離が半径に等しい」点であると読みかえることができる。これをベクトルで表現すれば,どのようになるか。それぞれベクトルを用いて方程式を立式しよう。

**解答**

$$\overrightarrow{AE}=\overrightarrow{AD}+\overrightarrow{DE}$$
$$=\overrightarrow{BC}+\frac{1}{2}\overrightarrow{AB}=\vec{b}+\frac{1}{2}\vec{a}$$

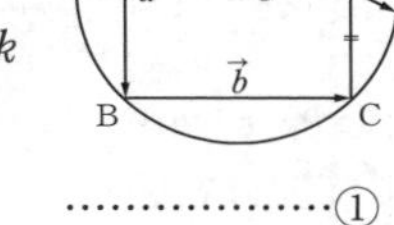

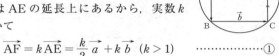

点FはAEの延長上にあるから,実数$k$を用いて

$$\overrightarrow{AF}=k\overrightarrow{AE}=\frac{k}{2}\vec{a}+k\vec{b}\quad(k>1)\quad\cdots\cdots①$$

と表せる。

また,外接円の中心をO,半径を$r$とすると

$$\overrightarrow{OF}=\overrightarrow{AF}-\overrightarrow{AO}$$
$$=\frac{k}{2}\vec{a}+k\vec{b}-\frac{1}{2}(\vec{a}+\vec{b})$$
$$=\frac{1}{2}\{(k-1)\vec{a}+(2k-1)\vec{b}\}$$

$|\overrightarrow{OF}|=r$より　$|(k-1)\vec{a}+(2k-1)\vec{b}|=2r$

両辺を平方して

$$(k-1)^2|\vec{a}|^2+2(k-1)(2k-1)\vec{a}\cdot\vec{b}+(2k-1)^2|\vec{b}|^2=4r^2$$

ここで,$|\vec{a}|=|\vec{b}|=\sqrt{2}\,r$,$\vec{a}\cdot\vec{b}=0$を代入すると

$$2r^2(k^2-2k+1)+2r^2(4k^2-4k+1)=4r^2$$
$$r^2k(5k-6)=0$$

$r>0$,$k>1$に注意すると　$k=\frac{6}{5}$

よって,①より　$\overrightarrow{AF}=\frac{3}{5}\vec{a}+\frac{6}{5}\vec{b}$ **答**

**Process**

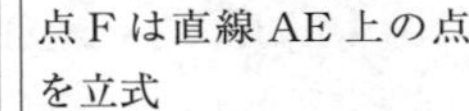

点Fは直線AE上の点を立式

↓

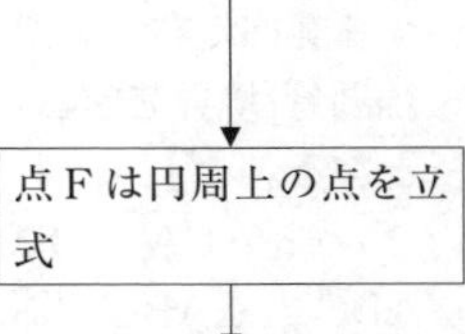

点Fは円周上の点を立式

↓

2つの方程式から$k$を求める

**2つの図形の交わりは それぞれベクトル方程式を立てよう!**

## 84　ベクトルの終点の存在範囲　Lv. ★★★

問題は37ページ

**考え方**　（1）ベクトルの終点の存在範囲に関する問題。考え方の基本は

（i）$\overrightarrow{OP}=s\overrightarrow{OX}+t\overrightarrow{OY}$，$s+t\leqq 1$，$s\geqq 0$，$t\geqq 0$

$\iff$ 点Pは△OXYの周および内部の点

（ii）$\overrightarrow{OP}=s\overrightarrow{OX}+t\overrightarrow{OY}$，$s+t=1$，$s\geqq 0$，$t\geqq 0$ $\iff$ 点Pは線分XY上の点

の2つがあるが，本問では与えられた条件から（i）を利用できないかを考える。

**解答**

（1）（a）$\vec{a}+\vec{b}=\overrightarrow{CD}$ とおくと

$\overrightarrow{CP}=s\overrightarrow{CA}+t\overrightarrow{CD}$

$(0\leqq s+t\leqq 1,\ s\geqq 0,\ t\geqq 0)$

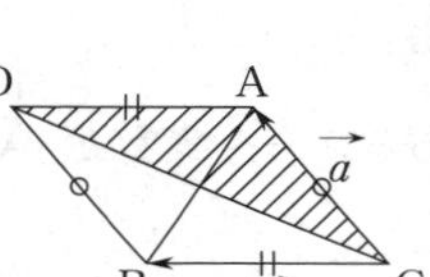


よって，点Pの存在する範囲は右図の斜線部分（境界を含む）となる。 答

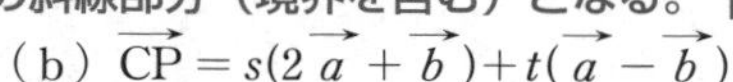

（b）$\overrightarrow{CP}=s(2\vec{a}+\vec{b})+t(\vec{a}-\vec{b})$

より，$2\vec{a}+\vec{b}=\overrightarrow{CE}$，$\vec{a}-\vec{b}=\overrightarrow{CF}$ とおくと

$\overrightarrow{CP}=s\overrightarrow{CE}+t\overrightarrow{CF}$ $(0\leqq s+t\leqq 1,\ s\geqq 0,\ t\geqq 0)$

よって，点Pの存在する範囲は右図の斜線部分（境界を含む）となる。 答

（2）（a）$\overrightarrow{CA}\parallel\overrightarrow{BD}$ より

△ADC＝△ABC である。よって

1倍 答

（b）△CFEの辺CFを底辺とみると，上図より，△CFEの高さは△AFCの高さの3倍。△ABC＝△AFCなので

3倍 答

**Process**

図形的な性質が読み取れるように式を変形

↓

図示する

$\overrightarrow{CP}$ を $s$，$t$ についてまとめる

↓

それぞれ，1つのベクトルで置きなおす

**終点の存在範囲は，与式を図形的な性質が読み取れる形に変形して求めよう！**

## 85 ベクトルと三角形の面積 Lv.★★★

問題は38ページ

**考え方** (1) 与えられた関係式から $\overrightarrow{OA}\cdot\overrightarrow{OB}$ の形を作るためにはどうしたらよいかを考えよう。ここでは，$|\overrightarrow{OA}|=|\overrightarrow{OB}|=|\overrightarrow{OC}|=1$ に着目するとよいだろう。

(2) 三角形の面積公式はいろいろあるが，(1)で求めた内積の値が利用できないだろうか。

**解答**

(1) $5\overrightarrow{OC}=-(13\overrightarrow{OA}+12\overrightarrow{OB})$ より

$$25|\overrightarrow{OC}|^2=|13\overrightarrow{OA}+12\overrightarrow{OB}|^2$$
$$=169|\overrightarrow{OA}|^2+312\overrightarrow{OA}\cdot\overrightarrow{OB}+144|\overrightarrow{OB}|^2$$

$|\overrightarrow{OA}|=|\overrightarrow{OB}|=|\overrightarrow{OC}|=1$ を代入して整理すると

$$\overrightarrow{OA}\cdot\overrightarrow{OB}=-\frac{12}{13}$$ **答**

(2) △OAB の面積は

$$\frac{1}{2}\sqrt{|\overrightarrow{OA}|^2|\overrightarrow{OB}|^2-(\overrightarrow{OA}\cdot\overrightarrow{OB})^2}=\frac{1}{2}\sqrt{1-(\overrightarrow{OA}\cdot\overrightarrow{OB})^2}$$

である。(1)の結果を代入して

$$(\triangle\text{OAB の面積})=\frac{1}{2}\sqrt{1-\left(-\frac{12}{13}\right)^2}=\frac{5}{26}$$ **答**

また

$$13\overrightarrow{OA}=-12\overrightarrow{OB}-5\overrightarrow{OC},\quad 12\overrightarrow{OB}=-13\overrightarrow{OA}-5\overrightarrow{OC}$$

より，(1)と同様にして，内積 $\overrightarrow{OB}\cdot\overrightarrow{OC}$，$\overrightarrow{OC}\cdot\overrightarrow{OA}$ の値は

$$\overrightarrow{OB}\cdot\overrightarrow{OC}=0,\quad \overrightarrow{OC}\cdot\overrightarrow{OA}=-\frac{5}{13}$$

よって，△OBC，△OCA の面積は

$$(\triangle\text{OBC の面積})=\frac{1}{2}$$ **答**

$$(\triangle\text{OCA の面積})=\frac{1}{2}\sqrt{1-\left(-\frac{5}{13}\right)^2}=\frac{6}{13}$$ **答**

**Process**

$\overrightarrow{OA}\cdot\overrightarrow{OB}$ を取り出すための式変形

内積を用いた三角形の面積公式を利用

**内積はベクトルの大きさの 2 乗で取り出せ！**

# 第9章 ベクトル

## 86 ベクトルが表す図形 Lv.★★★

問題は38ページ

**考え方** 与えられた式から図形的な意味を読み取るために，適切に式変形できるかどうかがポイントである。本問では $\overrightarrow{\mathrm{AP}}$ に着目して式を整理するとよいだろう。(2)，(3)では内積の演算規則を用いて，点Pのみたす条件が明確になるような形を導く。

**解答**

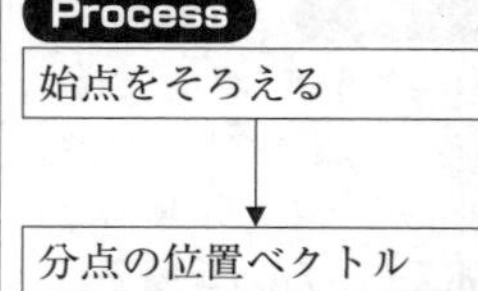
Process
始点をそろえる
分点の位置ベクトル

(1) ベクトルの始点をAにそろえて

$$\overrightarrow{\mathrm{AP}}+(\overrightarrow{\mathrm{AP}}-\overrightarrow{\mathrm{AB}})+(\overrightarrow{\mathrm{AP}}-\overrightarrow{\mathrm{AC}})=\overrightarrow{\mathrm{AC}}$$

$$3\overrightarrow{\mathrm{AP}}=\overrightarrow{\mathrm{AB}}+2\overrightarrow{\mathrm{AC}} \qquad \therefore \quad \overrightarrow{\mathrm{AP}}=\frac{\overrightarrow{\mathrm{AB}}+2\overrightarrow{\mathrm{AC}}}{3}$$

よって，点Pは**線分BCを2：1の比に内分する点** 答

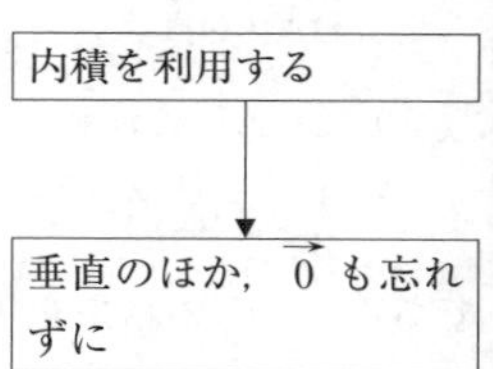
内積を利用する
垂直のほか，$\vec{0}$ も忘れずに

(2) $\overrightarrow{\mathrm{AB}}\cdot\overrightarrow{\mathrm{AP}}=\overrightarrow{\mathrm{AB}}\cdot\overrightarrow{\mathrm{AB}}$ から

$$\overrightarrow{\mathrm{AB}}\cdot(\overrightarrow{\mathrm{AP}}-\overrightarrow{\mathrm{AB}})=0$$

よって，$\overrightarrow{\mathrm{AB}}\cdot\overrightarrow{\mathrm{BP}}=0$ より

$$\overrightarrow{\mathrm{BP}}=\vec{0} \text{ または } \overrightarrow{\mathrm{AB}}\perp\overrightarrow{\mathrm{BP}}$$

したがって，$\mathrm{P}=\mathrm{B}$ または $\angle\mathrm{ABP}=90^\circ$ である。

求める点Pの集合は**点Bを通り，ABに垂直な直線** 答

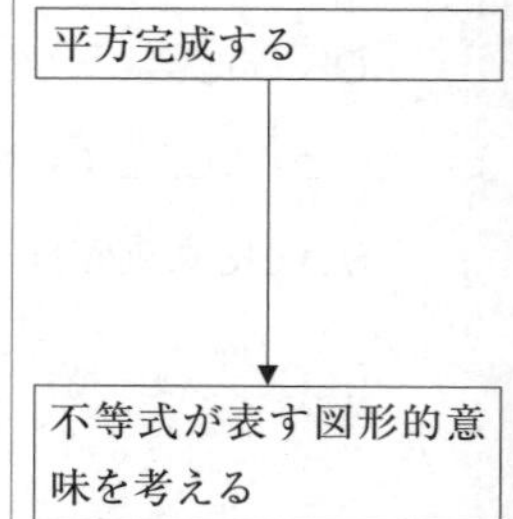
平方完成する
不等式が表す図形的意味を考える

(3) $\overrightarrow{\mathrm{AB}}\cdot\overrightarrow{\mathrm{AC}}+\overrightarrow{\mathrm{AP}}\cdot\overrightarrow{\mathrm{AP}}\leqq\overrightarrow{\mathrm{AB}}\cdot\overrightarrow{\mathrm{AP}}+\overrightarrow{\mathrm{AC}}\cdot\overrightarrow{\mathrm{AP}}$ より

$$\overrightarrow{\mathrm{AP}}\cdot\overrightarrow{\mathrm{AP}}-(\overrightarrow{\mathrm{AB}}+\overrightarrow{\mathrm{AC}})\cdot\overrightarrow{\mathrm{AP}}+\overrightarrow{\mathrm{AB}}\cdot\overrightarrow{\mathrm{AC}}\leqq 0$$

よって

$$\left|\overrightarrow{\mathrm{AP}}-\frac{\overrightarrow{\mathrm{AB}}+\overrightarrow{\mathrm{AC}}}{2}\right|^2\leqq\frac{1}{4}|\overrightarrow{\mathrm{AC}}-\overrightarrow{\mathrm{AB}}|^2$$

$\overrightarrow{\mathrm{AM}}=\dfrac{\overrightarrow{\mathrm{AB}}+\overrightarrow{\mathrm{AC}}}{2}$ とすると，Mは線分BCの中点で

$$|\overrightarrow{\mathrm{AP}}-\overrightarrow{\mathrm{AM}}|^2\leqq\frac{1}{4}|\overrightarrow{\mathrm{BC}}|^2 \qquad \therefore \quad |\overrightarrow{\mathrm{MP}}|\leqq\frac{1}{2}\mathrm{BC}$$

よって，点Pの集合は**BCを直径とする円の内部と周** 答

**核心はココ!**

**内積を利用して与式を変形！**
**円（円板）または直線が見えてくるはず**

## 87 反転 Lv.★★★

問題は38ページ

**考え方** （1）まず，軌跡を求める点 Q の座標を設定しよう。条件（a）が $\overrightarrow{OP}=k\overrightarrow{OQ}$（$k$ は正の実数）と表せることと，条件（b）を利用すれば，$k$ が求まる。あとは，パラメータである点 P について整理し，パラメータの関係式に代入すればよい。

（2）円と直線が交わる条件は，「(円の中心と直線との距離) ＜ (円の半径)」が成り立つことであるが，本問は（原点 O と直線との距離）と（円の直径）の関係を調べたほうがラク。

**解答**

（1） O を原点とし，点 $A(r,\ 0)$ となるように $x$ 軸，$y$ 軸をとると，円 $C$ の方程式は

$$C:(x-r)^2+y^2=r^2 \quad \cdots①$$

と表せる。

また，$Q(x,\ y)$ とおくと，条件（a）より

$$\overrightarrow{OP}=k\overrightarrow{OQ}=k(x,\ y)$$

$$(k>0) \quad \cdots\cdots\cdots\cdots②$$

と表せる。$x^2+y^2=0$ のとき，$(x,\ y)=(0,\ 0)$ となり，条件（b）をみたさないから，$x^2+y^2\neq 0$ である。よって，条件（b）より

$$(k\sqrt{x^2+y^2})\cdot\sqrt{x^2+y^2}=1$$

$$\therefore \quad k=\frac{1}{x^2+y^2}$$

②より点 P の座標は $\left(\dfrac{x}{x^2+y^2},\ \dfrac{y}{x^2+y^2}\right)$ であり，点 P は $C$ 上を動くから①より

$$\left(\frac{x}{x^2+y^2}-r\right)^2+\left(\frac{y}{x^2+y^2}\right)^2=r^2$$

$$(x^2+y^2)(1-2rx)=0$$

$x^2+y^2\neq 0$ より

$$1-2rx=0 \qquad \therefore \quad x=\frac{1}{2r}$$

したがって，Q は $\overrightarrow{OA}$ に直交する直線上を動く。　　（証終）

**Process**

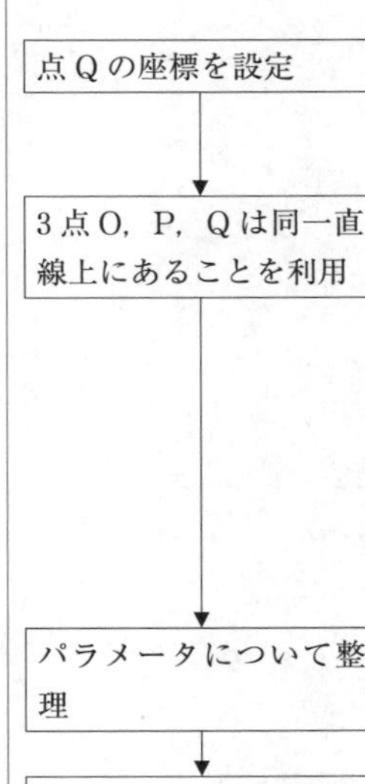
点 Q の座標を設定
3 点 O，P，Q は同一直線上にあることを利用
パラメータについて整理
パラメータの関係式に代入

（2）原点Oから直線 $l$ までの距離は $\frac{1}{2r}$ であるから，
$l$ と $C$ が異なる2点で交わる条件は

$$0 < \frac{1}{2r} < 2r$$

である。$r > 0$ より

$$r^2 > \frac{1}{4} \quad \therefore \quad r > \frac{1}{2}$$ 答

**軌跡を求めるときには**
**パラメータについて整理し，関係式に代入！**

## 88 空間図形とベクトル Lv.★★★

問題は39ページ

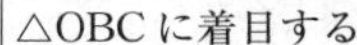

**考え方** 正四面体という空間図形が題材だが，平面による断面を考えれば，平面ベクトルの問題として考えることができる。(1)は△OBCで考える。点Gは2直線の交点なので，共線条件を利用する。(2)は△OAFに着目すればよい。

**解答**

(1) $\overrightarrow{OA}=\vec{a}$，$\overrightarrow{OB}=\vec{b}$，$\overrightarrow{OC}=\vec{c}$ とおく。

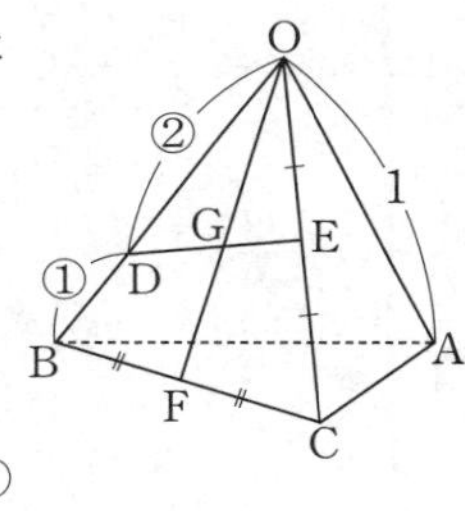


点GはOF上にあるから

$$\overrightarrow{OG}=k\overrightarrow{OF}\ (k\text{は実数})$$
$$=k\frac{\vec{b}+\vec{c}}{2}$$
$$=\frac{k}{2}\vec{b}+\frac{k}{2}\vec{c}\quad\cdots\cdots\cdots\cdots①$$

また，DG：GE$=t:(1-t)$ ($t$は実数) とすると

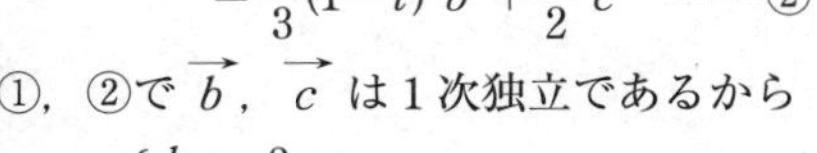

$$\overrightarrow{OG}=(1-t)\overrightarrow{OD}+t\overrightarrow{OE}$$
$$=\frac{2}{3}(1-t)\vec{b}+\frac{t}{2}\vec{c}\quad\cdots\cdots②$$

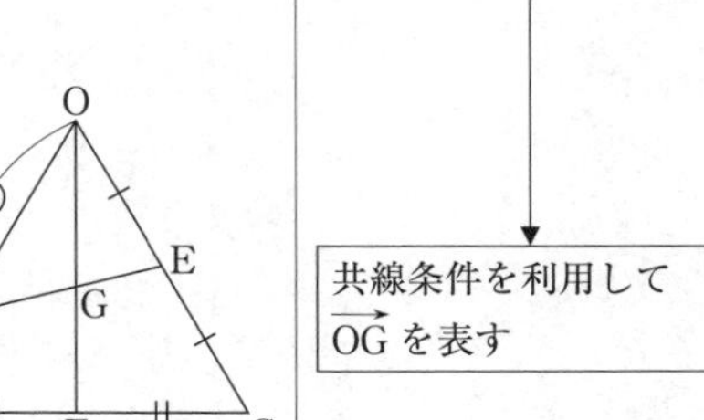


①，②で $\vec{b}$，$\vec{c}$ は1次独立であるから

$$\begin{cases}\dfrac{k}{2}=\dfrac{2}{3}(1-t)\\[2mm]\dfrac{k}{2}=\dfrac{t}{2}\end{cases}$$

$$\therefore\quad k=t=\frac{4}{7}$$

よって

$$|\overrightarrow{OG}|=\frac{4}{7}|\overrightarrow{OF}|$$
$$=\frac{4}{7}\times\frac{\sqrt{3}}{2}=\frac{2\sqrt{3}}{7}$$ 答

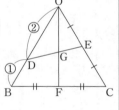

**Process**

△OBCに着目する

↓

共線条件を利用して $\overrightarrow{OG}$ を表す

（2）$|\overrightarrow{AG}|^2=|\overrightarrow{OG}-\overrightarrow{OA}|^2$

$=|\overrightarrow{OG}|^2-2\overrightarrow{OG}\cdot\overrightarrow{OA}+|\overrightarrow{OA}|^2$

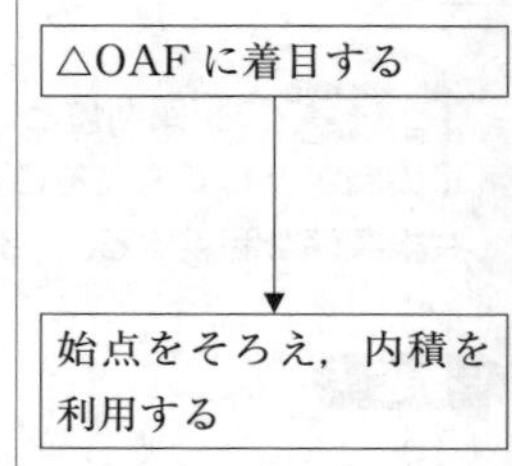

△OAF に着目する
始点をそろえ，内積を利用する

ここで

$$\overrightarrow{OG}\cdot\overrightarrow{OA}=\frac{2}{7}(\vec{b}+\vec{c})\cdot\vec{a}$$

$$=\frac{2}{7}(\vec{b}\cdot\vec{a}+\vec{c}\cdot\vec{a})$$

$$\vec{b}\cdot\vec{a}=\vec{c}\cdot\vec{a}=1^2\cos 60^\circ=\frac{1}{2}$$

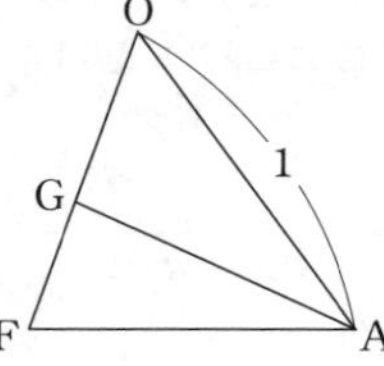

O
G
1
F
A

よって

$$|\overrightarrow{AG}|^2=\frac{12}{49}-2\times\frac{2}{7}+1=\frac{33}{49}$$

$$\therefore\quad |\overrightarrow{AG}|=\frac{\sqrt{33}}{7}$$ 答

核心は
ココ!

**長さを求めたい線分を含んだ平面で切れば平面ベクトルの問題に変わる**

## 89 四面体とベクトル Lv.★★★

問題は39ページ

**考え方** （1）$\overrightarrow{OP}$ は $\overrightarrow{OD}$，$\overrightarrow{OE}$ を用いて表せるから，$\overrightarrow{OD}$，$\overrightarrow{OE}$ を $\vec{a}$，$\vec{b}$，$\vec{c}$ を用いて表せばよい。また，点 Q は直線 OP 上にあるから，$\overrightarrow{OQ}=k\overrightarrow{OP}$ とおけて，$k$ の値がわかれば，求める辺の比もわかる。Q は平面 ABC 上の点であるから，$\vec{a}$，$\vec{b}$，$\vec{c}$ を用いて表したとき，共面条件より係数の和が 1 となることに着目する。

（2）△ABQ と △ABC の面積比は，AB を底辺としたときの高さの比に等しい。まずは，点 Q が平面 ABC 上でどのような点であるかを調べよう。

**解答**

（1）$\overrightarrow{OP}=\dfrac{\overrightarrow{OD}+\overrightarrow{OE}}{2}$

$$=\frac{1}{2}\left(\frac{5\vec{a}+4\vec{b}}{9}+\frac{2}{3}\vec{c}\right)$$

$$=\frac{5}{18}\vec{a}+\frac{2}{9}\vec{b}+\frac{1}{3}\vec{c}$$ 答

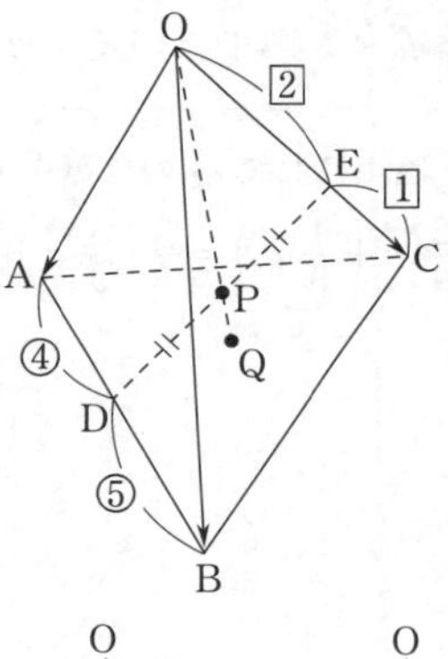


また，点 Q は直線 OP 上にあるから

$\overrightarrow{OQ}=k\overrightarrow{OP}$ （$k$ は実数）

$$=\frac{5}{18}k\vec{a}+\frac{2}{9}k\vec{b}+\frac{1}{3}k\vec{c}$$

Q は平面 ABC 上にあるから

$$\frac{5}{18}k+\frac{2}{9}k+\frac{1}{3}k=1$$

$$\therefore\quad k=\frac{6}{5}$$

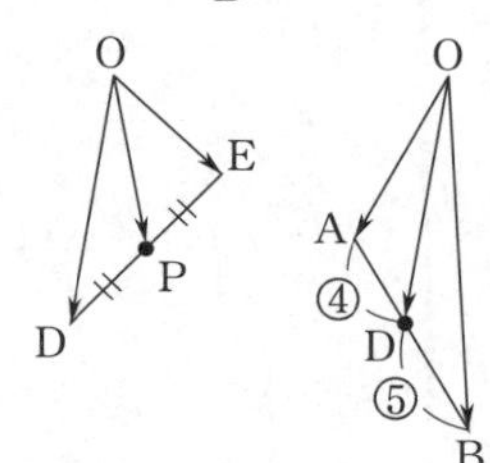


したがって，$\overrightarrow{OQ}=\dfrac{6}{5}\overrightarrow{OP}$ であるから

$|\overrightarrow{OP}|:|\overrightarrow{OQ}|=5:6$ 答

（2）（1）より

$$\overrightarrow{OQ}=\frac{6}{5}\overrightarrow{OP}=\frac{5\vec{a}+4\vec{b}+6\vec{c}}{15}$$

であるから

$$\overrightarrow{CQ}=\overrightarrow{OQ}-\overrightarrow{OC}=\frac{5\vec{a}+4\vec{b}-9\vec{c}}{15}$$

また

$$\overrightarrow{CD}=\overrightarrow{OD}-\overrightarrow{OC}=\frac{5\vec{a}+4\vec{b}-9\vec{c}}{9}$$

**Process**

点 Q の位置を考える

より

$$\overrightarrow{\mathrm{CD}}=\frac{5}{3}\overrightarrow{\mathrm{CQ}}$$

したがって，3点C，Q，Dは同一直線上にあり，Qは線分CDを3：2に内分する点である。辺ABを底辺としたときの△ABQの高さを$h_1$，△ABCの高さを$h_2$とすると，△ABQと△ABCの面積比△ABQ：△ABCは

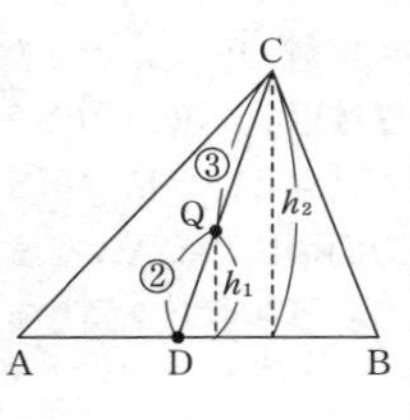


△ABQ：△ABC＝$h_1$：$h_2$＝DQ：DC＝2：5 **答**

面積比を高さの比で考える

**解説** (2)では，Cを始点にしてQの位置を考えたが，Oを始点にして

$$\overrightarrow{\mathrm{OQ}}=\frac{6}{5}\left(\frac{5}{18}\vec{a}+\frac{2}{9}\vec{b}+\frac{1}{3}\vec{c}\right)=\frac{3}{5}\left(\frac{5}{9}\vec{a}+\frac{4}{9}\vec{b}\right)+\frac{2}{5}\vec{c}$$
$$=\frac{3\overrightarrow{\mathrm{OD}}+2\overrightarrow{\mathrm{OC}}}{5}$$

としてもよい。

**直線と平面の交点は**
**共線条件と共面条件を連立して得られる**

第30回

## 90 平面上の点 Lv.★★★

問題は39ページ

**考え方** (2) $\overrightarrow{PS}$ も(1)と同様に $\overrightarrow{a}$, $\overrightarrow{b}$, $\overrightarrow{c}$ を用いて表し, $k\overrightarrow{PQ}+l\overrightarrow{PR}$ から得られるベクトルとの係数比較を行う。

**解答**

(1) $\overrightarrow{OP}=\dfrac{1}{3}\overrightarrow{OA}=\dfrac{1}{3}\overrightarrow{a}$ ………①

$\overrightarrow{OQ}=\dfrac{2\overrightarrow{OA}+\overrightarrow{OC}}{3}=\dfrac{2}{3}\overrightarrow{a}+\dfrac{1}{3}\overrightarrow{c}$

$\overrightarrow{OR}=\dfrac{3\overrightarrow{OB}+2\overrightarrow{OC}}{5}=\dfrac{3}{5}\overrightarrow{b}+\dfrac{2}{5}\overrightarrow{c}$

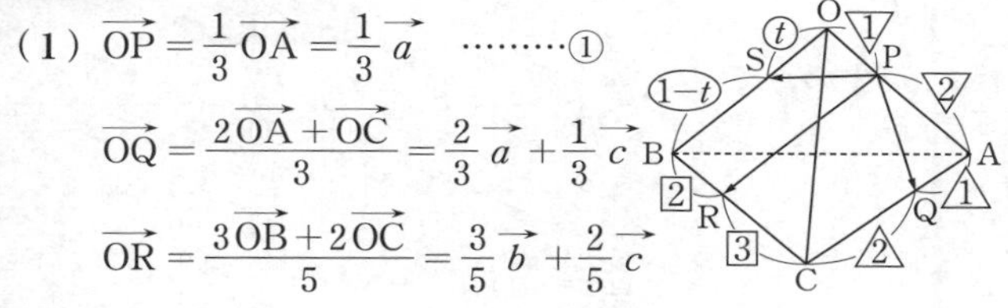


したがって

$$\left.\begin{aligned}\overrightarrow{PQ}&=\overrightarrow{OQ}-\overrightarrow{OP}=\frac{1}{3}\overrightarrow{a}+\frac{1}{3}\overrightarrow{c}\\ \overrightarrow{PR}&=\overrightarrow{OR}-\overrightarrow{OP}=\frac{3}{5}\overrightarrow{b}+\frac{2}{5}\overrightarrow{c}-\frac{1}{3}\overrightarrow{a}\end{aligned}\right\}$$ **答**

(2) (1)と同様に

$\overrightarrow{PS}=\overrightarrow{OS}-\overrightarrow{OP}=t\overrightarrow{b}-\dfrac{1}{3}\overrightarrow{a}$

また, $\overrightarrow{PS}=k\overrightarrow{PQ}+l\overrightarrow{PR}$ と表せるとき, (1)より

$$-\frac{1}{3}\overrightarrow{a}+t\overrightarrow{b}=\frac{k-l}{3}\overrightarrow{a}+\frac{3}{5}l\overrightarrow{b}+\left(\frac{k}{3}+\frac{2}{5}l\right)\overrightarrow{c}$$

$\overrightarrow{a}$, $\overrightarrow{b}$, $\overrightarrow{c}$ は1次独立だから

$\dfrac{k-l}{3}=-\dfrac{1}{3}$ ………① $\dfrac{3}{5}l=t$ ………②

$\dfrac{k}{3}+\dfrac{2}{5}l=0$ ………③

①, ②, ③より, 求める $t$ の値は $t=\dfrac{3}{11}$ **答**

**Process**

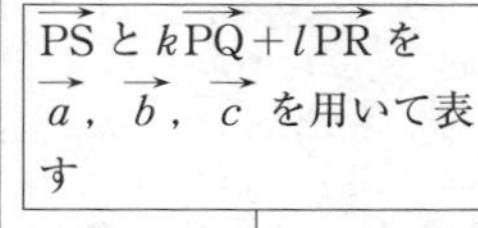

**係数値の存在条件は 係数を求めようとすることで得られる**

## 91　線分の長さの最小値　Lv.★★★

問題は40ページ

**考え方**　点P，Qが直線 $l$，$m$ 上より，パラメータを用いて $\overrightarrow{OP}$，$\overrightarrow{OQ}$ を表せる。すると $\overrightarrow{PQ}$ は2つのパラメータを用いて表すことができるから，$|\overrightarrow{PQ}|^2$ は，この2つのパラメータについての2変数関数となる。

**解答**

点P，Qはそれぞれ直線 $l$，$m$ 上の点であるから，実数 $t$，$s$ を用いて

$$\overrightarrow{OP}=(3,\ 4,\ 0)+t\vec{a}$$
$$=(3+t,\ 4+t,\ t)$$
$$\overrightarrow{OQ}=(2,\ -1,\ 0)+s\vec{b}$$
$$=(2+s,\ -1-2s,\ 0)$$

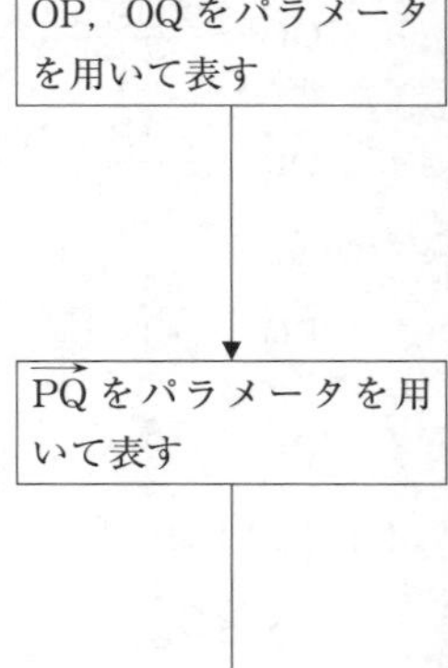


と表せるから

$$\overrightarrow{PQ}=\overrightarrow{OQ}-\overrightarrow{OP}=(s-t-1,\ -2s-t-5,\ -t)$$

$$\therefore\quad |\overrightarrow{PQ}|^2=(s-t-1)^2+(-2s-t-5)^2+(-t)^2$$
$$=3t^2+2(s+6)t+5s^2+18s+26$$
$$=3\left(t+\frac{s+6}{3}\right)^2+\frac{14}{3}s^2+14s+14$$
$$=3\left(t+\frac{s+6}{3}\right)^2+\frac{14}{3}\left(s+\frac{3}{2}\right)^2+\frac{7}{2}$$

したがって，線分PQは

$$t+\frac{s+6}{3}=0\quad かつ\quad s+\frac{3}{2}=0$$

すなわち

$$s=t=-\frac{3}{2}$$

のとき，**最小値** $\sqrt{\frac{7}{2}}=\frac{\sqrt{14}}{2}$ をとる。 答

**Process**

$\overrightarrow{OP}$，$\overrightarrow{OQ}$ をパラメータを用いて表す

↓

$\overrightarrow{PQ}$ をパラメータを用いて表す

↓

最小値となる条件を考えパラメータの値を求める

**直線上の点の位置は**
**パラメータの値で決まる！**

## 92 四面体の体積 Lv. ★★★

問題は40ページ

**考え方** 空間内の4点 A，B，C，D について，四面体 ABCD の体積を求める問題である。(1)で底面△ABC の面積を，(3)で高さ DE を，それぞれ求めている。
(2)は(3)のための準備であり，(2)を利用して(3)を考える。$\overrightarrow{DE}$ は，(2)で求めたベクトルと平行であることに注目してもよいし，正射影ベクトルを用いて考えてもよい。

**解答**

(1) $\overrightarrow{AB}=(2,\ 1,\ 1)$，$\overrightarrow{AC}=(-2,\ 2,\ -4)$
であるから

$$\overrightarrow{AB}\cdot\overrightarrow{AC}=2\cdot(-2)+1\cdot 2+1\cdot(-4)=-6$$
$$|\overrightarrow{AB}|=\sqrt{2^2+1^2+1^2}=\sqrt{6}$$
$$|\overrightarrow{AC}|=\sqrt{(-2)^2+2^2+(-4)^2}=2\sqrt{6}$$

したがって

$$\cos\theta=\frac{\overrightarrow{AB}\cdot\overrightarrow{AC}}{|\overrightarrow{AB}||\overrightarrow{AC}|}=\frac{-6}{\sqrt{6}\cdot 2\sqrt{6}}=-\frac{1}{2}$$ 答

であり，また

$$\triangle\mathbf{ABC}=\frac{1}{2}\sqrt{|\overrightarrow{AB}|^2|\overrightarrow{AC}|^2-(\overrightarrow{AB}\cdot\overrightarrow{AC})^2}$$
$$=\frac{1}{2}\sqrt{(\sqrt{6})^2\cdot(2\sqrt{6})^2-(-6)^2}$$
$$=3\sqrt{3}$$ 答

(2) 求めるベクトルを $\vec{n}=(x,\ y,\ z)$ とおくと
$\overrightarrow{AB}\perp\vec{n}$ より

$$\overrightarrow{AB}\cdot\vec{n}=2x+y+z=0 \quad \cdots\cdots①$$

$\overrightarrow{AC}\perp\vec{n}$ より

$$\overrightarrow{AC}\cdot\vec{n}=-2x+2y-4z=0 \quad \cdots\cdots②$$

$x=1$ とおくと，①，②はそれぞれ

$$y+z=-2,\ y-2z=1$$
$$\therefore\quad y=z=-1$$

よって，求めるベクトルの1つは $(1,\ -1,\ -1)$ である。 答

**Process**

(3) (2)で求めたベクトルを $\overrightarrow{n_0}$ とおく。

$\overrightarrow{DE} /\!/ \overrightarrow{n_0}$ より

$$\overrightarrow{DE}=k\overrightarrow{n_0} \quad (k \text{ は実数})$$

と表せるから

$$\overrightarrow{AE}=\overrightarrow{AD}+k\overrightarrow{n_0}=(1+k,\ 2-k,\ -4-k) \quad \cdots\cdots ③$$

また，E は平面 ABC 上の点であるから

$$\overrightarrow{AE}=\alpha\overrightarrow{AB}+\beta\overrightarrow{AC} \quad (\alpha,\ \beta \text{ は実数})$$
$$=(2\alpha-2\beta,\ \alpha+2\beta,\ \alpha-4\beta) \quad \cdots\cdots ④$$

③，④より

$$\begin{cases}1+k=2\alpha-2\beta\\2-k=\alpha+2\beta\\-4-k=\alpha-4\beta\end{cases} \quad \therefore \quad \begin{cases}\alpha=1\\\beta=1\\k=-1\end{cases}$$

したがって

$$|\overrightarrow{DE}|=|-\overrightarrow{n_0}|=\sqrt{(-1)^2+1^2+1^2}=\sqrt{3} \quad \text{答}$$

(4) (1)，(3)の結果から，四面体 ABCD の体積は

$$\frac{1}{3}\cdot\triangle ABC\cdot|\overrightarrow{DE}|=\frac{1}{3}\cdot 3\sqrt{3}\cdot\sqrt{3}=3 \quad \text{答}$$

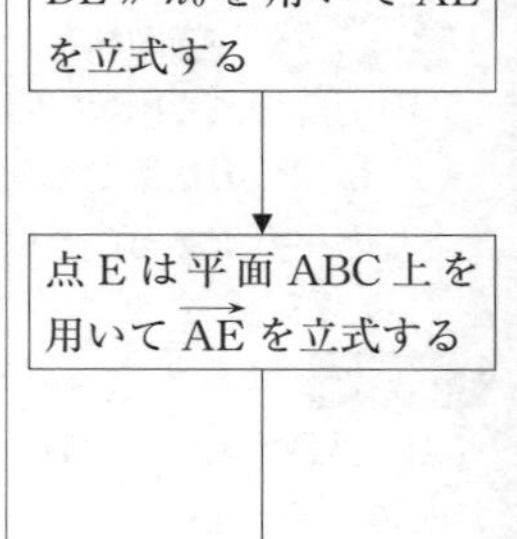


**別解** (3)は「$\overrightarrow{AD}$ の $\overrightarrow{n_0}$ への正射影ベクトルが $\overrightarrow{ED}$」と捉えるとラクである。すなわち

$$\overrightarrow{ED}=\frac{\overrightarrow{AD}\cdot\overrightarrow{n_0}}{|\overrightarrow{n_0}|^2}\overrightarrow{n_0}=\frac{1\cdot 1+2\cdot(-1)+(-4)\cdot(-1)}{1^2+(-1)^2+(-1)^2}\overrightarrow{n_0}$$
$$=\overrightarrow{n_0}$$

したがって

$$|\overrightarrow{ED}|=|\overrightarrow{n_0}|=\sqrt{3}$$

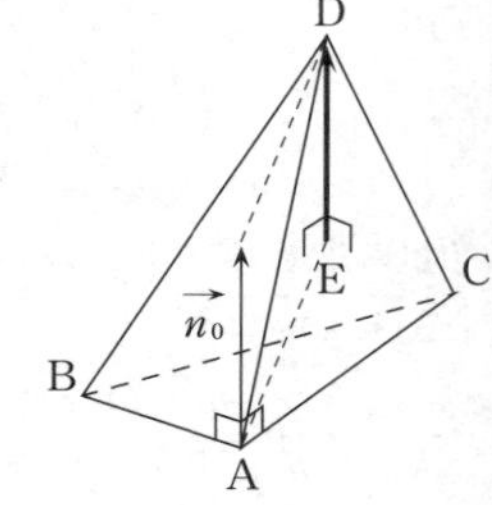

## 核心はココ!

**点と平面の距離は**
**平面の法線ベクトルに着目して求めよう**

## 93 折れ線の長さ Lv. ★★★

問題は40ページ

**考え方** (1) 点Pから平面$\alpha$に垂線を下ろし，$\alpha$との交点を点Hとすると H は線分PR の中点だから，まず，$\overrightarrow{OH}$ を求める。$\overrightarrow{OH}$ は

(i) $\overrightarrow{PH} /\!/ \overrightarrow{n}$ (ii) $\overrightarrow{AH} \perp \overrightarrow{n}$

から求めるとよい。

(2) (1)で求めた点Rと平面$\alpha$上の点Sに対して PS = RS が成り立つことに着目する。これより，PS + QS = RS + QS であるから，RS + QS が最小となる点Sの位置を図形的に考える。すると，求める点Sは，直線QR上の点であるとわかるだろう。

**解答**

(1) 点Pから平面$\alpha$に下ろした垂線と平面$\alpha$の交点をHとする。

$\overrightarrow{PH} /\!/ \overrightarrow{n}$ より

$$\overrightarrow{PH} = k\overrightarrow{n} \quad (k \text{ は実数})$$

である。また

$$\overrightarrow{OH} = \overrightarrow{OP} + \overrightarrow{PH}$$
$$= (-2,\ 1,\ 7) + k(-3,\ 1,\ 2)$$
$$\therefore \quad \overrightarrow{OH} = (-2-3k,\ 1+k,\ 7+2k) \quad \cdots\cdots\text{①}$$

ここで，$\overrightarrow{AH} \perp \overrightarrow{n}$ より $\overrightarrow{AH} \cdot \overrightarrow{n} = 0$ なので

$$\overrightarrow{AH} \cdot \overrightarrow{n} = (\overrightarrow{OH} - \overrightarrow{OA}) \cdot \overrightarrow{n}$$
$$= (-3-3k,\ -1+k,\ 3+2k) \cdot (-3,\ 1,\ 2)$$
$$= 14k + 14 = 0$$
$$\therefore \quad k = -1$$

これを①に代入して

$$\overrightarrow{OH} = (1,\ 0,\ 5)$$

である。H は線分PRの中点なので

$$\overrightarrow{OH} = \frac{\overrightarrow{OP} + \overrightarrow{OR}}{2}$$
$$\therefore \quad \overrightarrow{OR} = 2\overrightarrow{OH} - \overrightarrow{OP} = (4,\ -1,\ 3)$$

よって R(4, −1, 3) 答

**Process**

（2）平面$\alpha$に関して点Q，Rが反対側にあるので

$$PS+QS$$
$$=RS+QS \geqq RQ$$

よって，点Sが直線QR上にあるとき，PS＋QSは最小となる。

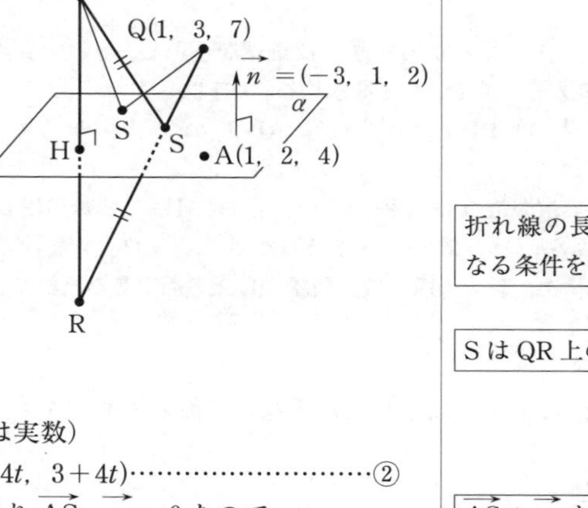


$$\overrightarrow{RQ}=\overrightarrow{OQ}-\overrightarrow{OR}$$
$$=(-3,\ 4,\ 4)$$

より

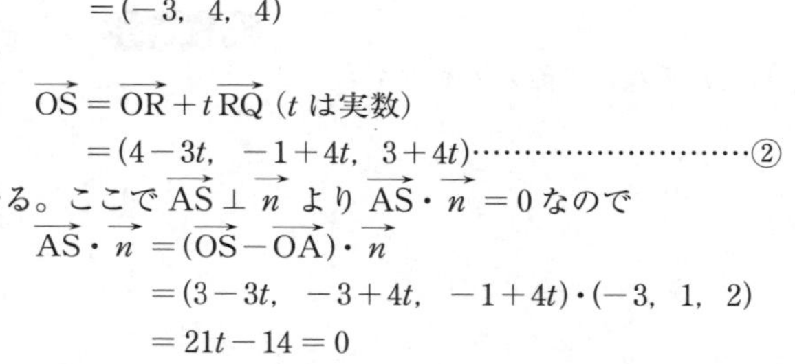

$$\overrightarrow{OS}=\overrightarrow{OR}+t\overrightarrow{RQ}\ (t\text{ は実数})$$
$$=(4-3t,\ -1+4t,\ 3+4t) \cdots\cdots ②$$

となる。ここで$\overrightarrow{AS}\perp\vec{n}$より$\overrightarrow{AS}\cdot\vec{n}=0$なので

$$\overrightarrow{AS}\cdot\vec{n}=(\overrightarrow{OS}-\overrightarrow{OA})\cdot\vec{n}$$
$$=(3-3t,\ -3+4t,\ -1+4t)\cdot(-3,\ 1,\ 2)$$
$$=21t-14=0$$

$$\therefore\quad t=\frac{2}{3}$$

これを②に代入して　$S\left(2,\ \frac{5}{3},\ \frac{17}{3}\right)$ 答

このときPS＋QSの最小値は

$$\sqrt{(4-1)^2+(-1-3)^2+(3-7)^2}=\sqrt{41}$$ 答

折れ線の長さが最小になる条件を確認
↓
SはQR上の点を立式
↓
$\overrightarrow{AS}\perp\vec{n}$を立式
↓
Sを求める

**折れ線の長さの最小値は**
**対称な点をとり等しい長さをうつして考える**

第32回

## 94 双曲線と直線 Lv. ★★★

問題は41ページ

**考え方** (2) 2曲線の共有点は，2曲線の方程式を連立してできる方程式の実数解から考えることができる。そこで，$l$，$C$ の式から $y$ を消去した方程式をつくろう。
(3) 4点P，Q，R，Sは同一直線上の点であるから，$x$ 座標に着目して考えるとよい。

**解答**

(1) $C: 9x^2-y^2=9$ より $\quad \dfrac{x^2}{1^2}-\dfrac{y^2}{3^2}=1$

よって　焦点$(\pm\sqrt{10},\ 0)$，漸近線 $y=\pm 3x$ 答

(2) $l: y=mx+n$ を $C$ の式に代入すると

$$9x^2-(mx+n)^2=9$$
$$(9-m^2)x^2-2mnx-(n^2+9)=0 \quad \cdots\cdots(*)$$

この方程式が異なる2つの実数解をもつとき，$9-m^2 \neq 0$ であり，判別式を $D$ とすると

$$\frac{D}{4}=m^2n^2+(9-m^2)(n^2+9)>0$$

すなわち　$m^2-n^2<9 \quad (m \neq \pm 3)$ 答

(3) 4点P，Q，R，Sの $x$ 座標をそれぞれ $p$，$q$，$r$，$s$ とし

$$\mathrm{PR}=\mathrm{QS} \iff \sqrt{1+m^2}|r-p|=\sqrt{1+m^2}|s-q|$$
$$\iff |r-p|=|s-q|$$

より，$|r-p|=|s-q|$ を示す。

2次方程式$(*)$の解と係数の関係より $\quad p+q=\dfrac{2mn}{9-m^2}$

また，直線 $l$ と双曲線 $C$ の2本の漸近線との交点を考えて

$$mx+n=\pm 3x \qquad x=\frac{n}{-m\pm 3}$$

$$\therefore \quad r+s=\frac{n}{-m+3}+\frac{n}{-m-3}=\frac{2mn}{9-m^2}$$

よって　$p+q=r+s \quad \therefore \quad r-p=q-s$

以上より PR＝QS が成り立つ。　(証終)

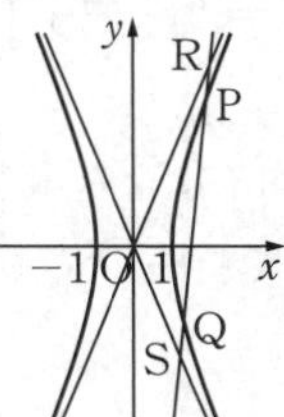


**Process**

$\dfrac{x^2}{a^2}-\dfrac{y^2}{b^2}=1$ の形に変形
↓
$l$ と $C$ の式を連立
↓
判別式の利用

$x$ 座標の関係を考える
↓
$C$ 上の2点P, Qの $x$ 座標の関係を考える
↓
漸近線上の2点R, Sの $x$ 座標の関係を考える

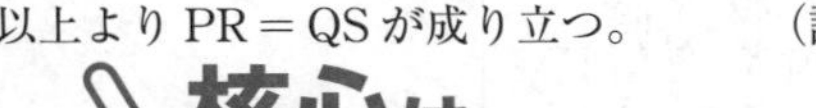


**2次曲線と直線の位置関係を調べるには判別式を用いよう！**

## 95　2次曲線と領域　Lv.★★★

問題は41ページ

**考え方**　円の中心が存在する領域を考えるので，問題の状況を座標を用いて表し，円の中心を$\mathrm{P}(x,\ y)$として$x,\ y$の関係式をつくる。(1)では包含関係が「円の半径」と「円の中心と長方形の辺までの距離」の大小から調べられるので，半径$r$を用いると立式しやすい。

**解答**

(1) 座標平面上で$\mathrm{E}(0,\ 0)$，$\mathrm{A}(1,\ 2)$，$\mathrm{B}(-1,\ 2)$とする。点Eを通り，長方形ABCDに含まれる円の中心を$\mathrm{P}(x,\ y)$，半径を$r$とすると

$$r=\mathrm{PE}=\sqrt{x^2+y^2}$$

となる。

$x\geqq 0,\ y\geqq 0$のとき

$$\begin{cases} r\leqq 1-x \\ r\leqq 2-y \end{cases}\quad すなわち\quad \begin{cases} x^2+y^2\leqq (1-x)^2 \\ x^2+y^2\leqq (2-y)^2 \end{cases}$$

$$\therefore\quad \begin{cases} x\leqq \dfrac{1-y^2}{2} \\ y\leqq 1-\dfrac{x^2}{4} \end{cases}$$

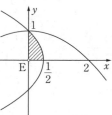

したがって，点Pの存在範囲は右図の斜線部分となる。ただし，境界は点Eを除き他を含む。

座標軸に関する対称性より，求める図形の面積は

$$S_1=4\int_0^1\frac{1-y^2}{2}dy=\left[2y-\frac{2}{3}y^3\right]_0^1=\frac{4}{3}\quad \text{答}$$

(2) 座標平面上で，$\mathrm{O}(0,\ 0)$，$\mathrm{H}(2,\ 0)$とする。点Hを内部に含み，円$F$に含まれる円の中心を$\mathrm{P}(x,\ y)$，半径を$R$とすると

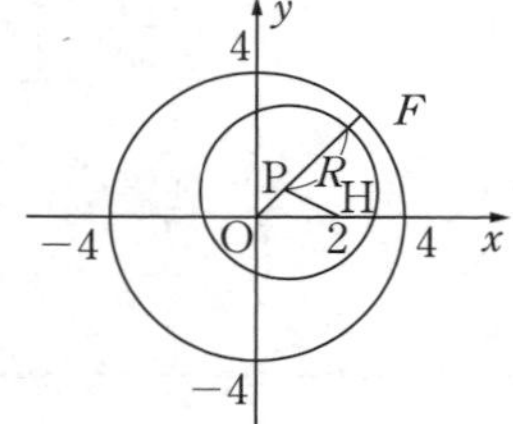


$$\begin{cases} \mathrm{PH}<R \\ \mathrm{OP}\leqq 4-R \end{cases}$$

これを同時にみたす$R$が存在する条件は$\mathrm{PH}<4-\mathrm{OP}$なので

$$\sqrt{(x-2)^2+y^2}<4-\sqrt{x^2+y^2}$$

$x^2+y^2<16$のもとで両辺を2乗して整理すると

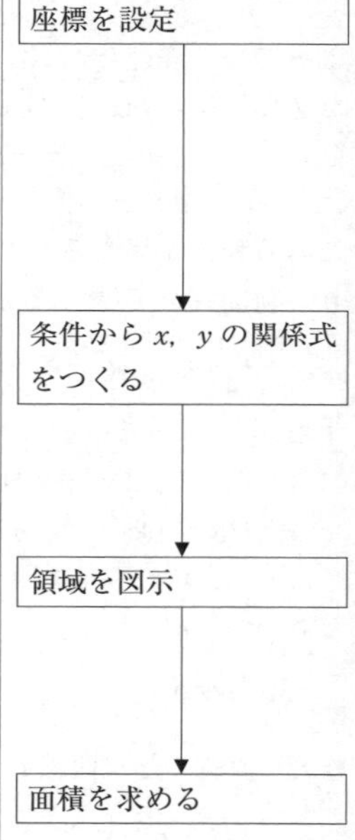

$$2\sqrt{x^2+y^2}<x+3$$

$$\iff \begin{cases}4(x^2+y^2)<(x+3)^2\\ x+3>0\end{cases} \qquad \therefore \quad \frac{(x-1)^2}{4}+\frac{y^2}{3}<1$$

よって，点Pの存在範囲は右図の斜線部となる。ただし，境界を含まない。よって，$S_2$ は円 $(x-1)^2+y^2=4$ を $y$ 軸方向に $\frac{\sqrt{3}}{2}$ 倍拡大した図形の面積に等しいので

$$S_2=\pi\cdot 2^2\cdot\frac{\sqrt{3}}{2}=2\sqrt{3}\,\pi$$ 答

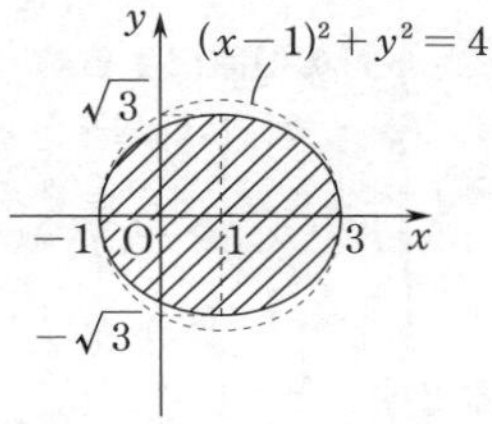

---

**＊別解** Ⓐ （2）で座標を設定したあとは，楕円の定義を利用して次のように解くこともできる。

PH $<R$，OP $\leqq 4-R$ より

$$\mathrm{OP}+\mathrm{PH}<4$$

よって，点Pの存在範囲は2点O，Hを焦点とする長軸の長さが4の楕円の内部（境界を含まない）である。このことから，**解答**の図を得る。

Ⓑ 楕円の面積を求める際は，積分を用いてもよい。

（2）で得た境界 $\frac{(x-1)^2}{4}+\frac{y^2}{3}=1$ を，パラメータ $\theta$ を用いて表すと

$$\begin{cases}x=2\cos\theta+1\\ y=\sqrt{3}\sin\theta\end{cases} \quad (0\leqq\theta<2\pi)$$

2直線 $x=1$，$y=0$ に対する対称性より

$$S_2=4\int_1^3 y\,dx=4\int_{\frac{\pi}{2}}^{0} y\cdot\frac{dx}{d\theta}\,d\theta$$

$$=-4\int_0^{\frac{\pi}{2}}\sqrt{3}\sin\theta\cdot(-2\sin\theta)\,d\theta=4\int_0^{\frac{\pi}{2}}2\sqrt{3}\sin^2\theta\,d\theta$$

$$=4\int_0^{\frac{\pi}{2}}2\sqrt{3}\cdot\frac{1-\cos 2\theta}{2}\,d\theta=4\sqrt{3}\left[\theta-\frac{1}{2}\sin 2\theta\right]_0^{\frac{\pi}{2}}=2\sqrt{3}\,\pi$$

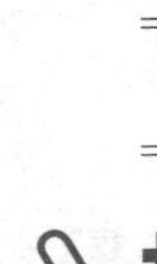

**核心はココ！**

**軌跡や領域を求めるときは，まず座標を設定！**

## 96 2次曲線の性質 Lv.★★★

問題は41ページ

**考え方** (1)「～でない」ことを示す方法の1つに背理法がある。直線 $l$ が点Pを通ると仮定して矛盾を導こう。
(3) △GQR の面積が点 $\mathrm{P}(s,\ t)$ の位置によらず一定であることを示すので，△GQR の面積を $s$，$t$ で表そうとするのが第一歩。パラメータ $s$，$t$ が消えれば，一定であることが示されたことになる。

**解答**

(1) 直線 $l$ が点Pを通るとすると

$$s\cdot s-t\cdot t=1 \qquad \therefore \quad s^2-t^2=1$$

ところが点Pは双曲線 $H$ 上の点であるから

$$s^2-t^2=-1$$

より矛盾する。よって，直線 $l$ は点Pを通らない。 (証終)

(2) $\begin{cases} sx-ty=1 & \cdots\cdots ① \\ x^2-y^2=1 & \cdots\cdots ② \end{cases}$

$s^2-t^2=-1$ より $\quad t^2=s^2+1>0 \quad \therefore \quad t\neq 0$

よって①より $\quad y=\dfrac{sx-1}{t}$

これを②に代入して

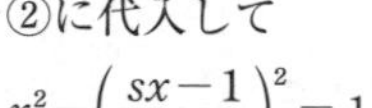

$$x^2-\left(\frac{sx-1}{t}\right)^2=1$$

$$t^2x^2-(sx-1)^2=t^2$$

$$(t^2-s^2)x^2+2sx-1-t^2=0$$

$s^2-t^2=-1$ より

$$x^2+2sx-s^2-2=0 \quad \cdots\cdots ③$$

③の判別式を $D$ とすると

$$\frac{D}{4}=s^2-(-s^2-2)=2(s^2+1)>0$$

よって，直線 $l$ と双曲線 $C$ は異なる2点Q，Rで交わる。

次に，$\mathrm{Q}\left(q,\ \dfrac{sq-1}{t}\right)$，$\mathrm{R}\left(r,\ \dfrac{sr-1}{t}\right)$ とおくと，③の解と係数の関係より

$$q+r=-2s,\ qr=-s^2-2 \quad \cdots\cdots ④$$

重心Gの座標を $(x_0,\ y_0)$ とおくと

$$x_0=\frac{s+q+r}{3}=\frac{s-2s}{3}=-\frac{s}{3}$$

**Process**

直線 $l$ が点Pを通ると仮定
↓
矛盾を導く

$l$ と $C$ の式を連立
↓
判別式を利用

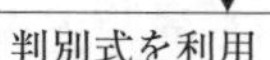

Q，Rの座標を設定する
↓
解と係数の関係
↓
重心の座標を求める

$$y_0=\frac{t+\dfrac{sq-1}{t}+\dfrac{sr-1}{t}}{3}=\frac{t^2+s(q+r)-2}{3t}$$
$$=\frac{t^2-2s^2-2}{3t}=-\frac{t}{3}$$

以上より　$G\left(-\dfrac{s}{3},\ -\dfrac{t}{3}\right)$ 答

（3）$\overrightarrow{GQ}=\left(q+\dfrac{s}{3},\ \dfrac{sq-1}{t}+\dfrac{t}{3}\right)$

$\overrightarrow{GR}=\left(r+\dfrac{s}{3},\ \dfrac{sr-1}{t}+\dfrac{t}{3}\right)$

より

$$\triangle GQR=\frac{1}{2}\left|\left(q+\frac{s}{3}\right)\left(\frac{sr-1}{t}+\frac{t}{3}\right)-\left(\frac{sq-1}{t}+\frac{t}{3}\right)\left(r+\frac{s}{3}\right)\right|$$
$$=\frac{1}{18|t|}|(3q+s)(3sr-3+t^2)-(3sq-3+t^2)(3r+s)|$$
$$=\frac{1}{18|t|}|3(q-r)(-s^2-3+t^2)|$$
$$=\frac{1}{18|t|}|6(q-r)|$$
$$=\frac{|q-r|}{3|t|}$$

ここで，④より

$$(q-r)^2=(q+r)^2-4qr=4s^2-4(-s^2-2)$$
$$=8(s^2+1)=8t^2$$

であるから

$$\triangle GQR=\frac{2\sqrt{2}\,|t|}{3|t|}=\frac{2\sqrt{2}}{3}=(一定)$$　（証終）

△GQR の面積を文字で表す

↓

$(q-r)^2$ を $t$ の式で表す

**問題となっている量を，パラメータ表示してみる。**
**その量が一定ならパラメータは消えてしまうはず！**

## 97 双曲線となす角 Lv.★★★

問題は42ページ

**考え方** 直線 $l$ と $x$ 軸正方向とのなす角は $\theta$ であるから，$l$ の傾きは $\tan\theta$ である。

**解答**

Process

（1）$l$ の方程式は $y=(x-1)\tan\theta$ だから，これを $C$ の方程式に代入すると

$$2x^2-2(x-1)^2\tan^2\theta=1$$

$\tan\theta=t\ (t\neq 0,\ \pm 1)$ とおいて整理して

$$2(1-t^2)x^2+4t^2x-(1+2t^2)=0 \quad \cdots\cdots①$$

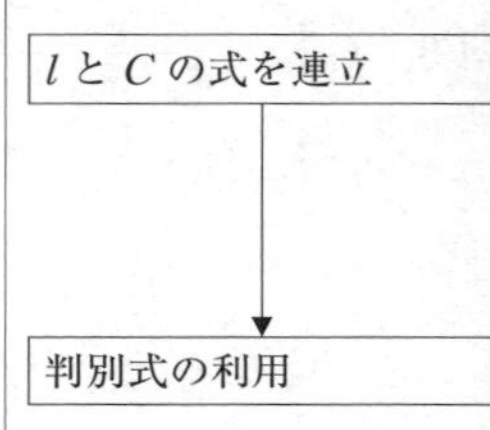
lとCの式を連立
判別式の利用

①の判別式を $D$ とすると

$$\frac{D}{4}=(2t^2)^2-2(1-t^2)\{-(1+2t^2)\}=2(1+t^2)>0$$

よって，①は異なる2つの実数解をもつから，直線 $l$ は双曲線 $C$ と相異なる2点で交わる。 （証終）

（2）①の2つの解を $\alpha$，$\beta$ とすると，解と係数の関係から

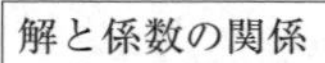
解と係数の関係

$$\alpha+\beta=-\frac{2t^2}{1-t^2},\quad \alpha\beta=-\frac{1+2t^2}{2(1-t^2)}$$

$l$ の傾きは $t(=\tan\theta)$ であるから

$$\begin{aligned}\mathrm{PQ}^2&=(1+t^2)(\alpha-\beta)^2=(1+t^2)\{(\alpha+\beta)^2-4\alpha\beta\}\\&=(1+t^2)\left\{\left(-\frac{2t^2}{1-t^2}\right)^2+4\cdot\frac{1+2t^2}{2(1-t^2)}\right\}=\frac{2(1+t^2)^2}{(1-t^2)^2}\\&=2\left(\frac{1+\tan^2\theta}{1-\tan^2\theta}\right)^2=2\left(\frac{\cos^2\theta+\sin^2\theta}{\cos^2\theta-\sin^2\theta}\right)^2\\&=\frac{2}{\cos^2 2\theta}\end{aligned}$$ 答

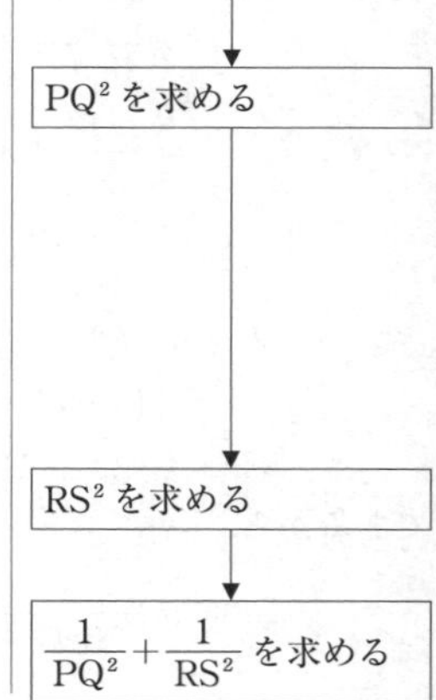
PQ² を求める
RS² を求める
1/PQ² + 1/RS² を求める

（3）（2）から，$\mathrm{RS}^2=\dfrac{2}{\cos^2 2\left(\theta+\dfrac{\pi}{4}\right)}=\dfrac{2}{\sin^2 2\theta}$ なので

$$\frac{1}{\mathrm{PQ}^2}+\frac{1}{\mathrm{RS}^2}=\frac{\cos^2 2\theta}{2}+\frac{\sin^2 2\theta}{2}=\frac{1}{2}=\text{(一定)}$$ （証終）

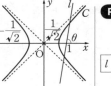

核心はココ!

**なす角から傾きを求めるときは tan を利用！**

## 98 楕円上の点 Lv.★★★

問題は42ページ

**考え方** 楕円は「円を一定方向に拡大・縮小したもの」であり，パラメータ表示 $(3\cos\alpha,\ \sin\alpha)$ は拡大・縮小する前の円（補助円）を利用した表現である。本問では補助円をかいて視覚的に捉えると考えやすい。

**解答**

(1) $OP^2=(3\cos\alpha)^2+\sin^2\alpha=8\cos^2\alpha+1$

$\alpha=\dfrac{\pi}{2}$ のとき，$OP=1$ より $OP\geqq\dfrac{3}{\sqrt{5}}$ に不適。よって，

$0\leqq\alpha<\dfrac{\pi}{2}$ において

$$8\cos^2\alpha+1\geqq\frac{9}{5}\qquad \cos^2\alpha\geqq\frac{1}{10}\qquad \frac{1}{1+\tan^2\alpha}\geqq\frac{1}{10}$$

$$\tan^2\alpha\leqq 9\qquad \therefore\quad 0\leqq\tan\alpha\leqq 3$$

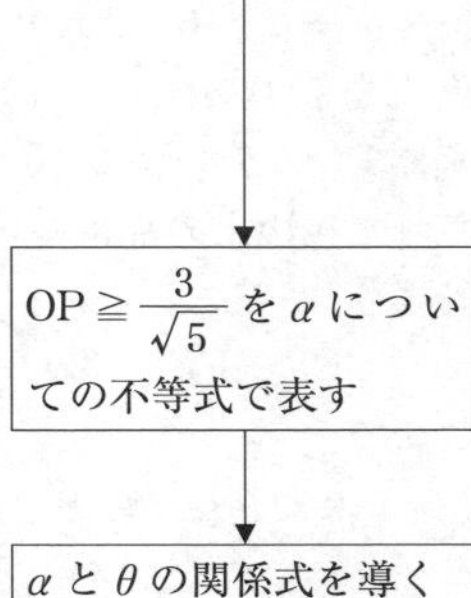


このとき，$\theta\neq\dfrac{\pi}{2}$ より $\tan\theta$ は直線 OP の傾きとなるので

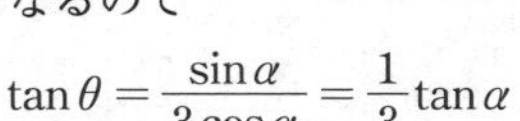

$$\tan\theta=\frac{\sin\alpha}{3\cos\alpha}=\frac{1}{3}\tan\alpha$$

よって　$0\leqq\tan\theta\leqq 1$　　$\therefore$　$0\leqq\theta\leqq\dfrac{\pi}{4}$ **答**

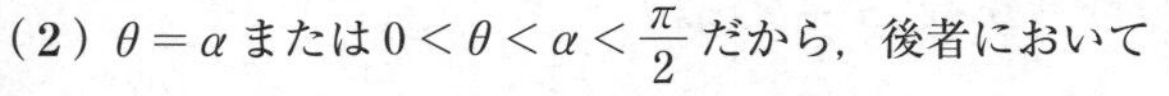

(2) $\theta=\alpha$ または $0<\theta<\alpha<\dfrac{\pi}{2}$ だから，後者において

$$\tan(\alpha-\theta)=\frac{\tan\alpha-\tan\theta}{1+\tan\alpha\tan\theta}=\frac{2}{\tan\alpha+\dfrac{3}{\tan\alpha}}$$

ここで，$\tan\alpha>0$ より相加・相乗平均の関係から

(分母) $\geqq 2\sqrt{\tan\alpha\cdot\dfrac{3}{\tan\alpha}}=2\sqrt{3}$ なので　　$\tan(\alpha-\theta)\leqq\dfrac{1}{\sqrt{3}}$

等号成立は $\tan\alpha=\sqrt{3}$ のときである。

よって，$|\alpha-\theta|$ の最大値は　$\dfrac{\pi}{6}$ **答**

**Process**

- OP の長さを $\alpha$ で表す
- $OP\geqq\dfrac{3}{\sqrt{5}}$ を $\alpha$ についての不等式で表す
- $\alpha$ と $\theta$ の関係式を導く
- $\theta$ についての不等式を求める

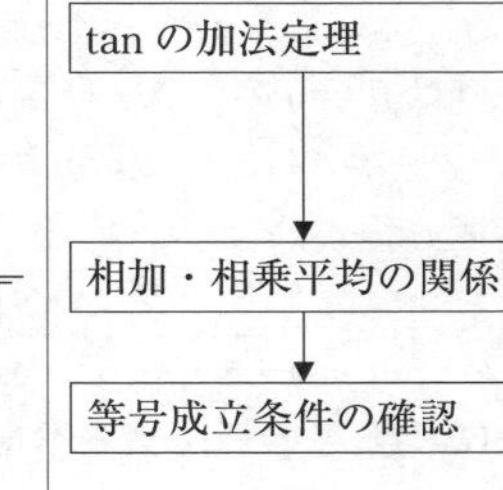

- tan の加法定理
- 相加・相乗平均の関係
- 等号成立条件の確認

### 核心はココ！

**楕円上の点を扱うときはパラメータ表示が有効。パラメータの意味をよく確認して使おう！**

## 99　極方程式　Lv.★★★

問題は42ページ

**考え方**　極座標は，点の位置を極からの距離 $r$ と始線からの偏角 $\theta$ を用いて表したものである。（1）では焦点Fを極とするので，楕円上の点Pに対して $r=\mathrm{FP}$，$\theta=$（始線と直線FPのなす角）となる。（2）は原点Oからの距離や2つの線分 $\mathrm{OP_1}$，$\mathrm{OP_2}$ のなす角についての条件が与えられているので，原点を極とした極座標を考える。

**解答**

（1）Fの直交座標表示は $(-\sqrt{a^2-b^2},\ 0)$ であり，もう一方の焦点を $\mathrm{F}'(\sqrt{a^2-b^2},\ 0)$ とおくと，極座標 $\mathrm{P}(r,\ \theta)$ $(r>0,\ 0\leqq\theta<2\pi)$ で表された楕円上の点について，楕円の定義より

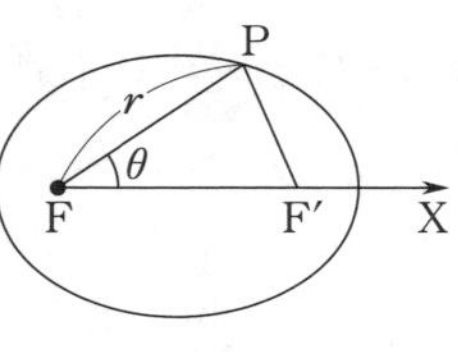


$$\mathrm{PF}+\mathrm{PF}'=2a \qquad \therefore\quad \mathrm{PF}'=2a-\mathrm{PF}=2a-r$$

ここで

$0<\theta<\pi$ のとき　$\cos\angle\mathrm{PFF}'=\cos\theta$

$\pi<\theta<2\pi$ のとき　$\cos\angle\mathrm{PFF}'=\cos(2\pi-\theta)=\cos\theta$

より，$\theta\neq0,\ \pi$ のとき $\triangle\mathrm{PFF}'$ に余弦定理を用いると

$$\mathrm{PF}'^2=\mathrm{PF}^2+\mathrm{FF}'^2-2\mathrm{PF}\cdot\mathrm{FF}'\cos\angle\mathrm{PFF}'$$

$$(2a-r)^2=r^2+(2\sqrt{a^2-b^2})^2-2r\cdot2\sqrt{a^2-b^2}\cos\theta$$

$$r=\frac{b^2}{a-\sqrt{a^2-b^2}\cos\theta}$$

これは $\theta=0$ のとき $r=a+\sqrt{a^2-b^2}$，$\theta=\pi$ のとき $r=a-\sqrt{a^2-b^2}$ をみたすので，求める極方程式は

$$r=\frac{b^2}{a-\sqrt{a^2-b^2}\cos\theta} \quad \text{答}$$

次に，点Aの極座標表示を $(r_\mathrm{A},\ \theta)$ とおくと，$\mathrm{B}(r_\mathrm{B},\ \theta+\pi)$ となるので

$$\frac{1}{r_\mathrm{A}}+\frac{1}{r_\mathrm{B}}=\frac{a-\sqrt{a^2-b^2}\cos\theta}{b^2}+\frac{a-\sqrt{a^2-b^2}\cos(\theta+\pi)}{b^2}$$

$$=\frac{a-\sqrt{a^2-b^2}\cos\theta}{b^2}+\frac{a+\sqrt{a^2-b^2}\cos\theta}{b^2}$$

$$=\frac{2a}{b^2}=(\text{定数})$$

（証終）

**Process**

焦点の座標を求める

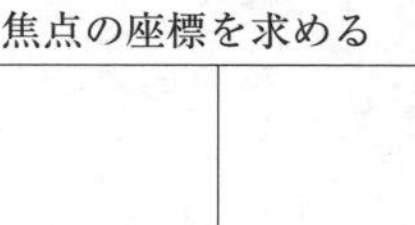

↓

楕円の定義を利用

↓

余弦定理を用いる

↓

$\theta=0,\ \pi$ のときを確かめる

↓

2点A，Bを極座標表示

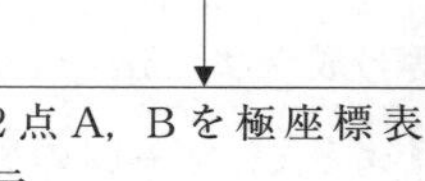

(2) $x$ 軸正方向と線分 $OP_1$ のなす角を $\theta$ とおくと，原点を極とし，$x$ 軸正方向を始線とする $P_1$ の極座標表示は $(r_1,\ \theta)$ である。すなわち，$P_1$ の直交座標表示は $(r_1\cos\theta,\ r_1\sin\theta)$ であるから

$$\frac{(r_1\cos\theta)^2}{a^2}+\frac{(r_1\sin\theta)^2}{b^2}=1$$

$$r_1{}^2\cdot\frac{b^2\cos^2\theta+a^2\sin^2\theta}{a^2b^2}=1$$

$$\frac{1}{r_1{}^2}=\frac{b^2\cos^2\theta+a^2\sin^2\theta}{a^2b^2}\quad\cdots\cdots\cdots\cdots\cdots\cdots(*)$$

$x$ 軸正方向と線分 $OP_2$ のなす角は $\theta+\dfrac{\pi}{2}$ または $\theta-\dfrac{\pi}{2}$ となるので，$(*)$ において $r_1\to r_2$，$\theta\to\theta\pm\dfrac{\pi}{2}$ とすると

$$\frac{1}{r_2{}^2}=\frac{b^2\cos^2\left(\theta\pm\frac{\pi}{2}\right)+a^2\sin^2\left(\theta\pm\frac{\pi}{2}\right)}{a^2b^2}$$

$$=\frac{b^2(\mp\sin\theta)^2+a^2(\pm\cos\theta)^2}{a^2b^2}\quad\text{(複号同順)}$$

$$=\frac{b^2\sin^2\theta+a^2\cos^2\theta}{a^2b^2}$$

以上より

$$\frac{1}{r_1{}^2}+\frac{1}{r_2{}^2}=\frac{b^2\cos^2\theta+a^2\sin^2\theta}{a^2b^2}+\frac{b^2\sin^2\theta+a^2\cos^2\theta}{a^2b^2}$$

$$=\frac{a^2+b^2}{a^2b^2}=\text{(定数)}$$

(証終)

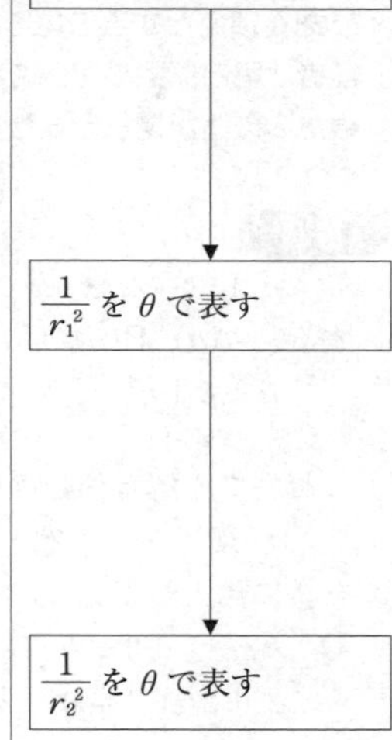

**核心はココ！**

**目的に応じて直交座標か極座標かの選択を。**
**極座標は角度に強い！**

# 第11章　複素数平面

## 100 複素数平面と方程式の解　Lv. ★★★

問題は43ページ

**考え方**　「与えられた2次方程式の解が $\alpha$, $\beta$ であること」と「複素数平面上の3点 $\alpha$, $\beta$, $c^2$ を3頂点とする三角形の重心が0であること」を $\alpha$, $\beta$, $c$ を用いてそれぞれ立式しよう。前者は解と係数の関係を利用すればよい。得られた2式から $c$ の候補が求まるわけだが，求めた $c$ の値が題意をみたすかどうか吟味を忘れないように。

**解答**

$$x^2+(3-2c)x+c^2+5=0 \quad \cdots\cdots①$$

とする。A($\alpha$), B($\beta$), C($c^2$) とすると，△ABC の重心が0より

$$\frac{\alpha+\beta+c^2}{3}=0 \qquad \therefore \quad \alpha+\beta=-c^2 \quad \cdots\cdots②$$

①において，解と係数の関係より

$$\alpha+\beta=-3+2c \quad \cdots\cdots③$$

②を③に代入して

$$-c^2=-3+2c$$

$$c^2+2c-3=0 \qquad \therefore \quad c=1,\ -3$$

（i）$c=1$ のとき

①に代入すると，$x^2+x+6=0$ となり，これを解くと

$$x=\frac{-1\pm\sqrt{23}i}{2}$$

$\alpha=\dfrac{-1-\sqrt{23}i}{2}$，$\beta=\dfrac{-1+\sqrt{23}i}{2}$ とおくと，△ABC は存在する。

（ii）$c=-3$ のとき

①に代入すると，$x^2+9x+14=0$ となり，これを解くと

$$x=-7,\ -2$$

$\alpha=-7$, $\beta=-2$ とおくと，A，B，C は同一直線上より△ABC は存在しないので不適。

以上より，$c=1$ **答**

**Process**

△ABC の重心についての条件を立式する
↓
解と係数の関係より2次方程式の解についての条件を立式する
↓
2つの式から $c$ の値の候補を求める
↓
解を吟味する

**得られた値を吟味することを忘れずに**

## 101 三角形の形状 Lv.★★★

問題は43ページ

**考え方** （1）$z_1$，$z_2$，$z_3$ の条件式より $w$ の関係式をつくり出すことを考えよう。
（2）三角形の形状を求めるときには，辺の長さの関係と角の大きさについて調べることが基本となる。本問においても，ある頂点に着目して，その頂点を含む 2 辺の長さの比とその 2 辺がはさむ角の大きさを考えよう。

**解答**

（1）$z_1 = wz_3 = w(wz_2) = w^2(wz_1)$ であり，$z_1 \neq 0$ なので

$w^3 - 1 = 0 \quad \therefore \quad (w-1)(w^2+w+1) = 0$

ここで，$w=1$ のとき，$z_1 = z_2 = z_3$ となり，△ABC が存在しないので不適。よって　$1 + w + w^2 = 0$ 答

（2）$z_2 \neq z_3$ より

$$\frac{z_1 - z_2}{z_3 - z_2} = \frac{w^2 z_2 - z_2}{wz_2 - z_2} = \frac{(w+1)(w-1)z_2}{(w-1)z_2} = w+1$$

ここで，$1 + w + w^2 = 0$ より，$w = \dfrac{-1 \pm \sqrt{3}\,i}{2}$ …①なので

$$\frac{z_1 - z_2}{z_3 - z_2} = \frac{1 \pm \sqrt{3}\,i}{2} = \cos\left(\pm\frac{\pi}{3}\right) + i\sin\left(\pm\frac{\pi}{3}\right) \text{（複号同順）}$$

よって　$\left|\dfrac{z_1 - z_2}{z_3 - z_2}\right| = 1$，$\arg\dfrac{z_1 - z_2}{z_3 - z_2} = \pm\dfrac{\pi}{3}$

以上から，△ABC は，正三角形である。答

（3）$z = z_1 + 2z_2 + 3z_3 = w^2 z_2 + 2z_2 + 3wz_2$

$= (w^2 + 3w + 2)z_2 = \{(w^2 + w + 1) + 2w + 1\}z_2$

（1）の結果より　$z = (2w+1)z_2$

ここで，$z_2 \neq 0$ なので①より　$\dfrac{z}{z_2} = 2w + 1 = \pm\sqrt{3}\,i$

よって　$\left|\dfrac{z}{z_2}\right| = \sqrt{3}$，$\arg\dfrac{z}{z_2} = \pm\dfrac{\pi}{2}$

以上から，△OBD は，$\angle \mathrm{BOD} = \dfrac{\pi}{2}$，
OB：BD：OD $= 1 : 2 : \sqrt{3}$ の直角三角形である。答

**Process**

$z_1$ を消去して，$w$ の式を作り出す
↓
解を吟味する

頂点 B に着目し $\left|\dfrac{z_1 - z_2}{z_3 - z_2}\right|$，$\arg\dfrac{z_1 - z_2}{z_3 - z_2}$ の値を考える
↓
求めた値から，形状を見抜く

$\dfrac{\gamma - \alpha}{\beta - \alpha}$ の形の複素数で図形の形状を捉えよう

# 第11章　複素数平面

## 102　ド・モアブルの定理　Lv. ★★★

問題は43ページ

**考え方**　複素数の累乗が登場しているので，$z$ を極形式で表して，ド・モアブルの定理を利用しよう。

（3）複素数平面上において，2つの複素数 $\alpha$，$\beta$ の偏角をそれぞれ $\theta_1$，$\theta_2$ とすると，積 $\alpha\beta$ の偏角は，$\theta_1+\theta_2$ である。この性質を利用して，偏角の和を考えるとよい。

**解答**

$|z|=1$ より

$$z=\cos\theta+i\sin\theta \quad (0\leqq\theta<2\pi) \quad \cdots\cdots①$$

とおける。

（1）①より，ド・モアブルの定理から

$$\begin{aligned} z^3-z&=(\cos3\theta+i\sin3\theta)-(\cos\theta+i\sin\theta)\\ &=(\cos3\theta-\cos\theta)+i(\sin3\theta-\sin\theta)\end{aligned}$$

$z^3-z$ の実部が 0 より

$$\begin{aligned}\cos3\theta-\cos\theta&=4\cos^3\theta-3\cos\theta-\cos\theta\\ &=4\cos\theta(\cos^2\theta-1)\\ &=4\cos\theta(\cos\theta-1)(\cos\theta+1)=0\end{aligned}$$

$$\therefore\quad \cos\theta=0,\ \pm1$$

$0\leqq\theta<2\pi$ より $\theta=0,\ \dfrac{\pi}{2},\ \pi,\ \dfrac{3}{2}\pi$ であるから

$$z=\pm1,\ \pm i \quad \text{答}$$

（2）$|z^5+z|=|z||z^4+1|=|z^4+1|$　$(\because\ |z|=1)$

$|z^5+z|=1$ より　$|z^4+1|=1$

①より，ド・モアブルの定理から $z^4=\cos4\theta+i\sin4\theta$ なので

$$|(\cos4\theta+1)+i\sin4\theta|^2=1^2$$

$$(\cos4\theta+1)^2+\sin^24\theta=1$$

$$2+2\cos4\theta=1 \qquad \therefore\quad \cos4\theta=-\frac{1}{2}$$

$0\leqq4\theta<8\pi$ より

$$4\theta=\frac{2}{3}\pi+2k\pi,\ \frac{4}{3}\pi+2k\pi \quad (k=0,\ 1,\ 2,\ 3)$$

$$\theta=\frac{\pi}{6}+\frac{k}{2}\pi,\ \frac{\pi}{3}+\frac{k}{2}\pi$$

よって，求める $z$ は

$$z=\pm\left(\frac{1}{2}\pm\frac{\sqrt{3}}{2}i\right),\ \pm\left(\frac{\sqrt{3}}{2}\pm\frac{1}{2}i\right) \text{（複号任意）} \quad \text{答}$$

**Process**

$z$ を極形式で表す

↓

ド・モアブルの定理を利用する

↓

範囲に注意して，偏角を求める

（3）①より，ド・モアブルの定理から $z^n=\cos n\theta+i\sin n\theta$ なので（2）と同様に $|z^n+1|=1$ の両辺を2乗して

$$(\cos n\theta+1)^2+\sin^2 n\theta=1$$

$$\therefore\quad \cos n\theta=-\frac{1}{2}$$

よって

$$n\theta=\frac{2}{3}\pi+2k\pi,\ \frac{4}{3}\pi+2k\pi\quad (k=0,\ 1,\ 2,\ \cdots,\ n-1)$$

$$\therefore\quad \theta=\frac{2}{3n}\pi+\frac{2k}{n}\pi,\ \frac{4}{3n}\pi+\frac{2k}{n}\pi$$

ここで，求める複素数の偏角は，上記の $\theta$ をすべて加えたものだから

$$\sum_{k=0}^{n-1}\left\{\left(\frac{2}{3n}\pi+\frac{2k}{n}\pi\right)+\left(\frac{4}{3n}\pi+\frac{2k}{n}\pi\right)\right\}$$

$$=\sum_{k=0}^{n-1}\left(\frac{2}{n}\pi+\frac{4k}{n}\pi\right)=2\pi+2\pi(n-1)=2n\pi$$

よって，求める値は

$$\cos(2n\pi)+i\sin(2n\pi)=1$$ 答

ド・モアブルの定理を利用する

↓

範囲に注意して，偏角を求める

↓

複素数の積と偏角の関係を利用する

**$z^n$ が問題に ⟶ ド・モアブルの定理を使え！**

## 103 円と直線の方程式 Lv. ★★★

問題は44ページ

**考え方** （1）与えられた不等式を $2|z-2| \leqq |z-5|$ と $|z-5| \leqq |z+1|$ に分けて考える。それぞれの領域の共通部分が $D$ である。後者は式の形から，「2点5，$-1$ を結ぶ線分の垂直2等分線を境界とする領域のうち，点5を含む方である」ことがすぐにわかる。
（2）（1）より，$\tan\theta$ が最小となる点，最大となる点はどこかを考えるとよい。

**解答**

（1）$2|z-2| \leqq |z-5|$ …①，$|z-5| \leqq |z+1|$ …②とする。

①について両辺を2乗すると

$$4(z-2)(\overline{z}-2) \leqq (z-5)(\overline{z}-5) \qquad z\overline{z}-z-\overline{z}-3 \leqq 0$$

$$(z-1)(\overline{z}-1) \leqq 4 \qquad |z-1|^2 \leqq 4 \qquad \therefore \ |z-1| \leqq 2$$

よって，①が表す領域は，中心1，半径2の円の内部および周上である。

また，②が表す領域は，2点5，$-1$ を結ぶ線分の垂直2等分線を境界とする領域で，点5を含む方（ただし境界を含む）であるから $x \geqq 2$ である。

以上より，$D$ は右図の斜線部分となる。ただし，境界はすべて含む。 答

（2）右図のように $\mathrm{A}(\alpha)$，$\mathrm{B}(\beta)$，$\mathrm{C}(1)$ の3点を定めると

$$\tan(\arg\beta) \leqq \tan\theta \leqq \tan(\arg\alpha)$$

$$\therefore \quad -\frac{\sqrt{3}}{2} \leqq \tan\theta \leqq \frac{\sqrt{3}}{2}$$ 答

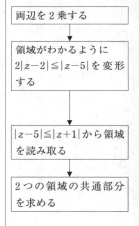

（3）$\angle\mathrm{ACB} = \dfrac{2}{3}\pi$ なので

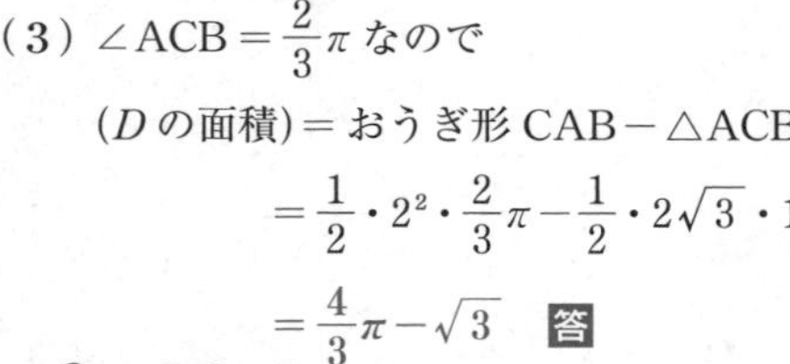

$$(D\text{の面積}) = \text{おうぎ形}\,\mathrm{CAB} - \triangle\mathrm{ACB}$$

$$= \frac{1}{2}\cdot 2^2 \cdot \frac{2}{3}\pi - \frac{1}{2}\cdot 2\sqrt{3}\cdot 1$$

$$= \frac{4}{3}\pi - \sqrt{3}$$ 答

**Process**

両辺を2乗する
↓
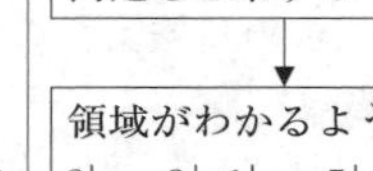
領域がわかるように $2|z-2| \leqq |z-5|$ を変形する
↓
$|z-5| \leqq |z+1|$ から領域を読み取る
↓
2つの領域の共通部分を求める

**定点からの距離の等式は円または直線を表す！**

## 104 軌跡 Lv.★★★

問題は44ページ

**考え方** (1) $z=a+bi$ ($a$, $b$ は実数) とおき，与式の虚部が 0 となる条件を求めることもできるが，計算が煩雑となる。そこで，ここでは

「複素数 $\alpha$ が実数であること」と「$\alpha=\overline{\alpha}$ ($\overline{\alpha}$ は $\alpha$ の共役複素数)」は同値

であることを利用しよう。

(2) $w=$($z$ の式) で表される点の軌跡を求めるには，$z=$($w$ の式) と表して，$z$ の条件式に代入して $z$ を消去するのが基本的な考え方である。(1)を利用して考えるとよい。

**解答**

(1) $\dfrac{1}{z+i}+\dfrac{1}{z-i}=\dfrac{2z}{z^2+1}$ より，$\dfrac{z}{z^2+1}$ が実数となればよいので

$$\frac{z}{z^2+1}=\overline{\left(\frac{z}{z^2+1}\right)}$$

$$\frac{z}{z^2+1}=\frac{\overline{z}}{(\overline{z})^2+1}$$

$z \neq \pm i$ のもとで分母を払うと

$$z(\overline{z})^2+z=z^2\overline{z}+\overline{z}$$

$$(z-\overline{z})(z\overline{z}-1)=0$$

$$(z-\overline{z})(|z|^2-1)=0$$

$\therefore$ $z=\overline{z}$ または $|z|=1$

すなわち，$z$ が表す点は実軸上または原点を中心とする半径 1 の円周上にあり，$z \neq \pm i$ に注意すると，求める図形 $P$ は右図の太線部分のようになる。ただし，白丸を除く。 答

(2) $w=\dfrac{z+i}{z-i}$ $\quad w(z-i)=z+i \quad z(w-1)=i(w+1)$

$w=1$ はこの等式をみたさないので $w \neq 1$ であるから

$$z=\frac{i(w+1)}{w-1} \quad \cdots\cdots ①$$

また，$z \neq -i$ より $\quad w \neq 0$

①を(1)で得られた条件式に代入すると

$$\frac{i(w+1)}{w-1}=\overline{\left\{\frac{i(w+1)}{w-1}\right\}} \text{ または } \left|\frac{i(w+1)}{w-1}\right|=1$$

**Process**

与式を変形する

↓

$\alpha$ が実数 $\iff \alpha=\overline{\alpha}$ を利用する

↓

軌跡を図示する

$w=$($z$ の式) を $z=$($w$ の式) に変形する

↓

$z$ の条件式に代入する

$\dfrac{i(w+1)}{w-1}=\overline{\left\{\dfrac{i(w+1)}{w-1}\right\}}$ より

$$\frac{i(w+1)}{w-1}=\frac{-i(\overline{w}+1)}{\overline{w}-1}$$

$$i(w+1)(\overline{w}-1)=-i(w-1)(\overline{w}+1)$$

$$w\overline{w}=1 \qquad |w|^2=1 \qquad \therefore \quad |w|=1$$

次に，$\left|\dfrac{i(w+1)}{w-1}\right|=1$ より　　$|w+1|=|w-1|$

以上より，$w$ が表す点は原点を中心とする半径1の円周上または虚軸上にあり，$w \neq 0$，1に注意すると，求める図形は右図の太線部分のようになる。ただし，白丸を除く。 答

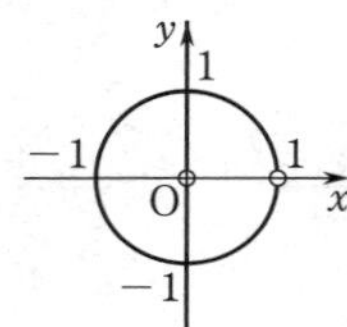


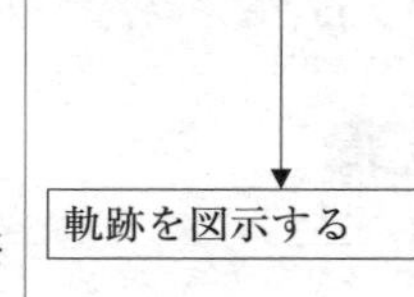

$w=$（$z$ の式）の表す図形は

$z=$（$w$ の式）と表し，$z$ の条件式に代入！

## 105 回転移動 Lv.★★★

問題は44ページ

**考え方** （1）$z^2$ を計算し，その実部を $x$，虚部を $y$ とおいてパラメータ $t$ を消去する。
（2）直線 $m$ を $x$，$y$ の方程式で表せば，（1）で求めた方程式と連立したときの実数解の個数を交点の個数に対応させて考えることができる。複素数 $\alpha$ を原点を中心に $\theta$ だけ回転した複素数を $\beta$ とすると，$\beta=(\cos\theta+i\sin\theta)\alpha$ と表せることを利用して $m$ の式を求めよう。

**解答**

（1）$z^2=(t+ai)^2=t^2+2ati-a^2=(t^2-a^2)+2ati$

$z^2=x+yi$（$x$，$y$ は実数）とおくと

$$\begin{cases}x=t^2-a^2\\ y=2at\end{cases}$$

$t$ を消去すると

$$x=\left(\frac{y}{2a}\right)^2-a^2=\frac{y^2}{4a^2}-a^2$$

よって，$z^2$ が表す点の軌跡は右図のようになる。答

（2）$z$ を角 $\theta$ だけ回転移動した点を $w=X+Yi$（$X$，$Y$ は実数）とおくと

$$w=(\cos\theta+i\sin\theta)z=(\cos\theta+i\sin\theta)(t+ai)$$
$$=t\cos\theta-a\sin\theta+i(a\cos\theta+t\sin\theta)$$

より

$$\begin{cases}X=t\cos\theta-a\sin\theta\\ Y=a\cos\theta+t\sin\theta\end{cases}$$

$t$ を消去すると

$$X\sin\theta-Y\cos\theta+a=0$$

よって，直線 $m$ の方程式は

$$x\sin\theta-y\cos\theta+a=0$$

これと，（1）で求めた軌跡の方程式 $x=\dfrac{y^2}{4a^2}-a^2$ から $x$ を消去すると

$$\left(\frac{y^2}{4a^2}-a^2\right)\sin\theta-y\cos\theta+a=0$$
$$y^2\sin\theta-4a^2y\cos\theta-4a^4\sin\theta+4a^3=0$$

これをみたす実数 $y$ の個数を求めればよい。$\sin\theta\neq0$ のとき，判別式を $D$ とすると

**Process**

$z^2$ を計算する
↓
（実部）$=x$，（虚部）$=y$ とおいて $t$ を消去する

直線 $m$ の式を求める
↓
$m$ と（1）で求めた軌跡の方程式から $x$ を消去する

$$\frac{D}{4}=(2a^2\cos\theta)^2-\sin\theta(-4a^4\sin\theta+4a^3)$$
$$=4a^3(a-\sin\theta)$$

$0<a<1$ に注意すると，実数解の個数は

$$\begin{cases}-1\leqq\sin\theta<0,\ 0<\sin\theta<a\ のとき & 2\ 個\\ \sin\theta=a\ のとき & 1\ 個\\ a<\sin\theta\leqq 1\ のとき & 0\ 個\end{cases}$$

また，$\sin\theta=0$ のときは，$a\neq0$，$\cos\theta\neq0$ なので

$$y=\frac{a}{\cos\theta}$$

より，実数解は1個である。

以上より，交点の個数は

$$\begin{cases}-1\leqq\sin\theta<0,\ 0<\sin\theta<a\ のとき & 2\ 個\\ \sin\theta=0,\ a\ のとき & 1\ 個\\ a<\sin\theta\leqq 1\ のとき & 0\ 個\end{cases}$$ **答**

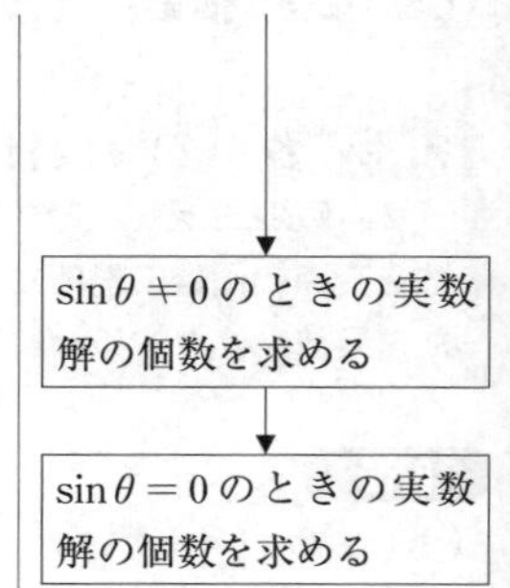
$\sin\theta\neq0$ のときの実数解の個数を求める
$\sin\theta=0$ のときの実数解の個数を求める

## 核心はココ！

**原点中心の回転移動は，$\cos\theta+i\sin\theta$ をかけろ！**

# 第12章　極限

第36回

## 106　3項間漸化式と極限　Lv.★★★

問題は45ページ

**考え方**　まずは素直に一般項を求めよう。$a_{n+2}+pa_{n+1}+qa_n=0$ の形の漸化式は $a_{n+2}-\alpha a_{n+1}=\beta(a_{n+1}-\alpha a_n)$ の形に変形するのが定石。これを変形すると

$$a_{n+2}-(\alpha+\beta)a_{n+1}+\alpha\beta a_n=0 \qquad \therefore \quad p=-(\alpha+\beta),\ q=\alpha\beta$$

つまり，$\alpha$，$\beta$ は2次方程式 $x^2+px+q=0$ の解である。これを利用して漸化式を解こう。

**解答**

$x^2=\frac{3}{5}x+\frac{2}{5}$ の解は $x=1,\ -\frac{2}{5}$ であるから，

$a_n=\frac{3}{5}a_{n-1}+\frac{2}{5}a_{n-2}\ (n\geqq 3)$ は次の2通りに変形できる。

$$a_n-a_{n-1}=-\frac{2}{5}(a_{n-1}-a_{n-2}) \quad \cdots\cdots①$$

$$a_n+\frac{2}{5}a_{n-1}=a_{n-1}+\frac{2}{5}a_{n-2} \quad \cdots\cdots②$$

①から，数列 $\{a_{n+1}-a_n\}$ は，初項が $a_2-a_1=2-1=1$，公比が $-\frac{2}{5}$ の等比数列である。したがって

$$a_{n+1}-a_n=\left(-\frac{2}{5}\right)^{n-1}$$

②から，同様に　$a_{n+1}+\frac{2}{5}a_n=\frac{12}{5}$

この2式の辺々を引いて

$$-\frac{7}{5}a_n=\left(-\frac{2}{5}\right)^{n-1}-\frac{12}{5}$$

$$\therefore \quad a_n=\frac{12}{7}-\frac{5}{7}\left(-\frac{2}{5}\right)^{n-1}$$

$-1<-\frac{2}{5}<1$ より $n\to\infty$ のとき $\left(-\frac{2}{5}\right)^{n-1}\to 0$ だから

$$\lim_{n\to\infty}a_n=\frac{12}{7}$$ 答

**Process**

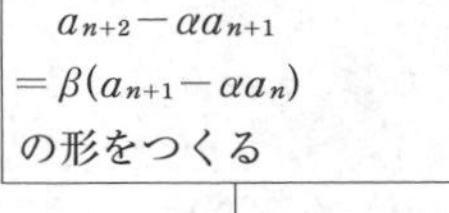

$a_{n+2}-\alpha a_{n+1}$
$=\beta(a_{n+1}-\alpha a_n)$
の形をつくる

↓

$\{a_{n+1}-\alpha a_n\}$ が等比数列であることを利用する

↓

$\{a_n\}$ の一般項を求める

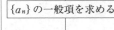

↓

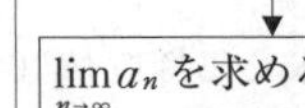

$\lim\limits_{n\to\infty}a_n$ を求める

**核心はココ！**

**数列の極限を求める問題は**
**一般項を求められれば解決！**

# 第12章　極限

## 107　漸化式と無限級数　Lv.★★★

問題は45ページ

**考え方**　（2）無限級数の和を求めるときは，第 $n$ 項までの和，すなわち第 $n$ 部分和を $n$ の式で表し，$n \to \infty$ として求める。

**解答**

（1）条件 $S_0=0$ より，$n=1,\ 2,\ \cdots$ において，$a_n=S_n-S_{n-1}$ が成り立つので

$$S_n=2S_{n-1}+n2^n \quad (n=1,\ 2,\ 3,\ \cdots)$$

両辺を $2^n$ でわって

$$\frac{S_n}{2^n}=\frac{S_{n-1}}{2^{n-1}}+n \quad \text{すなわち} \quad \frac{S_n}{2^n}-\frac{S_{n-1}}{2^{n-1}}=n$$

したがって，$n \geqq 1$ のとき　$\dfrac{S_n}{2^n}=\dfrac{S_0}{2^0}+\displaystyle\sum_{k=1}^{n}k=\dfrac{n(n+1)}{2}$

これは，$n=0$ のときも成り立つ。よって

$$S_n=n(n+1)2^{n-1}$$ 答

（2）与えられた式に（1）の結果を代入して

$$a_n=n(n-1)2^{n-2}+n2^n=n(n+3)2^{n-2}$$

$$\therefore \quad \frac{2^k}{a_k}=\frac{2^2}{k(k+3)}=\frac{4}{3}\left(\frac{1}{k}-\frac{1}{k+3}\right)$$

$n \to \infty$ における和を求めるので $n \geqq 3$ としてよく，このとき

$$\sum_{k=1}^{n}\frac{2^k}{a_k}=\frac{4}{3}\sum_{k=1}^{n}\left(\frac{1}{k}-\frac{1}{k+3}\right)$$

$$=\frac{4}{3}\left\{1+\frac{1}{2}+\frac{1}{3}+\frac{1}{4}+\cdots+\frac{1}{n}-\left(\frac{1}{4}+\cdots+\frac{1}{n}+\frac{1}{n+1}+\frac{1}{n+2}+\frac{1}{n+3}\right)\right\}$$

$$=\frac{4}{3}\left(1+\frac{1}{2}+\frac{1}{3}-\frac{1}{n+1}-\frac{1}{n+2}-\frac{1}{n+3}\right)$$

よって，求める極限値は　$\displaystyle\lim_{n\to\infty}\sum_{k=1}^{n}\frac{2^k}{a_k}=\frac{4}{3}\cdot\frac{11}{6}=\frac{22}{9}$　答

**Process**

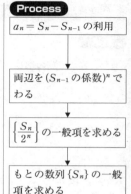

$a_n=S_n-S_{n-1}$ の利用

↓

両辺を $(S_{n-1}$ の係数$)^n$ でわる

↓

$\left\{\dfrac{S_n}{2^n}\right\}$ の一般項を求める

↓

もとの数列 $\{S_n\}$ の一般項を求める

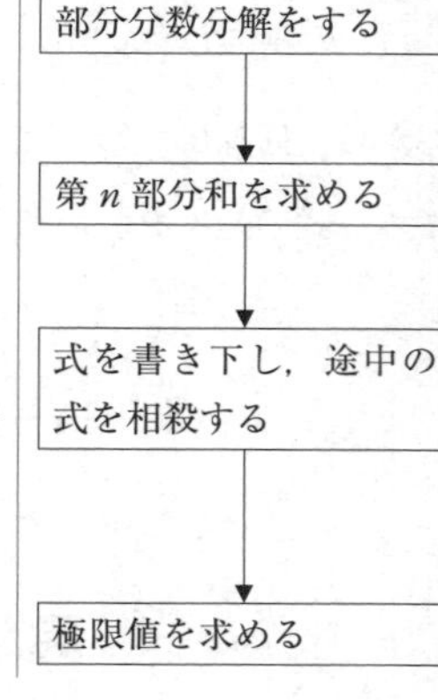
部分分数分解をする
第 n 部分和を求める
式を書き下し，途中の式を相殺する
極限値を求める

核心はココ!

**無限級数の和は，第 $n$ 部分和を求め $n \to \infty$ とするのが基本！**

## 108 漸化式とハサミウチの原理 Lv.★★★

問題は45ページ

**考え方** (1) まずは左側の不等式 $0<a_{n+1}-\dfrac{3}{2}$ を示そう。漸化式を解くのは難しいが，ここでは「すべての自然数 $n$ に対して成り立つ」ことを示すので数学的帰納法を用いるとよい。右側の不等式 $a_{n+1}-\dfrac{3}{2}<\dfrac{1}{3}\left(a_n-\dfrac{3}{2}\right)^2$ を示すときには，左側の不等式が利用できる。

(2) (1) の結果から，ハサミウチの原理を利用する。

**解答**

(1) まず

$$a_n-\frac{3}{2}>0 \quad \cdots\cdots ①$$

を数学的帰納法を用いて示す。

(Ⅰ) $n=1$ のとき

$a_1=2$ より　$a_1-\dfrac{3}{2}=\dfrac{1}{2}>0$

よって，①は成り立つ。

(Ⅱ) $n=k$ のとき①が成り立つと仮定すると

$a_k-\dfrac{3}{2}>0$ すなわち $a_k>\dfrac{3}{2}$

$n=k+1$ のとき

$$\begin{aligned} a_{k+1}-\frac{3}{2}&=\frac{4a_k^2+9}{8a_k}-\frac{3}{2}\\ &=\frac{4a_k^2-12a_k+9}{8a_k}\\ &=\frac{(2a_k-3)^2}{8a_k}>0 \end{aligned}$$

よって，$n=k+1$ のときも①は成り立つ。

(Ⅰ)，(Ⅱ)より，①はすべての自然数 $n$ について成り立つ。

また

$$a_{n+1}-\frac{3}{2}=\frac{(2a_n-3)^2}{8a_n}=\frac{1}{2a_n}\left(a_n-\frac{3}{2}\right)^2$$

であり，①より $\dfrac{1}{2a_n}<\dfrac{1}{3}$ なので

$$a_{n+1}-\frac{3}{2}<\frac{1}{3}\left(a_n-\frac{3}{2}\right)^2$$

以上より

**Process**

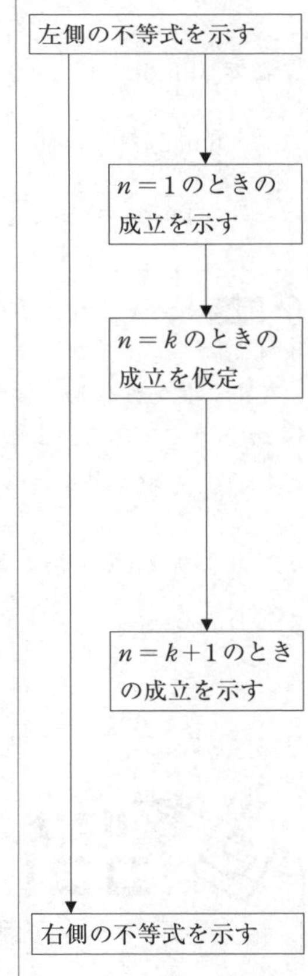
左側の不等式を示す
$n=1$ のときの成立を示す
$n=k$ のときの成立を仮定
$n=k+1$ のときの成立を示す
右側の不等式を示す

$$0 < a_{n+1} - \frac{3}{2} < \frac{1}{3}\left(a_n - \frac{3}{2}\right)^2$$ （証終）

（2）（1）から

$$0 < a_n - \frac{3}{2} < \frac{1}{3}\left(a_{n-1} - \frac{3}{2}\right)^2$$

$$< \frac{1}{3}\left\{\frac{1}{3}\left(a_{n-2} - \frac{3}{2}\right)^2\right\}^2$$

$$< \cdots$$

$$< \left(\frac{1}{3}\right)^{1+2+4+\cdots+2^{n-2}} \times \left(a_1 - \frac{3}{2}\right)^{2^{n-1}}$$

$$= \left(\frac{1}{3}\right)^{2^{n-1}-1} \times \left(\frac{1}{2}\right)^{2^{n-1}} = 3\left(\frac{1}{6}\right)^{2^{n-1}}$$

ここで，$\lim_{n\to\infty} 3\left(\frac{1}{6}\right)^{2^{n-1}} = 0$ だから，ハサミウチの原理より

$$\lim_{n\to\infty}\left(a_n - \frac{3}{2}\right) = 0$$

$$\therefore \quad \lim_{n\to\infty} a_n = \frac{3}{2}$$ 答

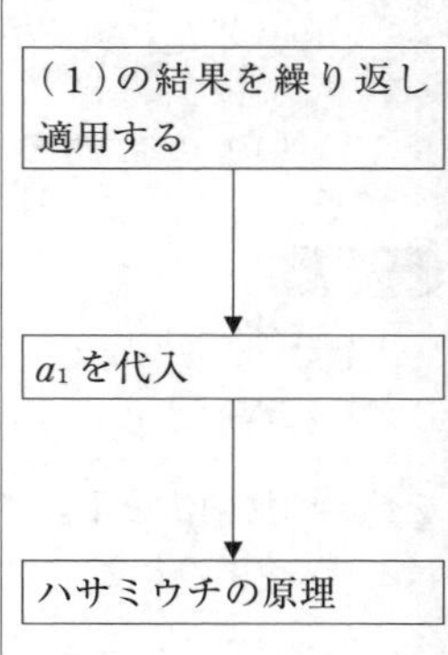
（1）の結果を繰り返し適用する
$a_1$ を代入
ハサミウチの原理

研究　（2）漸化式で与えられた数列の極限を求めたときの，検算に有効な方法を紹介する。

もし，何らかの形で数列 $\{a_n\}$ の極限値 $\alpha$ の存在が示されていたとすると，$\lim_{n\to\infty} a_n = \alpha$，$\lim_{n\to\infty} a_{n+1} = \alpha$ である。よって，与えられた漸化式で $n\to\infty$ として

$$\alpha = \frac{4\alpha^2 + 9}{8\alpha} \qquad \therefore \quad \alpha^2 = \frac{9}{4}$$

$a_n > 0$ より $\alpha \geqq 0$ であるから　　$\alpha = \frac{3}{2}$

が得られる。

核心は
ココ!

**漸化式が解けないときは**
**ハサミウチの原理で極限を求める！**

## 109 数列の収束・発散 Lv.★★★

問題は46ページ

**考え方** 数列 $\{a_n\}$ の一般項は，(等比数列)＋(定数) の形となるので，無限等比数列が収束する条件を考えればよい。無限等比数列 $\{ar^{n-1}\}(n=1,\ 2,\ 3,\ \cdots)$ が収束するための条件は，初項 $a=0$ または公比が $-1<r\leqq 1$ をみたすことである。

**解答**

(1) $2a_n=(r+3)a_{n-1}-(r+1)a_{n-2}\quad (n\geqq 3)$

から

$$2(a_n-a_{n-1})=(r+1)(a_{n-1}-a_{n-2})$$

$b_n=a_{n+1}-a_n$ とおくと

$$b_{n-1}=\frac{r+1}{2}b_{n-2}\,(n\geqq 3)\text{ すなわち }b_{n+1}=\frac{r+1}{2}b_n\,(n\geqq 1)$$

$$\therefore\quad \boldsymbol{b_n}=b_1\left(\frac{r+1}{2}\right)^{n-1}=(1-r^2)\left(\frac{r+1}{2}\right)^{n-1}$$ 答

(2) 階差数列の公式を用いて，$n\geqq 2$ のとき

$$a_n=r^2+(1-r^2)\sum_{k=1}^{n-1}\left(\frac{r+1}{2}\right)^{k-1}$$

ここで，$\dfrac{r+1}{2}=1\iff r=1$ に注意すると

$r=1$ のとき　　$a_n=1+0=1$

$r\neq 1$ のとき

$$a_n=r^2+(1-r^2)\cdot\frac{1-\left(\frac{r+1}{2}\right)^{n-1}}{1-\frac{r+1}{2}}$$

$$=r^2+2(1+r)\left\{1-\left(\frac{r+1}{2}\right)^{n-1}\right\}$$

$$=r^2+2r+2-4\left(\frac{r+1}{2}\right)^n$$

これは $r=1$ のときもみたす。また，$n=1$ でも成り立つ。よって

$$a_n=r^2+2r+2-4\left(\frac{r+1}{2}\right)^n$$ 答

**Process**

$a_{n+1}-a_n$ の形をくくり出す

↓

置き換えた数列 $\{b_n\}$ の一般項を求める

↓

$n\geqq 2,\ r=1$ のときの $a_n$ を求める

↓

$n\geqq 2,\ r\neq 1$ のときの $a_n$ を求める

↓

$n=1$ のときを確かめる

（3）数列 $\{a_n\}$ が収束するための条件は

$$-1 < \frac{r+1}{2} \leqq 1 \qquad \therefore \quad -3 < r \leqq 1$$ 答

そして，$\dfrac{r+1}{2} = 1$ のとき $\left(\dfrac{r+1}{2}\right)^n \to 1\ (n \to \infty)$，

$-1 < \dfrac{r+1}{2} < 1$ のとき $\left(\dfrac{r+1}{2}\right)^n \to 0\ (n \to \infty)$ だから

$$\lim_{n\to\infty} a_n = \begin{cases} 1 & (r=1) \\ r^2+2r+2 & (-3 < r < 1) \end{cases}$$ 答

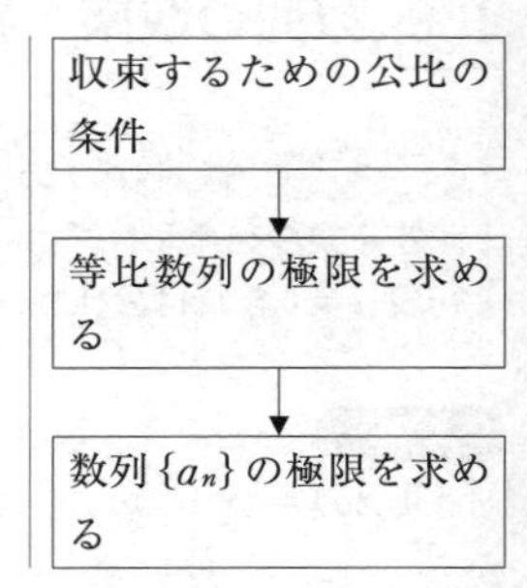
収束するための公比の条件
等比数列の極限を求める
数列 {aₙ} の極限を求める

---

解説　（3）一般に，無限等比数列 $\{r^n\}$ $(n=1,\ 2,\ 3,\ \cdots)$ の極限は

$$\lim_{n\to\infty} r^n = \begin{cases} 0 & (-1 < r < 1) \\ 1 & (r=1) \\ \infty & (r > 1) \\ \text{振動} & (r \leqq -1) \end{cases}$$

のようになり，$r \leqq -1$，$1 < r$ のときは発散する。

核心は
ココ!

**無限等比数列の収束・発散は公比で決まる！**

## 110 三角関数の極限　Lv. ★★★

問題は46ページ

**考え方**　$\dfrac{l_n}{\theta_n}$ を $n$ の式で表したいが，$\theta_n$ を $n$ の式で表すのは難しい。そこで，$l_n$ が $\sin\theta_n$ で表せることから，$\sin\theta_n$ を含む式をつくるとよい。さらに，三角関数の極限 $\displaystyle\lim_{x\to 0}\frac{\sin x}{x}=1$ の利用を見越して $\displaystyle\lim_{n\to\infty}\frac{\sin\theta_n}{\theta_n}=1$ の形をくくり出そう。

**解答**

$\triangle OAP_n$ に正弦定理を用いると

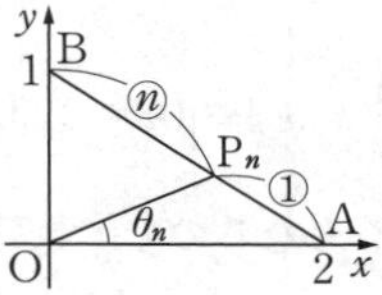

$$\frac{AP_n}{\sin\theta_n}=\frac{OP_n}{\sin\angle OAB}$$

$AP_n=l_n$ と

$$\sin\angle OAB=\frac{OB}{AB}=\frac{1}{\sqrt{5}}$$

$$OP_n=\sqrt{\left(\frac{2n}{n+1}\right)^2+\left(\frac{1}{n+1}\right)^2}=\frac{\sqrt{4n^2+1}}{n+1}$$

より

$$l_n=\sqrt{5}\cdot\frac{\sqrt{4n^2+1}}{n+1}\cdot\sin\theta_n$$

$$\frac{l_n}{\theta_n}=\sqrt{5}\cdot\frac{\sqrt{4n^2+1}}{n+1}\cdot\frac{\sin\theta_n}{\theta_n}$$

ここで，$n\to\infty$ のとき点 $P_n$ は点Aに限りなく近づくので $\theta_n\to+0$ となるから

$$\lim_{n\to\infty}\frac{\sin\theta_n}{\theta_n}=1$$

よって

$$\lim_{n\to\infty}\frac{l_n}{\theta_n}=\lim_{n\to\infty}\sqrt{5}\cdot\frac{\sqrt{4n^2+1}}{n+1}\cdot\frac{\sin\theta_n}{\theta_n}$$
$$=\sqrt{5}\cdot 2\cdot 1=2\sqrt{5}$$ 答

（図：y軸上 B(1)，x軸上 A(2)，O，線分AB上の点 $P_n$，BP$_n$：$P_n$A $=n:1$，角 $\theta_n$）

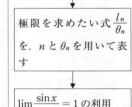

**Process**

正弦定理を用いて $l_n$ を $n$，$\sin\theta_n$ の式で表す。

↓

極限を求めたい式 $\dfrac{l_n}{\theta_n}$ を，$n$ と $\theta_n$ を用いて表す

↓

$\displaystyle\lim_{x\to 0}\frac{\sin x}{x}=1$ の利用

**角 $\theta$ を含む極限は $\displaystyle\lim_{\theta\to 0}\frac{\sin\theta}{\theta}=1$ を利用する！**

## 111　点列と無限等比級数　Lv. ★★★

問題は46ページ

**考え方**　(3) $\{l_n\}$ は，公比 $r$ が $|r|<1$ をみたす等比数列となるので，その無限等比級数 $\sum_{n=1}^{\infty} l_n$ は収束し

$$\sum_{n=1}^{\infty} l_n=\lim_{n\to\infty}\sum_{k=1}^{n} l_k=\lim_{n\to\infty}\frac{l_1(1-r^n)}{1-r}=\frac{l_1}{1-r}$$

となる。

**解答**

(1) $x_n=f(x_{n-1})=-\frac{1}{2}x_{n-1}+3$ $(n=2,\ 3,\ 4,\ \cdots)$ を変形すると，$x_n-2=-\frac{1}{2}(x_{n-1}-2)$ となるので，数列 $\{x_n-2\}$ は初項が $x_1-2=1-2=-1$，公比が $-\frac{1}{2}$ の等比数列であるから

$$x_n-2=(-1)\cdot\left(-\frac{1}{2}\right)^{n-1}\qquad \therefore\quad x_n=2-\left(-\frac{1}{2}\right)^{n-1}$$ 答

(2) $n\to\infty$ のとき，$\left(-\frac{1}{2}\right)^{n-1}\to 0$ だから　$\lim_{n\to\infty}x_n=2$

$\therefore\quad \lim_{n\to\infty}f(x_n)=\lim_{n\to\infty}x_{n+1}=2$

したがって，動点Pが近づく点の座標は　$(2,\ 2)$　答

(3) $l_n=\mathrm{P}_n\mathrm{P}_{n+1}=\sqrt{1+\left(-\frac{1}{2}\right)^2}\,|x_{n+1}-x_n|$

$$=\frac{\sqrt{5}}{2}\left|\left(-\frac{1}{2}\right)^{n-1}-\left(-\frac{1}{2}\right)^{n}\right|=\frac{3\sqrt{5}}{4}\left(\frac{1}{2}\right)^{n-1}$$

数列 $\{l_n\}$ は公比が $\frac{1}{2}$ の等比数列で $0<\frac{1}{2}<1$ だから，$\sum_{n=1}^{\infty} l_n$ は収束する。よって，その和 $L$ は

$$L=\frac{l_1}{1-\frac{1}{2}}=\frac{3\sqrt{5}}{4}\div\frac{1}{2}=\frac{3\sqrt{5}}{2}$$ 答

**Process**

$\{x_n\}$ の漸化式を立てる
↓
$\{x_n\}$ の一般項を求める
↓
$x$ 座標 $x_n$ の極限を求める
↓
$y$ 座標 $f(x_n)$ の極限を求める

$l_n$ を $n$ の式で表す
↓
無限等比級数の和 $\sum_{n=1}^{\infty} l_n$ を求める

**無限等比級数の収束・発散は公比で決まる！**

## 112 極限値が存在するための必要条件 Lv.★★★

問題は47ページ

**考え方** 左辺の分数式において $x\to\frac{\pi}{3}$ のとき(分母)→0 だから，極限値をもつためには(分子)→0 でなければならない。これより $a$，$b$ の関係式が得られる。この条件のもとで，極限値が問題の値に一致するように $a$，$b$ の値を定める。

**解答**

$x\to\frac{\pi}{3}$ のとき $x-\frac{\pi}{3}\to 0$ だから，与式が成り立つためには

$$\lim_{x\to\frac{\pi}{3}}(a\sin x+b\cos x)=\frac{\sqrt{3}}{2}a+\frac{1}{2}b=0$$

$$\therefore\quad b=-\sqrt{3}\,a \quad \cdots\cdots ①$$

与式に代入すると

$$(\text{左辺})=\lim_{x\to\frac{\pi}{3}}\frac{a(\sin x-\sqrt{3}\cos x)}{x-\frac{\pi}{3}}=\lim_{x\to\frac{\pi}{3}}\frac{2a\sin\left(x-\frac{\pi}{3}\right)}{x-\frac{\pi}{3}}$$

ここで，$x-\frac{\pi}{3}=\theta$ とおくと，$x\to\frac{\pi}{3}$ のとき $\theta\to 0$ だから

$$\lim_{x\to\frac{\pi}{3}}\frac{2a\sin\left(x-\frac{\pi}{3}\right)}{x-\frac{\pi}{3}}=\lim_{\theta\to 0}2a\cdot\frac{\sin\theta}{\theta}=2a$$

よって，$b=-\sqrt{3}\,a$ のとき与式の左辺の極限値が存在し，その値について

$$2a=5 \quad \cdots\cdots ②$$

①，②を連立させて

$$a=\frac{5}{2},\ b=-\frac{5\sqrt{3}}{2}$$ **答**

**Process**

$\lim_{x\to\frac{\pi}{3}}(\text{分母})=0$ を確かめる

↓

$\lim_{x\to\frac{\pi}{3}}(\text{分子})=0$ となる条件を求める

↓

$\lim_{\theta\to 0}\frac{\sin\theta}{\theta}=1$ の利用

### 核心はココ！

$\lim_{x\to\alpha}\frac{(\text{分子})}{(\text{分母})}$ の極限値が存在し，$\lim_{x\to\alpha}(\text{分母})=0$ ならば

$$\lim_{x\to\alpha}(\text{分子})=0$$

## 113 無限級数の和　Lv.★★★

問題は47ページ

**考え方**　(2) 不等式を使って数列が収束することを示すので，ハサミウチの原理を使えるような変形を考えよう。$1+h$ と $x$ は定義域が異なるため $x=1+h$ とおくことはできないが，$h>0$ より $1+h>1$，$0<x<1$ より $\frac{1}{x}>1$ であることに気づけば，$\frac{1}{x}=1+h$ と置き換えることで(1)が適用できる。

**解答**

(1) $(1+h)^n \geqq 1+nh+\frac{n(n-1)}{2}h^2$ ……①

を，数学的帰納法を用いて示す。

(Ⅰ) $n=1$ のとき

左辺，右辺ともに $1+h$ で，①は成り立つ。

(Ⅱ) $n=k$ のとき，①が成り立つと仮定すると

$$(1+h)^k \geqq 1+kh+\frac{k(k-1)}{2}h^2$$

両辺に $1+h\ (>0)$ をかけて

$$(1+h)^{k+1} \geqq 1+(k+1)h+\frac{k(k+1)}{2}h^2+\frac{k(k-1)}{2}h^3$$

$\frac{k(k-1)}{2}h^3 \geqq 0$ より

$$(1+h)^{k+1} \geqq 1+(k+1)h+\frac{(k+1)k}{2}h^2$$

これは $n=k+1$ のときも①が成り立つことを示している。

(Ⅰ)，(Ⅱ)より，①はすべての自然数 $n$ について成り立つ。

(証終)

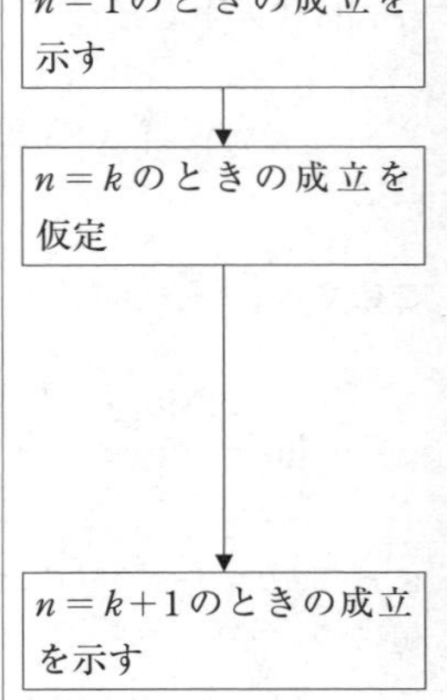


(2) $0<x<1$ のとき，$\frac{1}{x}>1$ だから $\frac{1}{x}=1+h\ (h>0)$ と表せる。不等式①を用いると

$$\frac{1}{x^n}=(1+h)^n \geqq 1+nh+\frac{n(n-1)}{2}h^2>0$$

$$\therefore\quad 0<nx^n \leqq \frac{n}{1+nh+\frac{n(n-1)}{2}h^2}=\frac{1}{\frac{1}{n}+h+\frac{n-1}{2}h^2}$$

$n\to\infty$ とすると (右辺) $\to 0$ なので，ハサミウチの原理から，数列 $\{nx^n\}$ は $0$ に収束する。

(証終)

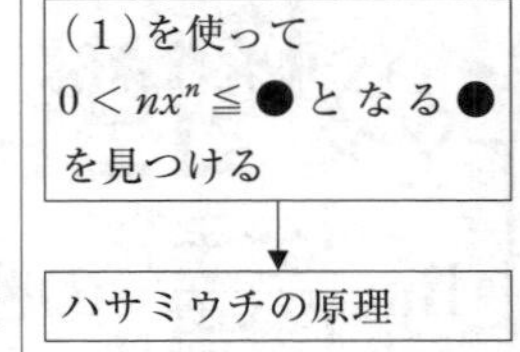

(1)を使って
$0<nx^n\leqq$ ● となる ●
を見つける
ハサミウチの原理


(3) $S_n=2x+4x^2+6x^3+\cdots+2nx^n$ ……②

とおく。この両辺に $x$ をかけて

$$xS_n = 2x^2 + 4x^3 + \cdots + 2(n-1)x^n + 2nx^{n+1} \quad \cdots\cdots③$$

$0 < x < 1$ のもとで②－③より

$$(1-x)S_n = 2x + 2x^2 + 2x^3 + \cdots + 2x^n - 2nx^{n+1}$$

$$= \frac{2x(1-x^n)}{1-x} - 2nx^{n+1}$$

$$\therefore \quad S_n = \frac{2x(1-x^n)}{(1-x)^2} - \frac{2x \cdot nx^n}{1-x}$$

よって，$\lim_{n\to\infty} x^n = 0$ と（2）の結論より求める和は

$$\lim_{n\to\infty} S_n = \lim_{n\to\infty}\left\{\frac{2x(1-x^n)}{(1-x)^2} - \frac{2x \cdot nx^n}{1-x}\right\} = \frac{2x}{(1-x)^2}$$ 答

公比 $x$ に着目して $S_n - xS_n$ を考える
↓
第 $n$ 部分和 $S_n$ を求める
↓
無限級数の和 $\lim_{n\to\infty} S_n$ を求める

**解説**　（1）で，「数学的帰納法を用いて」という注釈がなかった場合は，二項定理を用いて次のように示すこともできる。

（i）$n=1$ のとき

左辺，右辺ともに $1+h$ なので，与式は成り立つ。

（ii）$n \geqq 2$ のとき

$$(1+h)^n = {}_nC_0 1^n \cdot h^0 + {}_nC_1 1^{n-1} \cdot h^1 + {}_nC_2 1^{n-2} \cdot h^2 + \cdots + {}_nC_n 1^0 \cdot h^n$$

$$\geqq {}_nC_0 1^n \cdot h^0 + {}_nC_1 1^{n-1} \cdot h^1 + {}_nC_2 1^{n-2} \cdot h^2$$

$$= 1 + nh + \frac{n(n-1)}{2}h^2$$

より，与式は成り立つ。

**別解**　（2）$n \geqq 2$ のとき，（1）より

$$(1+h)^n > \frac{n(n-1)}{2}h^2$$

が成り立つことから，**解答**と同様に $\frac{1}{x} = 1+h$ とおくと

$$0 < nx^n < \frac{2}{(n-1)h^2}$$

が成り立つ。よって，ハサミウチの原理から $\lim_{n\to\infty} nx^n = 0$ を示してもよい。

## 核心はココ！

**不等式を利用して極限を示すときは**
**ハサミウチの原理が定石！**

## 114 自然対数の底と極限　Lv.★★★

問題は47ページ

**考え方**　角に関する条件が与えられていることから，図形的な性質に着目すると，$\triangle \mathrm{OP_0P_1}$，$\triangle \mathrm{OP_1P_2}$，…，$\triangle \mathrm{OP}_{n-1}\mathrm{P}_n$ はすべて相似であることがわかる。このことから，$\{a_k\}$ は等比数列をなす。この数列 $\{a_k\}$ の第 $n$ 部分和 $s_n$ には，三角関数や $\left(1+\dfrac{1}{n}\right)^{\square}$ の形が含まれているので，極限を求めることを見越して $\dfrac{\sin x}{x}$，$\left(1+\dfrac{1}{n}\right)^n$ の形が現れるように式変形をするとよい。

**解答**

$2 \leqq k \leqq n$ において，$\angle \mathrm{P}_{k-1}\mathrm{OP}_k = \angle \mathrm{P_0OP_1} = \dfrac{\pi}{n}$，

$\angle \mathrm{OP}_{k-1}\mathrm{P}_k = \angle \mathrm{OP_0P_1}$ より

$$\triangle \mathrm{OP}_{k-1}\mathrm{P}_k \backsim \triangle \mathrm{OP_0P_1}$$

$\mathrm{OP}_{k-1} : \mathrm{OP_0} = \mathrm{OP}_k : \mathrm{OP_1}$ より

$$\mathrm{OP}_k = \left(1+\frac{1}{n}\right)\mathrm{OP}_{k-1}$$

$$\therefore \quad \mathrm{OP}_k = \left(1+\frac{1}{n}\right)^k \mathrm{OP_0} = \left(1+\frac{1}{n}\right)^k$$

また，$\mathrm{P}_{k-1}\mathrm{P}_k : \mathrm{P_0P_1} = \mathrm{OP}_{k-1} : \mathrm{OP_0}$ より

$$a_k : a_1 = \left(1+\frac{1}{n}\right)^{k-1} : 1 \qquad \therefore \quad a_k = a_1\left(1+\frac{1}{n}\right)^{k-1}$$

これは $k=1$ のときをみたす。$\triangle \mathrm{OP_0P_1}$ に余弦定理を用いると

$$\mathrm{P_0P_1}^2 = \mathrm{OP_0}^2 + \mathrm{OP_1}^2 - 2\cdot\mathrm{OP_0}\cdot\mathrm{OP_1}\cos\frac{\pi}{n}$$

$$\begin{aligned} a_1^2 &= 1^2 + \left(1+\frac{1}{n}\right)^2 - 2\cdot 1\cdot\left(1+\frac{1}{n}\right)\cdot\cos\frac{\pi}{n} \\ &= 1 + \left(1+\frac{1}{n}\right)^2 - 2\left(1+\frac{1}{n}\right)\left(1-2\sin^2\frac{\pi}{2n}\right) \\ &= 1 - 2\left(1+\frac{1}{n}\right) + \left(1+\frac{1}{n}\right)^2 + 4\left(1+\frac{1}{n}\right)\sin^2\frac{\pi}{2n} \\ &= \left\{1-\left(1+\frac{1}{n}\right)\right\}^2 + 4\left(1+\frac{1}{n}\right)\sin^2\frac{\pi}{2n} \\ &= \frac{1}{n^2} + 4\left(1+\frac{1}{n}\right)\sin^2\frac{\pi}{2n} \end{aligned}$$

$a_1 > 0$ より

$$a_1 = \sqrt{\frac{1}{n^2} + 4\left(1+\frac{1}{n}\right)\sin^2\frac{\pi}{2n}}$$

**Process**

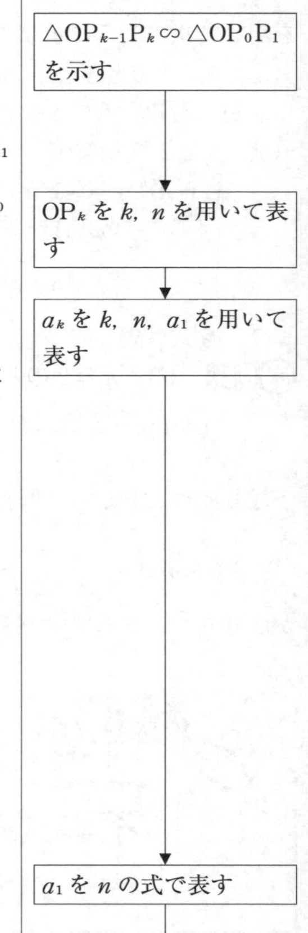

よって

$$s_n=\sum_{k=1}^{n}a_k=\sum_{k=1}^{n}\sqrt{\frac{1}{n^2}+4\left(1+\frac{1}{n}\right)\sin^2\frac{\pi}{2n}}\left(1+\frac{1}{n}\right)^{k-1}$$

$$=\sqrt{\frac{1}{n^2}+4\left(1+\frac{1}{n}\right)\sin^2\frac{\pi}{2n}}\cdot\frac{1-\left(1+\frac{1}{n}\right)^n}{1-\left(1+\frac{1}{n}\right)}$$

$$=\sqrt{\frac{1}{n^2}+4\left(1+\frac{1}{n}\right)\sin^2\frac{\pi}{2n}}\cdot n\left\{\left(1+\frac{1}{n}\right)^n-1\right\}$$

$$=\sqrt{1+4n^2\left(1+\frac{1}{n}\right)\sin^2\frac{\pi}{2n}}\left\{\left(1+\frac{1}{n}\right)^n-1\right\}$$

$$=\sqrt{1+\pi^2\left(1+\frac{1}{n}\right)\left(\frac{\sin\frac{\pi}{2n}}{\frac{\pi}{2n}}\right)^2}\left\{\left(1+\frac{1}{n}\right)^n-1\right\}$$

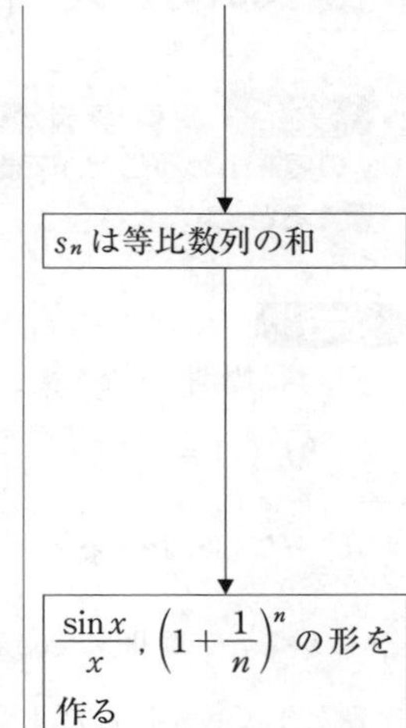


$\lim_{n\to\infty}\left(1+\frac{1}{n}\right)=1$, $\lim_{n\to\infty}\frac{\sin\frac{\pi}{2n}}{\frac{\pi}{2n}}=1$, $\lim_{n\to\infty}\left(1+\frac{1}{n}\right)^n=e$ より

$$\lim_{n\to\infty}s_n=\sqrt{1+\pi^2}(e-1)$$ 答

**解説** 点Oを極，半直線 $OP_0$ を始線とみたとき，点 $P_k$ の極座標表示は $\left(\left(1+\frac{1}{n}\right)^k,\ \frac{k\pi}{n}\right)$ である。$r=\left(1+\frac{1}{n}\right)^k$, $\theta=\frac{k\pi}{n}$ から $k$ を消去すると

$$r=\left(1+\frac{1}{n}\right)^{\frac{n\theta}{\pi}}=\left\{\left(1+\frac{1}{n}\right)^n\right\}^{\frac{\theta}{\pi}}$$

$n\to\infty$ を考えて

$$r\to e^{\frac{\theta}{\pi}}$$

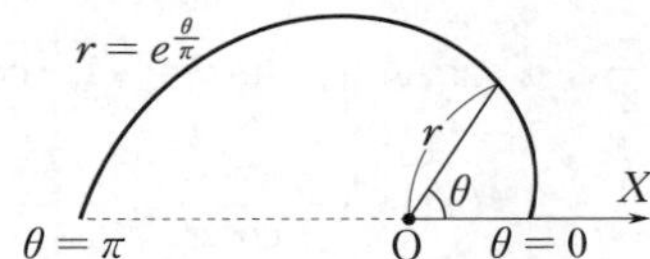


すなわち，$n\to\infty$ のとき，折れ線 $P_0P_1P_2\cdots P_n$ は極方程式 $r=e^{\frac{\theta}{\pi}}$ で表される曲線に限りなく近づく。このことから，$\lim_{n\to\infty}s_n$ はこの曲線の長さであるといえる。

$\lim_{n\to\infty}\left(1+\frac{1}{n}\right)^n$, $\lim_{h\to 0}(1+h)^{\frac{1}{h}}$ は

**自然対数の底 $e$ になる！**

# 第13章　微分法・積分法（数学Ⅲ）

## 115 関数の最大・最小　Lv.★★★

問題は48ページ

**考え方**　$f(x)$ を微分して増減を調べればよいが，$f'(x)=0$ を解こうとしても具体的な $x$ の値を求めることができない。このような場合には，$f'(x)=0$ の解を $x=\alpha$ とおいて処理するとよい。

**解答**

$f(x)$ は周期 $2\pi$ なので，$0 \leqq x \leqq 2\pi$ で考えれば十分である。

$$f'(x)=\frac{\cos x(3+\cos x)-\sin x(-\sin x)}{(3+\cos x)^2}=\frac{3\cos x+1}{(3+\cos x)^2}$$

より，$f'(x)=0$ となるのは，$\cos x=-\dfrac{1}{3}$ のときである。

$\dfrac{\pi}{2}<x<\pi$ の範囲に $\cos x=-\dfrac{1}{3}$ をみたす実数 $x$ はただ1つ存在する。それを $\alpha$ とすると，$f'(x)=0$ の解は $x=\alpha$，$2\pi-\alpha$ であり，$f(x)$ の増減表は次表のようになる。

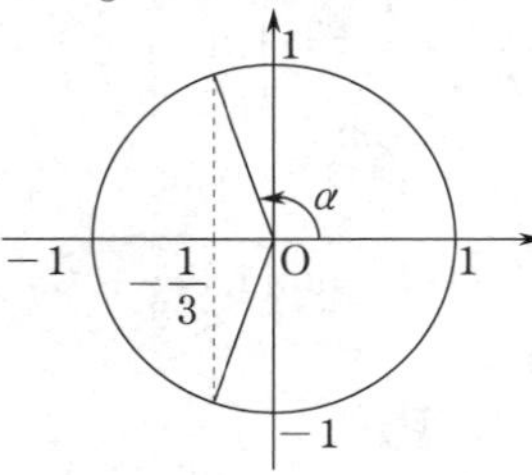

1
α
−1
O
1
$-\frac{1}{3}$
−1

| $x$ | 0 | $\cdots$ | $\alpha$ | $\cdots$ | $2\pi-\alpha$ | $\cdots$ | $2\pi$ |
|---|---|---|---|---|---|---|---|
| $f'(x)$ | | + | 0 | − | 0 | + | |
| $f(x)$ | 0 | ↗ | | ↘ | | ↗ | 0 |

$\dfrac{\pi}{2}<\alpha<\pi$ より，$\sin\alpha=\sqrt{1-\cos^2\alpha}=\dfrac{2\sqrt{2}}{3}$ であるから

$$f(\alpha)=\frac{\sin\alpha}{3+\cos\alpha}=\frac{\sqrt{2}}{4}$$

$$f(2\pi-\alpha)=\frac{\sin(2\pi-\alpha)}{3+\cos(2\pi-\alpha)}=\frac{-\sin\alpha}{3+\cos\alpha}=-\frac{\sqrt{2}}{4}$$

$\therefore$　最大値 $\dfrac{\sqrt{2}}{4}$，最小値 $-\dfrac{\sqrt{2}}{4}$　答

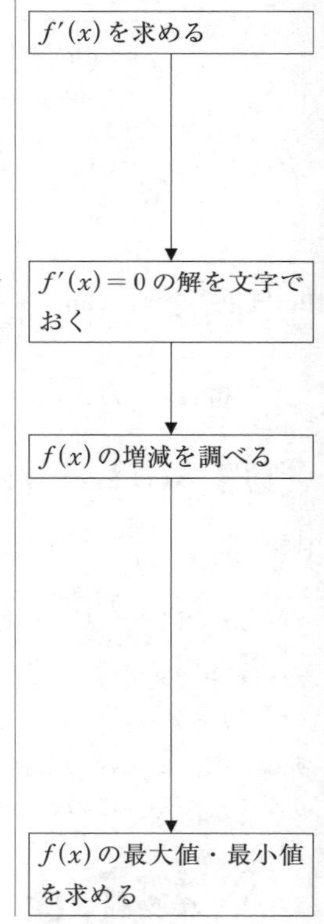

Process
$f'(x)$ を求める
$f'(x)=0$ の解を文字でおく
$f(x)$ の増減を調べる
$f(x)$ の最大値・最小値を求める

**核心はココ！**

**$f'(x)=0$ の解が具体的に求められないときは文字でおいて計算せよ！**

## 116 分数関数のグラフ Lv.★★★

問題は48ページ

**考え方** (分子の次数)＞(分母の次数)なので，除法の原理を用いて分子の次数を小さくする。これは，漸近線を求めるためにも有用である。

**解答**

(1) $f(x)=\dfrac{x^3}{x^2-1}=x+\dfrac{x}{x^2-1}\quad(x\neq\pm1)$ …………①

より $f'(x)=1+\dfrac{1\cdot(x^2-1)-x\cdot2x}{(x^2-1)^2}=\dfrac{x^2(x^2-3)}{(x^2-1)^2}$ 答

$$f''(x)=-\frac{2x(x^2-1)^2-(x^2+1)\cdot4x(x^2-1)}{(x^2-1)^4}$$

$$=-\frac{2x(x^2-1)-4x(x^2+1)}{(x^2-1)^3}=\frac{2x(x^2+3)}{(x^2-1)^3}$$ 答

(2) 関数 $f(x)$ の増減およびグラフの凹凸は次表のようになる。

| $x$ | … | $-\sqrt{3}$ | … | $-1$ | … | 0 | … | 1 | … | $\sqrt{3}$ | … |
|---|---|---|---|---|---|---|---|---|---|---|---|
| $f'(x)$ | ＋ | 0 | － | ／ | － | 0 | － | ／ | － | 0 | ＋ |
| $f''(x)$ | － | － | － | ／ | ＋ | 0 | － | ／ | ＋ | ＋ | ＋ |
| $f(x)$ | ↗ | 極大 | ↘ | ／ | ↘ | 0 | ↘ | ／ | ↘ | 極小 | ↗ |

よって，**極大値** $-\dfrac{3\sqrt{3}}{2}$，**極小値** $\dfrac{3\sqrt{3}}{2}$，**変曲点** $(0,\ 0)$

さらに，$f(-x)=-f(x)$，

$\displaystyle\lim_{x\to1\pm0}f(x)=\pm\infty$ (複号同順)，

$\displaystyle\lim_{x\to\infty}f(x)=\infty$

より，$y=f(x)$ のグラフは右図の実線部分のようになる。 答

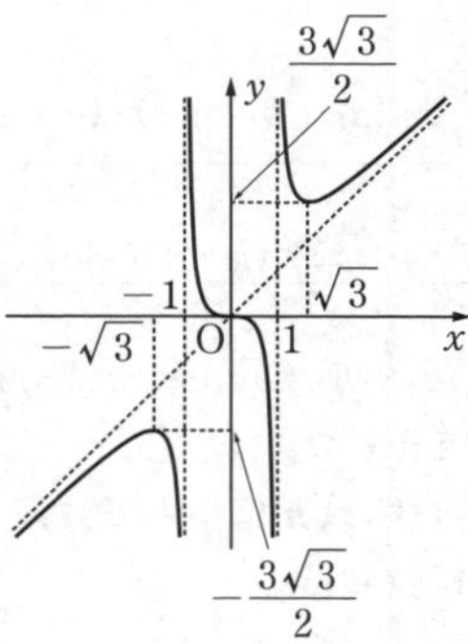


(3) $\displaystyle\lim_{x\to\pm\infty}\{f(x)-x\}=0$

これと(2)から，求める漸近線は

$y=x,\ x=\pm1$ 答

**Process**

$f'(x)$，$f''(x)$ を求める

↓

$f'(x)=0$，$f''(x)=0$ を解き，極値点，変曲点の $x$ 座標を求める

↓

極限にも注意してグラフをかく

**核心はココ！**

**$f'(x)$，$f''(x)$ の符号は積の形に直して判定せよ！**

## 117 第 $n$ 次導関数 Lv.★★★

問題は48ページ

**考え方** （1）すべての自然数について成り立つことを証明するので，数学的帰納法を用いるとよい。$f^{(n)}(x)$ を $x$ で微分すると $f^{(n+1)}(x)$ となることを利用しよう。
（2）（1）で得た $a_n$，$b_n$ に関する漸化式を解けばよい。数列 $\{b_n\}$ の一般項を求めることは難しくないが，数列 $\{a_n\}$ の一般項を求めるのには少々工夫が必要である。$h_n$ が与えられていることにも着目してほしい。

**解答**

（1）数列 $\{a_n\}$，$\{b_n\}$ を用いて

$$f^{(n)}(x)=\frac{a_n+b_n\log x}{x^{n+1}} \quad \cdots\cdots①$$

と表されることを数学的帰納法により示す。

（Ⅰ）$n=1$ のとき

$$f'(x)=\frac{\frac{1}{x}\cdot x-\log x\cdot 1}{x^2}=\frac{1-\log x}{x^2}$$

よって，$a_1=1$，$b_1=-1$ とすると①が成り立つ。

（Ⅱ）$n=k$ のとき①が成り立つと仮定すると

$$f^{(k)}(x)=\frac{a_k+b_k\log x}{x^{k+1}}$$

これを $x$ で微分すると

**Process**：$f^{(k)}(x)$ を微分して漸化式を求める

$$f^{(k+1)}(x)=\frac{\frac{b_k}{x}\cdot x^{k+1}-(a_k+b_k\log x)\cdot(k+1)x^k}{x^{2(k+1)}}$$

$$=\frac{-(k+1)a_k+b_k-(k+1)b_k\log x}{x^{k+2}}$$

よって，$a_{k+1}=-(k+1)a_k+b_k$，$b_{k+1}=-(k+1)b_k$ とすると，$n=k+1$ のときも①は成り立つ。

（Ⅰ），（Ⅱ）より，すべての自然数 $n$ について数列 $\{a_n\}$，$\{b_n\}$ を用いて $f^{(n)}(x)$ を①のように表せる。（証終）

また

$$\begin{cases} a_{n+1}=-(n+1)a_n+b_n \\ b_{n+1}=-(n+1)b_n \end{cases}$$ 答

ただし，$a_1=1$，$b_1=-1$

（2）$b_{n+1}=-(n+1)b_n$，$b_1=-1$ より

$b_n=(-1)^n n!$ 答

したがって　$a_{n+1}=-(n+1)a_n+(-1)^n n!$

この両辺に $\dfrac{(-1)^{n+1}}{(n+1)!}$ をかけると

$$\frac{(-1)^{n+1}}{(n+1)!}\cdot a_{n+1}=\frac{(-1)^n}{n!}\cdot a_n-\frac{1}{n+1}$$

ここで，$\dfrac{(-1)^n}{n!}\cdot a_n=c_n$ とおくと　$c_{n+1}=c_n-\dfrac{1}{n+1}$

また　$c_1=-a_1=-1$

したがって，$n\geqq 2$ のとき，階差数列の和と一般項の関係より

$$\begin{aligned}c_n&=c_1+\sum_{k=1}^{n-1}\left(-\frac{1}{k+1}\right)\\&=-1-\sum_{k=2}^{n}\frac{1}{k}\\&=-h_n\end{aligned}$$

これは $c_1=-1$ をみたす。

よって，すべての自然数 $n$ について $c_n=-h_n$ であるから

$$\boldsymbol{a_n}=\frac{n!}{(-1)^n}\cdot(-h_n)=\boldsymbol{(-1)^{n-1}n!h_n}$$ 答

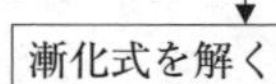


**解説**　(2) 数列 $\{b_n\}$ の一般項は，漸化式を順に適用することで

$$\begin{aligned}b_n&=-nb_{n-1}\\&=-n\cdot\{-(n-1)\}b_{n-2}\\&=-n\cdot\{-(n-1)\}\cdot\cdots\cdots\cdot(-1)\\&=(-1)^n\times n\cdot(n-1)\cdot\cdots\cdots\cdot 1\\&=(-1)^n n!\end{aligned}$$

と求めることができる。

**すべての自然数について成り立つことの証明は数学的帰納法で**

## 118 不等式への応用　Lv. ★★★

問題は49ページ

**考え方**　不等式の左辺を $\theta$ の関数とみて，その増減を調べる方針でもよいが，導関数がもとの関数よりも複雑で，符号の決定が難しい。そこで，問題の不等式とその両辺に $\theta$ をかけた不等式が同値であることに着目しよう。

**解答**

$0<\theta<\dfrac{\pi}{2}$ より，問題の不等式を変形すると

$$\sin\theta+\tan\theta-2\theta>0$$

この不等式を証明すればよい。

関数 $f(\theta)=\sin\theta+\tan\theta-2\theta$ について

$$f'(\theta)=\cos\theta+\frac{1}{\cos^2\theta}-2=\frac{1-2\cos^2\theta+\cos^3\theta}{\cos^2\theta}$$

$$=\frac{(1-\cos\theta)(1+\cos\theta-\cos^2\theta)}{\cos^2\theta}$$

$0<\theta<\dfrac{\pi}{2}$ のとき，$0<\cos\theta<1$，$\cos^2\theta<\cos\theta$ より $f'(\theta)>0$ となるから，関数 $f(\theta)$ の増減表は次表のようになる。

| $\theta$ | $0$ | $\cdots$ | $\dfrac{\pi}{2}$ |
|---|---|---|---|
| $f'(\theta)$ | | $+$ | |
| $f(\theta)$ | $0$ | $\nearrow$ | |

よって，$f(\theta)$ は増加する。さらに，$f(0)=0$ であるから

$$f(\theta)>0$$

$$\therefore\quad \sin\theta+\tan\theta-2\theta>0$$

したがって

$$\frac{1}{\theta}(\sin\theta+\tan\theta)>2$$

（証終）

**Process**

微分しやすい式が現れるように不等式を変形する

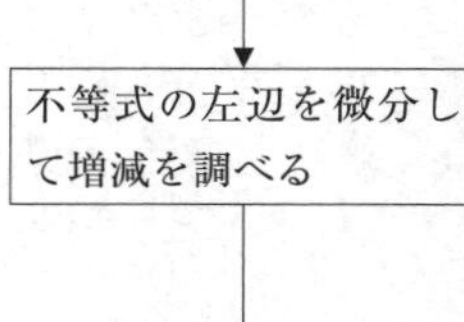

不等式の左辺を微分して増減を調べる

関数の最小値に注目して不等式を証明する

**ある区間で常に成り立つ不等式の証明は最大・最小問題として処理せよ！**

## 119 極値をもつための条件 Lv.★★★

問題は49ページ

**考え方** 導関数 $f'(x)$ を計算して，$f'(\alpha)=0$ かつ，$x=\alpha$ の前後で $f'(x)$ の符号が正から負に変わる $\alpha$ が存在するように $a$ の値の範囲を定める。

**解答**

$$f'(x)=\frac{\sin x(a+\sin x)-(a-\cos x)\cos x}{(a+\sin x)^2} \quad \cdots\cdots(*)$$

$$=\frac{1-a(\cos x-\sin x)}{(a+\sin x)^2}$$

$g(x)=a(\cos x-\sin x)$ とおくと $g(x)=\sqrt{2}\,a\cos\left(x+\frac{\pi}{4}\right)$ であるから，$0<x<\frac{\pi}{2}$ で $g(x)$ は単調関数になる。

また，$(a+\sin x)^2>0$ より，$f(x)$ が極大値をもつための条件は

$$1-g(0)>0 \quad かつ \quad 1-g\left(\frac{\pi}{2}\right)<0$$

すなわち　$1-a>0$ かつ $1+a<0$

したがって　$a<-1$ **答**

$f(x)$ が $x=\alpha$ で極値をもつならば，$f'(\alpha)=0$ であるから，$(*)$ より

$$\sin\alpha(a+\sin\alpha)=(a-\cos\alpha)\cos\alpha$$

となることを用いて

$$f(\alpha)=\frac{a-\cos\alpha}{a+\sin\alpha}=\tan\alpha=2 \quad \left(0<\alpha<\frac{\pi}{2}\right)$$

このとき，$\cos\alpha=\frac{1}{\sqrt{5}}$，$\sin\alpha=\frac{2}{\sqrt{5}}$ で，$g(\alpha)=1$ より

$$a(\cos\alpha-\sin\alpha)=1 \qquad -\frac{a}{\sqrt{5}}=1$$

$\therefore\ a=-\sqrt{5}$ **答**

**Process**

$f'(x)$ を求める

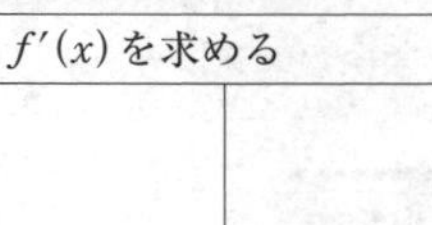

$f(x)$ が極値をもつための条件を求める

**核心はココ!**

**極値をもつための条件を調べるときは $f'(x)$ の符号変化に注目しよう**

## 120 平均値の定理と不等式 Lv.★★★

問題は49ページ

**考え方**　（2）（1）の誘導と与えられた式の形から，平均値の定理を利用することに気づいてほしい。関数 $f(x)$ が閉区間 $[a,\ b]$ で連続，開区間 $(a,\ b)$ で微分可能であるとき，$\dfrac{f(b)-f(a)}{b-a}=f'(c)$，$a<c<b$ をみたす実数 $c$ が存在する。

（3）証明すべき不等式の両辺の自然対数をとって，（2）で示した等式をどのように使えばよいか考えよう。

**解答**

（1）$f'(x)=1\cdot\log x+x\cdot\dfrac{1}{x}=\log x+1$　答

（2）関数 $f(x)$ に平均値の定理を用いると

$$\frac{f(x+1)-f(x)}{(x+1)-x}=f'(c)$$

すなわち等式 $(x+1)\log(x+1)-x\log x=1+\log c$ をみたす $c$ が $x<c<x+1$ の範囲に少なくとも1つ存在する。　（証終）

（3）示すべき不等式の両辺の自然対数をとると

$$x\log\left(1+\frac{1}{x}\right)<1 \qquad x\log\frac{x+1}{x}<1$$

$$\therefore\quad x\log(x+1)-x\log x<1$$

これを示せばよい。

（2）の等式の両辺から $\log(x+1)$ をひいて整理すると

$$x\log(x+1)-x\log x=1+\log\frac{c}{x+1}$$

ここで，$0<x<c<x+1$ より $0<\dfrac{c}{x+1}<1$ であるから

$$\log\frac{c}{x+1}<0$$

したがって　$x\log(x+1)-x\log x<1$

であり，問題の不等式は成り立つ。　（証終）

**Process**

微分の式に注目して平均値の定理を用いる

↓

先の設問の等式が利用できる形に変形する

↓

不等式を証明する

**式の証明では，示すべき式を前の設問を意識しながら同値変形しよう**

第41回

## 121 円すいの体積の最小値 Lv.★★★

問題は50ページ

**考え方** 空間図形の問題であるから，断面図を考え，二等辺三角形と内接円の問題に帰着させよう。直円すいの体積を立式した後は，置き換えを用いて式を簡略化してから計算するとよい。

**解答**

（1）直円すいの頂点Oと球の中心Iを含む平面で切った切り口は右図のようになる。

$\angle \mathrm{IAH}=\angle \mathrm{OAI}=\theta$ とすると

$$\tan\theta=\frac{a}{x}\quad (a<x)$$

であるから

$$\tan 2\theta=\frac{2\tan\theta}{1-\tan^2\theta}=\frac{2ax}{x^2-a^2}$$

$$\therefore\quad \mathrm{OH}=\mathrm{AH}\tan 2\theta=\frac{2ax^2}{x^2-a^2}\quad \text{答}$$

（2）この直円すいの体積 $V$ は

$$V=\frac{1}{3}\pi x^2\cdot\mathrm{OH}=\frac{2\pi a}{3}\cdot\frac{x^4}{x^2-a^2}$$

である。$x^2=t$ とおくと　$t>a^2$

関数 $f(t)=\dfrac{t^2}{t-a^2}$ について

$$f'(t)=\frac{2t(t-a^2)-t^2\cdot 1}{(t-a^2)^2}=\frac{t(t-2a^2)}{(t-a^2)^2}$$

| $t$ | $a^2$ | $\cdots$ | $2a^2$ | $\cdots$ |
|---|---|---|---|---|
| $f'(t)$ | ／ | $-$ | 0 | $+$ |
| $f(t)$ | ／ | ↘ | 極小 | ↗ |

右上の増減表より，$f(t)$ は $t=2a^2$ のとき極小かつ最小で

$$f(2a^2)=4a^2$$

よって，求める体積の最小値は　$\dfrac{8}{3}\pi a^3$　答

**Process**

図形についての条件から最大値・最小値を考える式を求める
↓
文字を置き換えて式を簡略化する
↓
微分して最大値・最小値を求める

**式を置き換えて計算を簡単に。**
**置き換えた文字の定義域に注意しよう**

## 122 微分係数の定義　Lv.★★★

問題は50ページ

**考え方**　（1）三角関数は単位円周上の点の座標として定義されることを思い出そう。$\sin x$, $x$, $\tan x$ をある図形の面積としてとらえ，その大小を比較しよう。

（2）（1）の不等式から，はさみうちの原理を利用する。

（3）まず，$x=a$ における $f(x)=\sin x$ の微分係数を定義に従って表そう。これを変形し，極限値を求めればよい。

**解答**

（1）右図のように，単位円上に中心角 $x$ のおうぎ形OAPをとり，点Aを通り $X$ 軸と垂直な直線と直線OPとの交点をQとすると

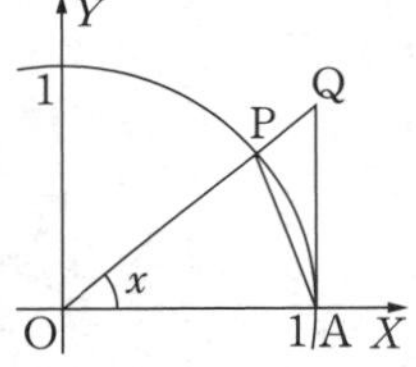


$$\mathrm{P}(\cos x,\ \sin x),\ \mathrm{Q}(1,\ \tan x)$$

△OAP，おうぎ形OAP，△OAQの面積の大小関係から

$$0<\frac{1}{2}\sin x<\frac{1}{2}x<\frac{1}{2}\tan x$$

$\therefore\quad 0<\sin x<x<\tan x$　（証終）

（2）（1）より

（Ⅰ）$0<x<\dfrac{\pi}{2}$ のとき　$\cos x<\dfrac{\sin x}{x}<1$

（Ⅱ）$-\dfrac{\pi}{2}<x<0$ のとき，$0<-x<\dfrac{\pi}{2}$ であるから

$$\sin(-x)<-x<\tan(-x)\qquad\therefore\quad \sin x>x>\tan x$$

$\sin x<0$ に注意して　$\cos x<\dfrac{\sin x}{x}<1$

したがって，$\displaystyle\lim_{x\to 0}\cos x=1$ から，はさみうちの原理より

$$\lim_{x\to 0}\frac{\sin x}{x}=1$$

また，これを用いて

$$\begin{aligned}\lim_{x\to 0}\frac{1-\cos x}{x}&=\lim_{x\to 0}\frac{(1-\cos x)(1+\cos x)}{x(1+\cos x)}\\&=\lim_{x\to 0}\frac{1-\cos^2 x}{x(1+\cos x)}\\&=\lim_{x\to 0}\frac{\sin x}{x}\cdot\frac{\sin x}{1+\cos x}\\&=1\cdot 0=0\end{aligned}$$

（証終）

**Process**

$\dfrac{\sin x}{x}$ の形をつくる

↓

極限を求める

（3）関数 $f(x)$ について，極限値 $\lim_{h\to 0}\dfrac{f(a+h)-f(a)}{h}$ が存在するとき，この値を $x=a$ における $f(x)$ の微分係数といい，$f'(a)$ で表す。

$f(x)=\sin x$ のとき

$$\lim_{h\to 0}\frac{\sin(a+h)-\sin a}{h}$$

$$=\lim_{h\to 0}\frac{\sin a\cos h+\cos a\sin h-\sin a}{h}$$

$$=\lim_{h\to 0}\left\{\frac{\sin h}{h}\cdot\cos a-\frac{(1-\cos h)}{h}\cdot\sin a\right\}$$

$$=1\cdot\cos a-0\cdot\sin a=\cos a$$

$\therefore\quad f'(a)=\cos a$ 答

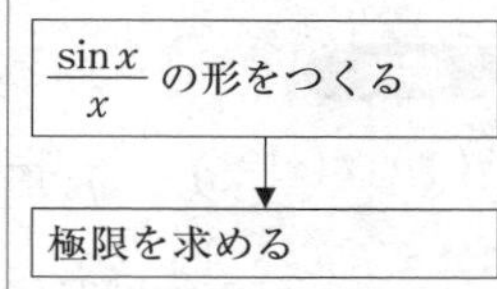

$\dfrac{\sin x}{x}$ の形をつくる
極限を求める

**別解** （3）（2）の結論の一方しか利用しないことになるが，次のように求めることもできる。

関数 $f(x)$ について，極限値 $\lim_{x\to a}\dfrac{f(x)-f(a)}{x-a}$ が存在するとき，この値を $x=a$ における $f(x)$ の微分係数といい，$f'(a)$ で表す。

$f(x)=\sin x$ のとき

$$\lim_{x\to a}\frac{\sin x-\sin a}{x-a}=\lim_{x\to a}\frac{2\cos\frac{x+a}{2}\sin\frac{x-a}{2}}{x-a}$$

$$=\lim_{x\to a}\frac{\sin\frac{x-a}{2}}{\frac{x-a}{2}}\cdot\cos\frac{x+a}{2}$$

$$=\cos a$$

$\therefore\quad f'(a)=\cos a$

核心はココ！

**三角関数の極限の基本は $\lim_{x\to 0}\dfrac{\sin x}{x}=1$**

**これが使える形に変形しよう**

## 123　定積分で表された関数の最小値　Lv. ★★★

問題は50ページ

**考え方**　（1）積分計算をして，$f(x)$ を具体的に $x$ の式で表す。なお，積分計算をせず，被積分関数の性質を利用して求めることもできる。

（2）（1）で決定した $f(x)$ を微分するのではなく，定義式の形で処理しよう。

（3）$f(x)$ の増減を調べればよいが，極小値をそのまま最小値として答えてはならない。$x\to\infty$ としたときの極限値によっては，最小値が存在しないことに注意しよう。

**解答**

**Process**

（1）$f(x)=\displaystyle\int_{-x}^{x+4}\frac{t}{t^2+1}dt=\frac{1}{2}\int_{-x}^{x+4}\frac{(t^2+1)'}{t^2+1}dt$

$$=\left[\frac{1}{2}\log(t^2+1)\right]_{-x}^{x+4}=\frac{1}{2}\log\frac{(x+4)^2+1}{x^2+1}$$

$f(x)=0$ となるのは

$$\frac{(x+4)^2+1}{x^2+1}=1 \text{ すなわち } (x+4)^2=x^2$$

のときである。これを解いて　　$x=-2$　**答**

（2）$g(t)=\dfrac{t}{t^2+1}$ とおくと，$f(x)=\displaystyle\int_{-x}^{x+4}g(t)dt$ より

$$f'(x)=g(x+4)\cdot(x+4)'-g(-x)\cdot(-x)'$$

$$=\frac{x+4}{(x+4)^2+1}-\frac{x}{x^2+1}\quad\cdots\cdots\cdots\cdots\cdots\cdots\text{①}$$

$$=\frac{-4(x^2+4x-1)}{\{(x+4)^2+1\}(x^2+1)}$$

$f'(x)=0$ より　　$x^2+4x-1=0$　　∴　$x=-2\pm\sqrt{5}$　**答**

（3）関数 $f(x)$ の増減表は次表のようになる。

| $x$ | $\cdots$ | $-2-\sqrt{5}$ | $\cdots$ | $-2+\sqrt{5}$ | $\cdots$ |
|---|---|---|---|---|---|
| $f'(x)$ | $-$ | 0 | $+$ | 0 | $-$ |
| $f(x)$ | ↘ | 極小 | ↗ | 極大 | ↘ |

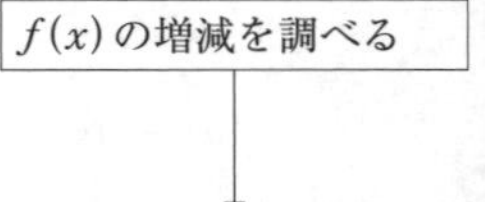


（1），$-2-\sqrt{5}<-2<-2+\sqrt{5}$ および $\displaystyle\lim_{x\to\infty}f(x)=0$ に注意すると，$y=f(x)$ のグラフは右下のようになり，$x=-2-\sqrt{5}$ で極小かつ最小となる。

また，$f'(x)=0$ のとき，①より

$$\frac{x+4}{(x+4)^2+1}=\frac{x}{x^2+1}$$

$$\frac{x+4}{x}=\frac{(x+4)^2+1}{x^2+1}$$

y
$-2-\sqrt{5}$
O
x
$-2+\sqrt{5}$

よって，求める最小値は

$$f(-2-\sqrt{5})=\frac{1}{2}\log\frac{(-2-\sqrt{5})+4}{-2-\sqrt{5}}$$

$$=\frac{1}{2}\log\frac{\sqrt{5}-2}{\sqrt{5}+2}=\log(\sqrt{5}-2)$$ **答**

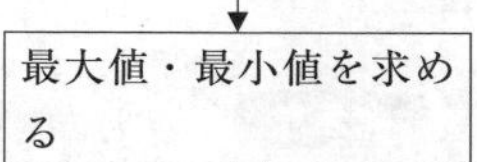

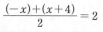

**解説** （2）**解答**の $f(x)$ の微分では

$$\frac{d}{dx}\int_{q(x)}^{p(x)}h(t)dt=h(p(x))p'(x)-h(q(x))q'(x)$$

が成り立つことを利用しているが，この関係式を利用せず

$$f(x)=\frac{1}{2}\log\frac{(x+4)^2+1}{x^2+1}$$

$$=\frac{1}{2}[\log\{(x+4)^2+1\}-\log(x^2+1)]$$

を微分して

$$f'(x)=\frac{1}{2}\left\{\frac{2(x+4)}{(x+4)^2+1}-\frac{2x}{x^2+1}\right\}=\frac{x+4}{(x+4)^2+1}-\frac{x}{x^2+1}$$

と①を得ることもできる。

**研究** （1）曲線 $y=g(t)$ は原点対称で，右図のようになる。

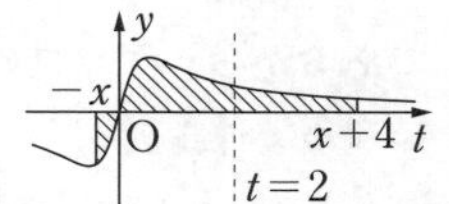


さらに

$$\frac{(-x)+(x+4)}{2}=2$$

であるから

$-x<x+4$ のとき　　$f(x)=\int_{-x}^{x+4}g(t)dt>0$

$x+4<-x$ のとき　　$f(x)=-\int_{x+4}^{-x}g(t)dt<0$

また，$-x=x+4$ のときは，明らかに $f(x)=0$ が成り立つ。

よって，求める $x$ の値は　　$x=-2$

**最大値・最小値を求めるときは**
**関数の極限値にも注意せよ！**

## 124 方程式の実数解の個数　Lv.★★★

問題は51ページ

**考え方**　（1）$f(x)$ を微分して増減を調べる。なお，$x\to\pm\infty$，$x\to 1\pm 0$ のときの極限も調べるのを忘れないように。

（2）与えられた方程式は $\dfrac{e^x}{x-1}=k$ と変形できるから，$y=f(x)$ のグラフと直線 $y=k$ との共有点の個数を考える。

**解答**

（1）関数 $f(x)=\dfrac{e^x}{x-1}$ について

$$f'(x)=\frac{e^x(x-1)-e^x}{(x-1)^2}=\frac{(x-2)e^x}{(x-1)^2}$$

| $x$ | $\cdots$ | 1 | $\cdots$ | 2 | $\cdots$ |
|---|---|---|---|---|---|
| $f'(x)$ | $-$ | ／ | $-$ | 0 | $+$ |
| $f(x)$ | ↘ | ／ | ↘ | 極小 | ↗ |

よって，関数 $f(x)$ の増減表は右上表のようになる。

ここで，$f(2)=e^2$ であり

$$\lim_{x\to-\infty}f(x)=0,\quad \lim_{x\to\infty}f(x)=\infty$$

$$\lim_{x\to1-0}f(x)=-\infty,\quad \lim_{x\to1+0}f(x)=\infty$$

であるから，グラフの概形は右図のようになる。 答

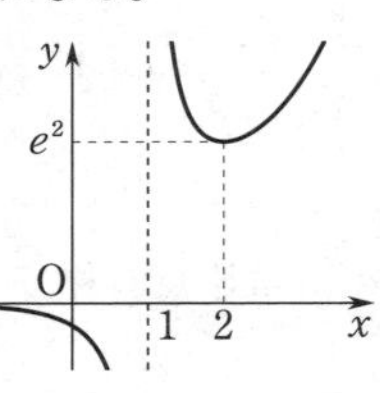


（2）$e^x=k(x-1)$ は $x=1$ を解にもたないから

$$\frac{e^x}{x-1}=k \quad\cdots\cdots\cdots(*)$$

について考えればよく，$(*)$ の異なる実数解の個数は $y=f(x)$ のグラフと直線 $y=k$ との共有点の個数に等しい。

したがって，（1）のグラフより

$$\begin{cases} k>e^2 \text{ のとき　2個} \\ k<0,\ k=e^2 \text{ のとき　1個} \\ 0\leqq k<e^2 \text{ のとき　0個} \end{cases}$$ 答

**Process**

文字定数を分離する

2つの関数のグラフの共有点の個数の問題に読み替える

**方程式の実数解の個数の問題は文字定数を分離して考えよ！**

第42回

## 125 分数関数の極値と面積 Lv.★★★

問題は51ページ

**考え方** （1）微分可能な関数 $f(x)$ が $x=\alpha$ で極値をとるならば　$f'(\alpha)=0$
ただし，これは必要条件であるから，十分性について確認するのを忘れないように。
（3）分数関数の積分計算は，まず（分子の次数）<（分母の次数）の形になおすとよい。

**解答**

（1）$f'(x)=\dfrac{(2x+a)(x-1)-(x^2+ax+b)\cdot 1}{(x-1)^2}=\dfrac{x^2-2x-a-b}{(x-1)^2}$

$f(x)$ は $x=2$ で極小値5をとるから，$f'(2)=-a-b=0$ かつ $f(2)=4+2a+b=5$ より　$a=1,\ b=-1$

このとき

$f'(x)=\dfrac{x(x-2)}{(x-1)^2}$

| $x$ | $\cdots$ | 0 | $\cdots$ | 1 | $\cdots$ | 2 | $\cdots$ |
|---|---|---|---|---|---|---|---|
| $f'(x)$ | ＋ | 0 | − | ／ | − | 0 | ＋ |
| $f(x)$ | ↗ | 極大 | ↘ | ／ | ↘ | 極小 | ↗ |

であり，題意をみたす。

よって　$a=1,\ b=-1$ 答

（2）$x=3$ における接線は　$y-f(3)=f'(3)(x-3)$

すなわち　$y=\dfrac{3}{4}x+\dfrac{13}{4}$ 答

（3）関数 $y=f(x)$ のグラフは右図のようになる。問題の部分は $D$ で示す部分であり，その面積を $S$ とすると

$$S=\int_2^3\left\{f(x)-\left(\frac{3}{4}x+\frac{13}{4}\right)\right\}dx$$
$$=\int_2^3\left(x+2+\frac{1}{x-1}-\frac{3}{4}x-\frac{13}{4}\right)dx$$
$$=\int_2^3\left(\frac{1}{x-1}+\frac{x}{4}-\frac{5}{4}\right)dx=\left[\log(x-1)+\frac{x^2}{8}-\frac{5}{4}x\right]_2^3$$
$$=\left(\log 2-\frac{21}{8}\right)-(-2)=\log 2-\frac{5}{8}$$ 答

**Process**

極値をとる $x$ の値を $f'(x)$ に代入し，必要条件を求める
↓
十分性を確認する

除法の原理を用いて変形する
↓
定積分を計算する

**極値をもつ条件を考えるときは
必要条件から絞り込もう**

# 第13章　微分法・積分法（数学Ⅲ）

## 126　絶対値を含む定積分の最大・最小　Lv. ★★★　問題は51ページ

**考え方**　絶対値記号内の式 $x-\sin^2\theta$ の符号に対応させて積分区間を分ける。境目は $x=\sin^2\theta$ となる $\theta$ であるから，それを文字で表す。絶対値をはずしたとき，符号だけが異なる被積分関数が現れることに注目して式を置き換えると，計算の見通しがよくなる。

**解答**

$$f(x)=\int_0^{\frac{\pi}{2}}|x-\sin^2\theta|\sin\theta d\theta$$

$0\leqq x\leqq 1$ のとき，$\sin^2\theta=x$ をみたす $\theta$ が $0\leqq\theta\leqq\frac{\pi}{2}$ の範囲にただ1つ存在して，それを $\alpha$ とすると　$x=\sin^2\alpha$

$$\int_0^{\frac{\pi}{2}}|x-\sin^2\theta|\sin\theta d\theta$$

$$=\int_0^{\alpha}(x\sin\theta-\sin^3\theta)d\theta-\int_{\alpha}^{\frac{\pi}{2}}(x\sin\theta-\sin^3\theta)d\theta$$

ここで

$$\int\sin^3\theta d\theta=\int(1-\cos^2\theta)\sin\theta d\theta$$

$$=-\cos\theta+\frac{1}{3}\cos^3\theta+C\quad(C\text{ は積分定数})$$

であるから

$$f(x)=\left[-x\cos\theta+\cos\theta-\frac{1}{3}\cos^3\theta\right]_0^{\alpha}-\left[-x\cos\theta+\cos\theta-\frac{1}{3}\cos^3\theta\right]_{\alpha}^{\frac{\pi}{2}}$$

$G(\theta)=-x\cos\theta+\cos\theta-\frac{1}{3}\cos^3\theta$ とおくと，この定積分は

$$G(\alpha)-G(0)-G\left(\frac{\pi}{2}\right)+G(\alpha)$$

$$=2G(\alpha)-G(0)-G\left(\frac{\pi}{2}\right)$$

$$=2\left(-x\cos\alpha+\cos\alpha-\frac{1}{3}\cos^3\alpha\right)+x-\frac{2}{3}$$

$x=\sin^2\alpha=1-\cos^2\alpha$ を用いて

$$f(x)=\frac{4}{3}\cos^3\alpha-\cos^2\alpha+\frac{1}{3}$$

$$=\frac{1}{3}(4\cos^3\alpha-3\cos^2\alpha+1)$$

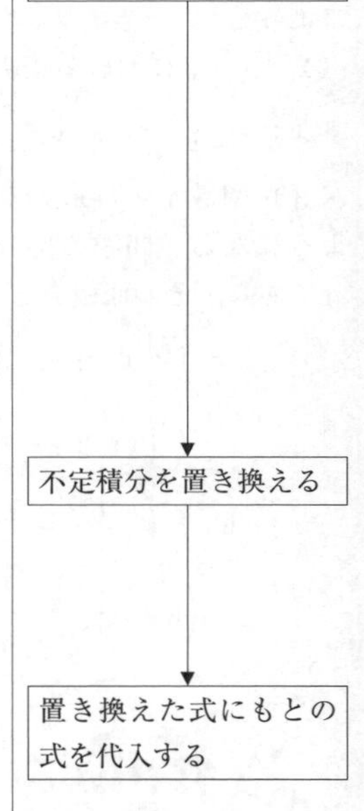
Process
絶対値をはずす
不定積分を置き換える
置き換えた式にもとの式を代入する

$\cos\alpha=t$ とおくと，関数　$g(t)=4t^3-3t^2+1\ \ (0\leqq t\leqq 1)$
について　$g'(t)=12t^2-6t=6t(2t-1)$

右の増減表より，$g(t)$ は $t=\dfrac{1}{2}$ のとき極小かつ最小で

$$g\left(\frac{1}{2}\right)=\frac{1}{2}-\frac{3}{4}+1=\frac{3}{4}$$

| $t$ | 0 | … | $\frac{1}{2}$ | … | 1 |
|---|---|---|---|---|---|
| $g'(t)$ | 0 | − | 0 | ＋ | |
| $g(t)$ | 1 | ↘ | 極小 | ↗ | 2 |

よって，求める $f(x)$ の最大値と最小値は

**最大値 $\dfrac{2}{3}$，最小値 $\dfrac{1}{4}$** 答

---

＊別解　$x=\sin^2\alpha=1-\cos^2\alpha$ であり，$\cos\alpha\geqq 0$ より

$$\cos\alpha=\sqrt{1-x}$$

したがって

$$f(x)=\frac{4}{3}(1-x)^{\frac{3}{2}}-(1-x)+\frac{1}{3}=\frac{4}{3}(1-x)^{\frac{3}{2}}+x-\frac{2}{3}$$

と $x$ の式で表すことができ

$$f'(x)=-2(1-x)^{\frac{1}{2}}+1$$

よって，$f'(x)=0$ となるのは $x=\dfrac{3}{4}$ のときであるから，
$f(x)$ の増減表は右表のようになり

$$f\left(\frac{3}{4}\right)=\frac{1}{6}+\frac{3}{4}-\frac{2}{3}=\frac{1}{4}$$

| $x$ | 0 | … | $\frac{3}{4}$ | … | 1 |
|---|---|---|---|---|---|
| $f'(x)$ | | − | 0 | ＋ | |
| $f(x)$ | $\frac{2}{3}$ | ↘ | 極小 | ↗ | $\frac{1}{3}$ |

ゆえに

最大値 $\dfrac{2}{3}$，最小値 $\dfrac{1}{4}$

と求めることもできる。

## 核心はココ！

**絶対値を含む定積分の計算は**
**式を置き換えてラクに！**

## 127 三角関数のグラフと面積　Lv. ★★★

問題は52ページ

**考え方**　(3) まず，(2)でかいた2つのグラフを見て，面積を求める部分を把握しよう。点対称性に気づけば，積分計算の手間がやや省ける。

**解答**

(1) 2つの関数の式を連立させて

$\sin 2x = \cos x$

$2\sin x\cos x = \cos x$

$(2\sin x - 1)\cos x = 0 \qquad \therefore \quad \sin x = \dfrac{1}{2},\ \cos x = 0$

$0 \leqq x \leqq 2\pi$ の範囲では　$x = \dfrac{\pi}{6},\ \dfrac{\pi}{2},\ \dfrac{5}{6}\pi,\ \dfrac{3}{2}\pi$　答

(2) 2つの関数のグラフの概形は右図のようになる。答

(3) 2つの関数のグラフはともに点$\left(\dfrac{\pi}{2},\ 0\right)$に関して点対称であるから，2つのグラフだけで囲まれた部分の面積は

$$2\int_{\frac{\pi}{6}}^{\frac{\pi}{2}}(\sin 2x - \cos x)dx + \int_{\frac{5}{6}\pi}^{\frac{3}{2}\pi}(\sin 2x - \cos x)dx$$

$$= \Big[-\cos 2x - 2\sin x\Big]_{\frac{\pi}{6}}^{\frac{\pi}{2}} + \Big[-\frac{1}{2}\cos 2x - \sin x\Big]_{\frac{5}{6}\pi}^{\frac{3}{2}\pi}$$

$$= \left(-1 + \frac{3}{2}\right) + \left(\frac{3}{2} + \frac{3}{4}\right) = \frac{11}{4}$$　答

**Process**

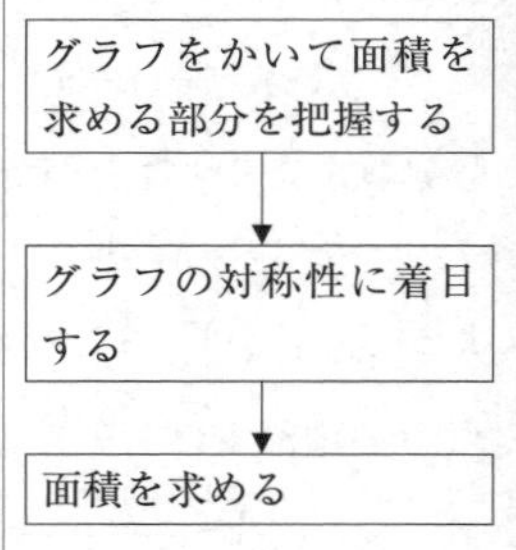
グラフをかいて面積を求める部分を把握する
グラフの対称性に着目する
面積を求める

**解説**　面積を立式する際は，$0 \leqq x \leqq \dfrac{\pi}{6}$，$\dfrac{3}{2}\pi \leqq x \leqq 2\pi$ の部分は“2つの関数のグラフだけによって囲まれる部分”に含まれないことに注意しよう。

**核心はココ！**

**図形の対称性を利用して面積計算を簡略化せよ！**

## 128 面積の2等分 Lv.★★★

問題は52ページ

**考え方** （2）図形 $D$ の面積はすぐに計算できる。そこで 2 つの部分のうち一方の面積を $a$ で表し，$a$ についての方程式をつくればよい。

**解答**

（1）2 つの曲線の式から $y$ を消去して

$$\sin 2x = a\sin x$$

$$\sin x(2\cos x - a) = 0 \qquad \therefore \quad \sin x = 0,\ \cos x = \frac{a}{2}$$

よって，2 つの曲線が $0 < x < \frac{\pi}{2}$ で交わるのは $0 < \frac{a}{2} < 1$ のときであるから　$0 < a < 2$ **答**

（2）（1）のもとで，$\cos\alpha = \frac{a}{2}$ $\left(0 < \alpha < \frac{\pi}{2}\right)$ とすると，2 つの曲線で囲まれた部分の面積 $S_1$ は

$$S_1 = \int_0^{\alpha}(\sin 2x - a\sin x)dx = \left[-\frac{\cos 2x}{2} + a\cos x\right]_0^{\alpha}$$

$$= -\frac{\cos 2\alpha}{2} + a\cos\alpha - \left(-\frac{1}{2} + a\right)$$

$$= -\frac{1}{2}(2\cos^2\alpha - 1) + a\cos\alpha + \frac{1}{2} - a$$

すなわち　$S_1 = -\left(\frac{a}{2}\right)^2 + \frac{1}{2} + \frac{a^2}{2} + \frac{1}{2} - a = \frac{a^2}{4} - a + 1$

また，図形 $D$ の面積 $S_2$ は

$$S_2 = \int_0^{\frac{\pi}{2}} \sin 2x\,dx = \left[-\frac{\cos 2x}{2}\right]_0^{\frac{\pi}{2}} = 1$$

$S_1 = \frac{1}{2}S_2$ より　$\frac{a^2}{4} - a + 1 = \frac{1}{2}$　$\therefore$　$a = 2 \pm \sqrt{2}$

$0 < a < 2$ より　$a = 2 - \sqrt{2}$ **答**

**Process**

一方の図形の面積を求める

↓

面積が計算しやすい部分に注目する

↓

条件を立式する

**核心はココ！**

**面積についての関係を立式するときは面積が計算しやすい部分に注目せよ！**

第43回

## 129 置換積分法による計算　Lv.★★★

問題は52ページ

**考え方**　sin の性質 $\sin(\pi-\theta)=\sin\theta$ に着目し，$x=\pi-t$ と置換してみよう。後半では，前半で示した等式が使えるように $f(x)$ をうまく定めるとよい。

**解答**

$\pi-x=t$ とおくと，$x=\pi-t$ で

$$\sin x=\sin(\pi-t)=\sin t \qquad \frac{dx}{dt}=-1$$

| $x$ | $0 \to \pi$ |
|---|---|
| $t$ | $\pi \to 0$ |

であるから

$$\int_0^{\pi} xf(\sin x)dx=\int_{\pi}^{0}(\pi-t)f(\sin t)\cdot(-1)dt$$

$$=\int_0^{\pi}(\pi-t)f(\sin t)dt=\pi\int_0^{\pi}f(\sin t)dt-\int_0^{\pi}tf(\sin t)dt$$

定積分の値は積分変数に無関係であるから

$$\int_0^{\pi} xf(\sin x)dx=\pi\int_0^{\pi}f(\sin x)dx-\int_0^{\pi}xf(\sin x)dx$$

$$\therefore \quad \int_0^{\pi} xf(\sin x)dx=\frac{\pi}{2}\int_0^{\pi}f(\sin x)dx$$ （証終）

この等式を，$f(x)=\dfrac{x}{3+x^2}$ として用いると

$$\int_0^{\pi}\frac{x\sin x}{3+\sin^2 x}dx=\frac{\pi}{2}\int_0^{\pi}\frac{\sin x}{3+\sin^2 x}dx$$

が成り立ち，$u=\cos x$ とおくと右辺は

$$\frac{\pi}{2}\int_0^{\pi}\frac{\sin x}{4-\cos^2 x}dx=\frac{\pi}{2}\int_{-1}^{1}\frac{1}{4-u^2}du$$

$$=\frac{\pi}{8}\int_{-1}^{1}\left(\frac{1}{2-u}+\frac{1}{2+u}\right)du=\frac{\pi}{8}\Big[-\log|2-u|+\log|2+u|\Big]_{-1}^{1}$$

$$=\frac{\pi}{8}(\log 3+\log 3)=\frac{\log 3}{4}\pi$$ 答

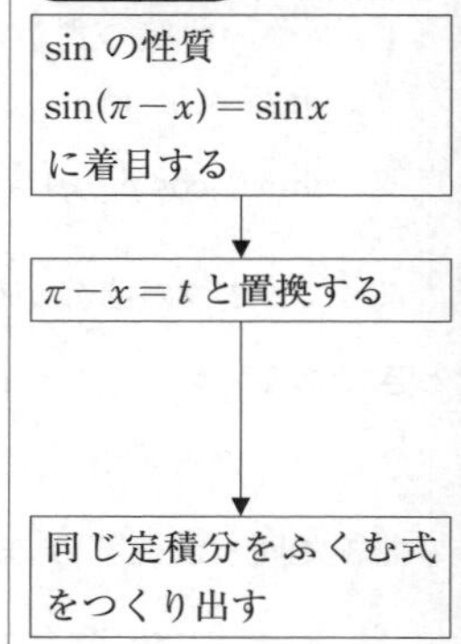
Process
sin の性質
sin(π − x) = sin x
に着目する
π − x = t と置換する
同じ定積分をふくむ式
をつくり出す

核心は
ココ!

**$f(\sin x)$ の形の関数を積分するときは**
**$x=\pi-t$ と置換せよ！**

第44回

## 130 1点のみを共有する2曲線 Lv.★★★

問題は53ページ

**考え方** 結果的に2つの曲線は接する。しかし，問題文は“1点のみを共有”であるから，それに合わせた考察をしなければならない。方程式 $\sqrt{x}=a\log x$ の実数解の個数に帰着させる。

**解答**

2つの曲線 $y=\sqrt{x}$，$y=a\log x$ が1点のみを共有するのは，方程式 $\sqrt{x}=a\log x$ が $x>0$ の範囲にただ1つの解をもつときである。$f(x)=\sqrt{x}-a\log x$ とおくと

$$f'(x)=\frac{1}{2\sqrt{x}}-\frac{a}{x}$$
$$=\frac{\sqrt{x}-2a}{2x}$$

$a>0$ であるから，関数 $f(x)$ の増減表は右表のようになる。さらに

| $x$ | 0 | $\cdots$ | $4a^2$ | $\cdots$ |
|---|---|---|---|---|
| $f'(x)$ | ／ | $-$ | 0 | $+$ |
| $f(x)$ | ／ | ↘ | 極小 | ↗ |

$$\lim_{x\to+0}f(x)=\infty,\ \lim_{x\to\infty}f(x)=\lim_{x\to\infty}\sqrt{x}\left(1-2a\cdot\frac{\log\sqrt{x}}{\sqrt{x}}\right)=\infty$$

$f(x)=0$ がただ1つの解をもてばよく，そのための条件は

$$f(4a^2)=2a-a\log 4a^2=0 \qquad 2a(1-\log 2a)=0$$

$a>0$ より　　$\log 2a=1$

$$\therefore\quad a=\frac{e}{2}\ \text{答}$$

このとき，共有点の $x$ 座標は $x=4a^2=e^2$ であり，問題の部分は右上図の斜線部分である。その面積は

$$\int_0^{e^2}\sqrt{x}\,dx-\int_1^{e^2}\frac{e}{2}\log x\,dx=\left[\frac{2}{3}x^{\frac{3}{2}}\right]_0^{e^2}-\frac{e}{2}\Big[x\log x-x\Big]_1^{e^2}$$

$$=\frac{2}{3}e^3-\frac{e}{2}(e^2+1)=\frac{e^3}{6}-\frac{e}{2}\ \text{答}$$

**Process**

2つの関数の差をとる
↓
差をとってできた関数 $f(x)$ の増減を調べる
↓
$f(x)=0$ の解の条件を考える

**グラフの共有点についての問題は実数解の個数の問題に帰着させせよ！**

## 131　定積分で表された関数の決定　Lv. ★★★

問題は53ページ

**考え方**　（2）$\int_0^{\pi} f(t)\sin t\,dt$ は $x$ によらない定数である。そこで，この部分を文字で置き換えてみると式が扱いやすくなるだろう。

**解答**

（1）（i）$\displaystyle\int_0^{\pi} \sin x\,dx = \Big[-\cos x\Big]_0^{\pi} = 2$　答

（ii）$\displaystyle\int_0^{\pi} e^{2x}\sin x\,dx = I$ とおくと

$$I = \left[\frac{e^{2x}}{2}\sin x\right]_0^{\pi} - \frac{1}{2}\int_0^{\pi} e^{2x}\cos x\,dx$$

$$= -\frac{1}{2}\left\{\left[\frac{e^{2x}}{2}\cos x\right]_0^{\pi} - \frac{1}{2}\int_0^{\pi} e^{2x}(-\sin x)dx\right\}$$

$$= \frac{1}{4}(e^{2\pi}+1) - \frac{1}{4}I \qquad \therefore \quad \frac{5}{4}I = \frac{e^{2\pi}+1}{4}$$

よって，求める値は　$\displaystyle\int_0^{\pi} e^{2x}\sin x\,dx = \frac{e^{2\pi}+1}{5}$　答

（2）$\displaystyle\int_0^{\pi} f(t)\sin t\,dt = k$　（$k$ は定数）とおくと

$$f(x) = e^{2x} + k \quad \cdots\cdots\cdots\cdots(*)$$

このとき

$$k = \int_0^{\pi}(e^{2t}+k)\sin t\,dt = \int_0^{\pi} e^{2t}\sin t\,dt + k\int_0^{\pi}\sin t\,dt$$

$$= \frac{e^{2\pi}+1}{5} + 2k \qquad \therefore \quad k = -\frac{e^{2\pi}+1}{5}$$

これを（＊）に代入して　$f(x) = e^{2x} - \dfrac{e^{2\pi}+1}{5}$　答

**Process**

定積分を文字定数で置き換える

↓

文字で置き換えた定積分を計算する

↓

定積分の値をもとの式に代入する

**積分区間の両端が定数の定積分は**
**文字定数で置き換えよう**

## 132 回転体の体積の最大値 Lv.★★★

問題は53ページ

**考え方** （2）$x$ 軸のまわりの回転体の体積は $V=\int_b^a \pi y^2 dx$ で求められる。最大値の計算では，代入する値が複雑なので，除法の原理を用いて次数下げをしてから代入しよう。

**解答**

（1）楕円上の点 $(b,\ y_1)$ における接線　$\dfrac{b}{a^2}x+y_1y=1$

が点 $(1,\ 0)$ を通るとき　$\dfrac{b}{a^2}=1$

したがって　$b=a^2$ 答

（2）問題の図形は右図の斜線部分。

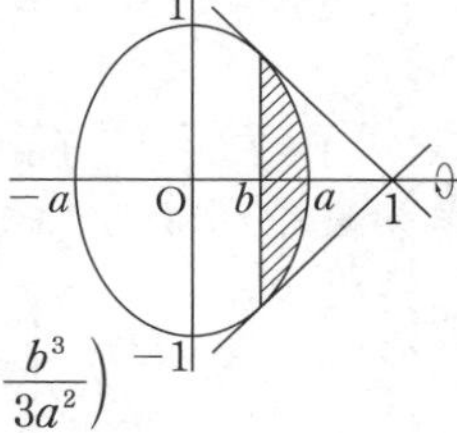


$$V=\int_b^a \pi\left(1-\frac{x^2}{a^2}\right)dx$$

$$=\pi\left[x-\frac{x^3}{3a^2}\right]_b^a=\pi\left(\frac{2}{3}a-b+\frac{b^3}{3a^2}\right)$$

$b=a^2$ であるから　$V=\dfrac{\pi}{3}(a^4-3a^2+2a)$ 答

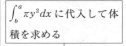

（3）（2）で $f(a)=a^4-3a^2+2a\quad(0<a<1)$ とおくと

$$f'(a)=4a^3-6a+2=2(a-1)(2a^2+2a-1)$$

関数 $f(a)$ の増減表は右表のようになる。

| $a$ | 0 | $\cdots$ | $\dfrac{\sqrt{3}-1}{2}$ | $\cdots$ | 1 |
|---|---|---|---|---|---|
| $f'(a)$ | | $+$ | 0 | $-$ | |
| $f(a)$ | | ↗ | 極大 | ↘ | |

また，$f(a)$ を $2a^2+2a-1$ で割ることにより

$$f(a)=(2a^2+2a-1)\left(\frac{a^2}{2}-\frac{a}{2}-\frac{3}{4}\right)+3a-\frac{3}{4}$$

$$\therefore\quad f\left(\frac{\sqrt{3}-1}{2}\right)=3\cdot\frac{\sqrt{3}-1}{2}-\frac{3}{4}=\frac{6\sqrt{3}-9}{4}$$

よって，$V$ の最大値は　$a=\dfrac{\sqrt{3}-1}{2}$ のとき $\dfrac{2\sqrt{3}-3}{4}\pi$ 答

**Process**

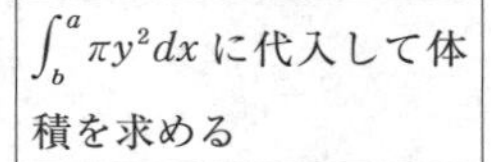

$\int_b^a \pi y^2 dx$ に代入して体積を求める


↓

体積を表す式の増減を調べる

↓

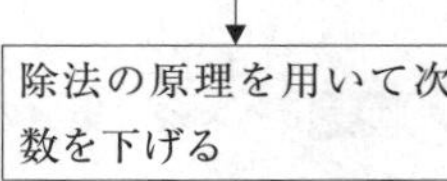


↓

最大値を求める

**$x$ 軸のまわりの回転体の体積は**

**$\int_b^a \pi y^2 dx$ で求めよ！**

## 133 置換積分法　Lv.★★★

問題は54ページ

**考え方**　問題の誘導に従い，三角関数の定積分を置換積分法によって分数関数の定積分に直して計算すればよい。

$\tan\frac{x}{2}=t$ のとき　$\tan x=\frac{2t}{1-t^2}$，$\cos x=\frac{1-t^2}{1+t^2}$，$\sin x=\frac{2t}{1+t^2}$

**解答**

（1）$t=\tan\frac{x}{2}$ より　$\frac{dt}{dx}=\frac{1}{\cos^2\frac{x}{2}}\cdot\frac{1}{2}=\frac{1+t^2}{2}$　答

（2）$\cos x=2\cos^2\frac{x}{2}-1=2\cdot\frac{1}{1+t^2}-1=\frac{1-t^2}{1+t^2}$　答

（3）問題の部分は右下図の斜線部分である。（1），（2）より

$$S=\int_0^{\frac{\pi}{3}}y\,dx=\int_0^{\frac{1}{\sqrt{3}}}y\frac{dx}{dt}dt$$

$$y\frac{dx}{dt}=\frac{1+t^2}{1-t^2}\cdot\frac{2}{1+t^2}$$

$$=\frac{1}{1+t}+\frac{1}{1-t}$$

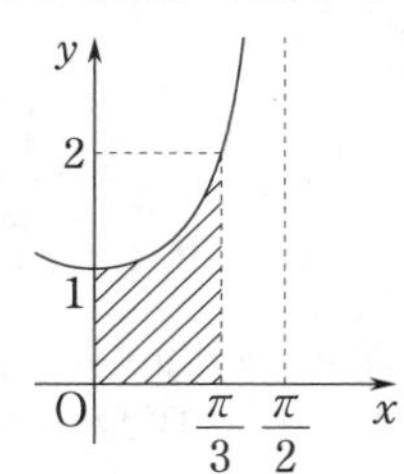


よって，求める面積は

$$S=\Big[\log(1+t)-\log(1-t)\Big]_0^{\frac{1}{\sqrt{3}}}$$

$$=\log\frac{\sqrt{3}+1}{\sqrt{3}-1}=\log(2+\sqrt{3})$$　答

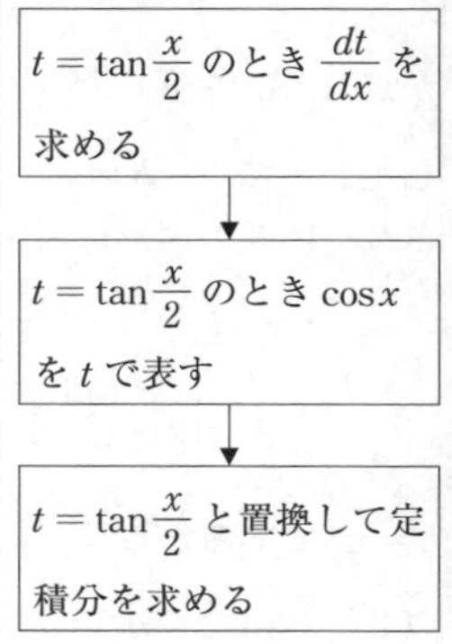

Process
$t=\tan\frac{x}{2}$ のとき $\frac{dt}{dx}$ を求める
$t=\tan\frac{x}{2}$ のとき $\cos x$ を $t$ で表す
$t=\tan\frac{x}{2}$ と置換して定積分を求める


**研究**　$\cos x$，$\sin x$ の逆数の積分は次のように計算してもよい。

$$\int\frac{dx}{\cos x}=\int\frac{\cos x}{\cos^2 x}dx=\frac{1}{2}\int\left(\frac{\cos x}{1+\sin x}+\frac{\cos x}{1-\sin x}\right)dx$$

$$=\frac{1}{2}(\log|1+\sin x|-\log|1-\sin x|)+C$$　（$C$ は積分定数）

**三角関数の積分は**

**$t=\tan\frac{x}{2}$ と置換するのも一手**

## 134 極限で定義された関数と面積　Lv.★★★

問題は54ページ

**考え方**　(4) $x$ の範囲によって $f(x)$ を表す式が異なるので，積分区間を分ける必要がある。$\int_\alpha^\beta \frac{dx}{x^2+1}$ の計算は $x=\tan\theta$ とおく置換積分法を用いるとよい。

**解答**

(1) $f_n(x)=\dfrac{4x^{n+1}+ax^n+\log x+1}{x^{n+2}+x^n+1}$　$(x>0)$ とおく。

$0<x<1$ のとき，$x^n \to 0 (n\to\infty)$ であるから

$$\boldsymbol{f(x)=\log x+1}$$ 答

$x=1$ のとき

$$\boldsymbol{f(1)}=\lim_{n\to\infty} f_n(1)=\boldsymbol{\frac{5+a}{3}}$$ 答

$x>1$ のとき，$x^n\to\infty (n\to\infty)$ で

$$f_n(x)=\frac{4x+a+\dfrac{\log x+1}{x^n}}{x^2+1+\dfrac{1}{x^n}}$$

$$\therefore\quad \boldsymbol{f(x)=\frac{4x+a}{x^2+1}}$$ 答

(2) 関数 $f(x)$ が $x=1$ で連続になるための条件は

$$\lim_{x\to1-0} f(x)=\lim_{x\to1+0} f(x)=f(1)$$

すなわち　$1=\dfrac{4+a}{2}=\dfrac{5+a}{3}$

が成り立つことである。したがって

$$\boldsymbol{a=-2}$$ 答

(3) $y=\dfrac{4x-2}{x^2+1}$　$(x\geqq1)$ とすると

$$y'=\frac{4(x^2+1)-(4x-2)\cdot 2x}{(x^2+1)^2}$$

$$=-\frac{4(x^2-x-1)}{(x^2+1)^2}$$

| $x$ | 1 | … | $\frac{1+\sqrt{5}}{2}$ | … | $\infty$ |
|---|---|---|---|---|---|
| $y'$ | | + | 0 | − | |
| $y$ | 1 | ↗ | 極大 | ↘ | (0) |

$y'=0$ のとき，$x^2-x-1=0$ であるから，$x^2+1=x+2$ より

$$\frac{4x-2}{x^2+1}=\frac{4x-2}{x+2}=4-\frac{10}{x+2}$$

したがって，増減表より極大値は

**Process**

公比の範囲によって場合分けして $f(x)$ を求める

$$f\left(\frac{1+\sqrt{5}}{2}\right)=4-\frac{10}{\frac{1+\sqrt{5}}{2}+2}=4-\frac{20}{5+\sqrt{5}}=\sqrt{5}-1$$

また，$f(x)=0$ となるのは

$\log x+1=0$

$\therefore\quad x=\dfrac{1}{e}$

よって，関数 $f(x)$ のグラフ $C$ の概形は右図のようになる。 答

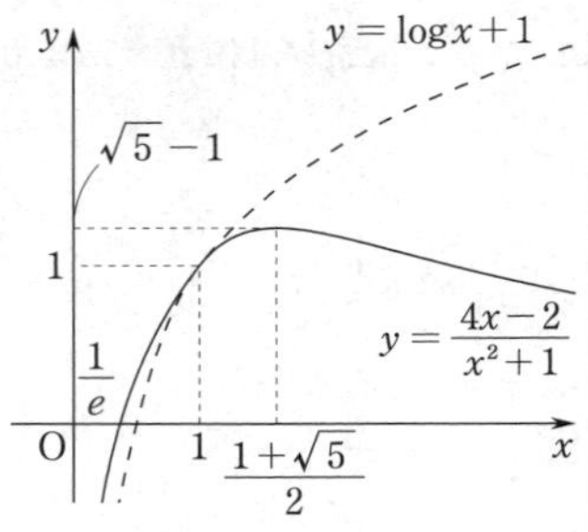


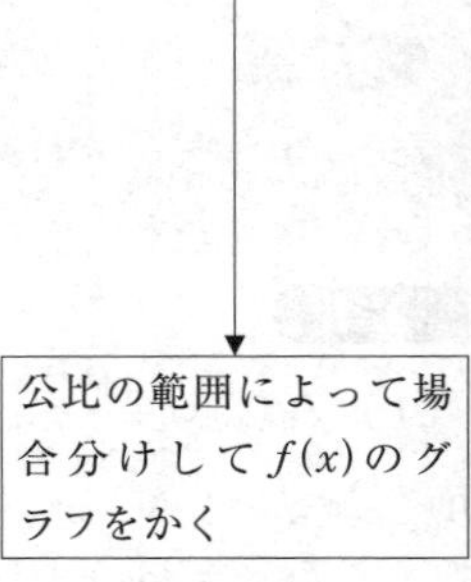

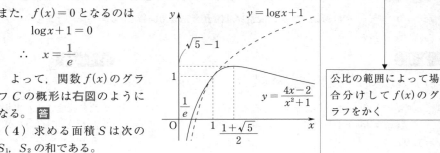

公比の範囲によって場合分けして $f(x)$ のグラフをかく

（4）求める面積 $S$ は次の $S_1$，$S_2$ の和である。

$$S_1=\int_{\frac{1}{e}}^{1}(\log x+1)dx=\Big[x\log x\Big]_{\frac{1}{e}}^{1}=\frac{1}{e}$$

$$S_2=\int_{1}^{\sqrt{3}}\frac{4x-2}{x^2+1}dx=\int_{1}^{\sqrt{3}}\frac{4x}{x^2+1}dx-2\int_{1}^{\sqrt{3}}\frac{dx}{x^2+1}$$

$S_2$ の第 2 項で $x=\tan\theta$ とおくと

$$\frac{dx}{d\theta}=\frac{1}{\cos^2\theta}$$

であるから

| $x$ | $1\ \to\ \sqrt{3}$ |
|---|---|
| $\theta$ | $\frac{\pi}{4}\ \to\ \frac{\pi}{3}$ |

$$S_2=\Big[2\log(x^2+1)\Big]_1^{\sqrt{3}}-2\int_{\frac{\pi}{4}}^{\frac{\pi}{3}}\frac{1}{\tan^2\theta+1}\cdot\frac{1}{\cos^2\theta}d\theta$$

$$=2\log 4-2\log 2-2\Big[\theta\Big]_{\frac{\pi}{4}}^{\frac{\pi}{3}}$$

$$=2\log 2-\frac{\pi}{6}$$

よって　　$S=S_1+S_2=2\log 2+\dfrac{1}{e}-\dfrac{\pi}{6}$　答

**極限で定義された関数は**
**極限が変わる $x$ の値で場合分けせよ！**

第45回

## 135 定積分と不等式　Lv.★★★

問題は55ページ

**考え方**　（2）示すべき不等式の左辺を見て，（1）で示した不等式を変形すればよいが，不等式が成立する $x$ の範囲に注意しよう。左辺の積分区間を分割し，それぞれ計算する必要がある。

**解答**

（1）$f(x)=\sin x-\dfrac{2x}{\pi}$ とおくと　$f'(x)=\cos x-\dfrac{2}{\pi}$

よって，$\cos\alpha=\dfrac{2}{\pi}$ として，$f(x)$ の増減表は右表のようになる。

| $x$ | $0$ | $\cdots$ | $\alpha$ | $\cdots$ | $\dfrac{\pi}{2}$ |
|---|---|---|---|---|---|
| $f'(x)$ | | $+$ | $0$ | $-$ | |
| $f(x)$ | $0$ | ↗ | 極大 | ↘ | $0$ |

したがって，$f(x)\geqq 0$ となり，問題の不等式は成り立つ。（証終）

（2）$\displaystyle\int_0^{\pi}e^{-\sin x}dx=\int_0^{\frac{\pi}{2}}e^{-\sin x}dx+\int_{\frac{\pi}{2}}^{\pi}e^{-\sin x}dx$ …………（＊）

（1）で示した不等式より，$0\leqq x\leqq\dfrac{\pi}{2}$ において

$$-\sin x\leqq-\frac{2x}{\pi}\qquad\therefore\quad e^{-\sin x}\leqq e^{-\frac{2x}{\pi}}$$

よって

$$\int_0^{\frac{\pi}{2}}e^{-\sin x}dx\leqq\int_0^{\frac{\pi}{2}}e^{-\frac{2x}{\pi}}dx=\left[-\frac{\pi}{2}e^{-\frac{2x}{\pi}}\right]_0^{\frac{\pi}{2}}=\frac{\pi}{2}(1-e^{-1})$$

また，（＊）の右辺の第2項は，$x=\pi-t$ とおくと

$$\frac{dx}{dt}=-1$$

| $x$ | $\dfrac{\pi}{2}\to\pi$ |
|---|---|
| $t$ | $\dfrac{\pi}{2}\to 0$ |

であるから　$\displaystyle\int_{\frac{\pi}{2}}^{0}e^{-\sin(\pi-t)}\cdot(-1)dt=\int_0^{\frac{\pi}{2}}e^{-\sin t}dt$

よって，（＊）の右辺の第1項の定積分に等しい。したがって

$$\int_0^{\pi}e^{-\sin x}dx=2\int_0^{\frac{\pi}{2}}e^{-\sin x}dx\leqq\pi\left(1-\frac{1}{e}\right)$$（証終）

**Process**

（1）で示した不等式が利用できる形に変形する

↓

関数の大小関係を定積分の大小関係に直す

↓

定積分を計算し，不等式を証明する

**核心はココ！**

**被積分関数の大小関係から積分の大小関係がわかる！**

## 136　面積の最大・最小　Lv.★★★

問題は56ページ

**考え方**　(3)，(4)は(2)で得られた$S(t)$を微分して増減を調べる。最大値または最小値となる候補が複数ある場合には，それらの大小も考えなければならない。

**解答**

(1) $y=a^x$ より　$y'=a^x\log a$

したがって，$(t,\ a^t)$ における接線 $l$ の方程式は

$$y-a^t=a^t\log a\cdot(x-t)$$

$$\therefore\quad y=xa^t\log a-ta^t\log a+a^t$$ 答

ここで，$x=0$ として　$b(t)=-ta^t\log a+a^t$

$$b'(t)=-a^t\log a-ta^t(\log a)^2+a^t\log a=-ta^t(\log a)^2$$

よって，$0\leqq t\leqq 1$ における $b(t)$ の増減表は右表のようになる。したがって，$b(t)$ の最小値は

$$b(1)=-a\log a+a$$ 答

| $t$ | 0 | $\cdots$ | 1 |
|---|---|---|---|
| $b'(t)$ | 0 | $-$ | |
| $b(t)$ | | ↘ | 最小 |

(2) $1<a<2$ より $a<e$ であるから　$\log a<1$

よって，(1)より

$$b(t)\geqq b(1)=a(1-\log a)>0$$

$l$ において $x=1$ のとき

$$y=a^t\log a-ta^t\log a+a^t$$

したがって

$$S(t)=\frac{1}{2}\{(-ta^t\log a+a^t)+(a^t\log a-ta^t\log a+a^t)\}\cdot 1$$

$$=\frac{1}{2}a^t(\log a-2t\log a+2)$$ 答

(3) $$S'(t)=\frac{1}{2}a^t\log a(\log a-2t\log a+2)+\frac{1}{2}a^t\cdot(-2\log a)$$

$$=\frac{1}{2}a^t(\log a)^2(1-2t)$$

よって，$0\leqq t\leqq 1$ における $S(t)$ の増減表は右表のようになる。したがって，$S(t)$ の最大値は

$$S\left(\frac{1}{2}\right)=\sqrt{a}$$ 答

| $t$ | 0 | $\cdots$ | $\frac{1}{2}$ | $\cdots$ | 1 |
|---|---|---|---|---|---|
| $S'(t)$ | | $+$ | 0 | | |
| $S(t)$ | | ↗ | 極大 | ↘ | |

**Process**

関数の増減を調べる

（4）増減表より，$S(t)$ の最小値は

$$S(0)=\frac{1}{2}(2+\log a) \quad \text{または} \quad S(1)=\frac{1}{2}a(2-\log a)$$

のいずれかである。ここで

$$S(1)-S(0)=\frac{1}{2}(2a-a\log a-\log a-2)$$

であり，$f(a)=2a-a\log a-\log a-2$ とおくと

$$f'(a)=2-\log a-a\cdot\frac{1}{a}-\frac{1}{a}$$

$$=1-\log a-\frac{1}{a}$$

$$f''(a)=-\frac{1}{a}+\frac{1}{a^2}=\frac{1-a}{a^2}$$

よって，$1<a<2$ より $f''(a)<0$ であるから $f'(a)$ は減少し

$$f'(a)<f'(1)=0$$

ゆえに，$f(a)$ も減少し

$$f(a)<f(1)=0$$

したがって，$S(1)<S(0)$ であるから，$S(t)$ の最小値は

$$S(1)=\frac{1}{2}a(2-\log a)$$ 答

最小値の候補が複数あり，大小関係がわからないので，候補となる2つの数の差をとる

↓

2つの数の差の符号を調べる

**2つの数の大小関係がわからないときはそれらの差の符号を調べよ！**

## 137 面積と極限　Lv. ★★★

問題は56ページ

**考え方**　（3）面積 $S_n$ を表す式の特徴を見抜こう。対数の性質を用いて式を変形すると，$\lim_{n\to\infty}\left(1+\dfrac{1}{n}\right)^n=e$ が使える形が現れる。

**解答**

（1）$C$ について　$y'=-\dfrac{1}{x^2}$，　$C_n$ について　$y'=\dfrac{n}{x^2}$

題意をみたす条件は

$$\begin{cases}\dfrac{1}{a}=-\dfrac{n}{a}+t\\\left(-\dfrac{1}{a^2}\right)\cdot\dfrac{n}{a^2}=-1\end{cases}\quad すなわち\quad\begin{cases}t=\dfrac{n+1}{a}\\a^4=n\end{cases}$$

$a>0$ より　$a=\sqrt[4]{n}$，$t=\dfrac{n+1}{\sqrt[4]{n}}$　**答**

（2）点 P における $C$ の接線は

$$y-\frac{1}{a}=-\frac{1}{a^2}(x-a)$$

$$\therefore\quad y=-\frac{1}{a^2}(x-2a)$$

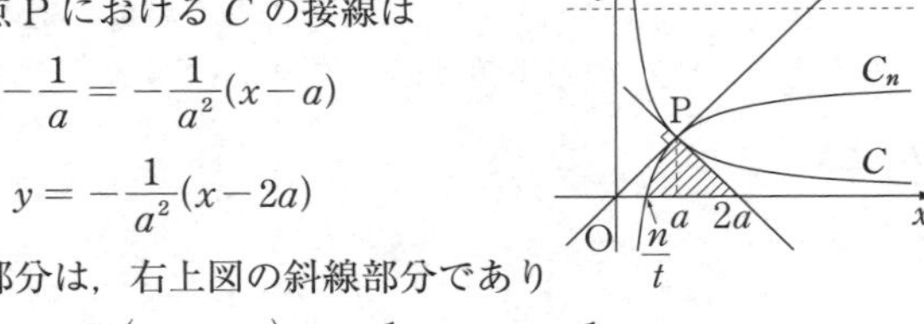

問題の部分は，右上図の斜線部分であり

$$S_n=\int_{\frac{n}{t}}^{a}\left(-\frac{n}{x}+t\right)dx+\frac{1}{2}(2a-a)\cdot\frac{1}{a}$$

$$=\Big[-n\log x+tx\Big]_{\frac{n}{t}}^{a}+\frac{1}{2}=-n\log\frac{at}{n}+at-n+\frac{1}{2}$$

（1）より　$S_n=-n\log\dfrac{n+1}{n}+\dfrac{3}{2}$　**答**

（3）$\lim_{n\to\infty}S_n=\lim_{n\to\infty}\left\{\dfrac{3}{2}-\log\left(1+\dfrac{1}{n}\right)^n\right\}=\dfrac{3}{2}-1=\dfrac{1}{2}$　**答**

**Process**

与えられた文字をすべて $n$ の式で表す

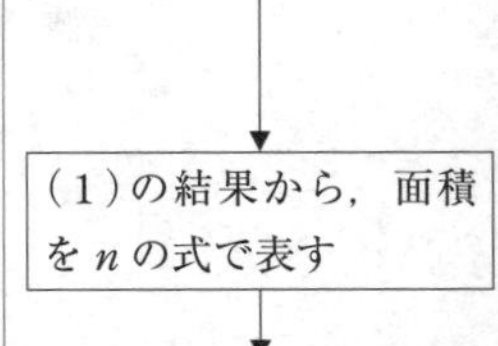

（1）の結果から，面積を $n$ の式で表す

式の特徴を捉えて極限を求める

**核心はココ！**

**極限を求める式の中に $\dfrac{n+1}{n}$ を見かけたら**

**自然対数の底 $e$ の定義式を思い出せ！**

第46回

## 138 定積分と漸化式　Lv.★★★

問題は56ページ

**考え方**　$\sin^n x=\sin x\cdot\sin^{n-1}x$ と考えて部分積分法を用いることにより，$I_n$ と $I_{n-2}$ の関係式が得られる。この関係式は $n\geqq 3$ のとき成り立つものであるから，漸化式に $n=2$ を代入して $I_2$ を求めることはできない点に注意しよう。

**解答**

$n\geqq 3$ のとき

$$I_n=\int_0^{\frac{\pi}{4}}\sin^n x\,dx=\int_0^{\frac{\pi}{4}}\sin x\cdot\sin^{n-1}x\,dx$$

$$=\Big[-\cos x\sin^{n-1}x\Big]_0^{\frac{\pi}{4}}+\int_0^{\frac{\pi}{4}}\cos x\{(n-1)\sin^{n-2}x\cos x\}dx$$

$$=-\left(\frac{1}{\sqrt{2}}\right)^n+(n-1)\int_0^{\frac{\pi}{4}}\sin^{n-2}x\cos^2 x\,dx$$

$$=-\frac{1}{2^{\frac{n}{2}}}+(n-1)\int_0^{\frac{\pi}{4}}\sin^{n-2}x(1-\sin^2 x)dx$$

$$=-\frac{1}{2^{\frac{n}{2}}}+(n-1)I_{n-2}-(n-1)I_n$$

$$\therefore\quad I_n=\frac{n-1}{n}I_{n-2}-\frac{1}{n\cdot 2^{\frac{n}{2}}}$$ 答 ……………………(＊)

また

$$I_2=\int_0^{\frac{\pi}{4}}\sin^2 x\,dx=\int_0^{\frac{\pi}{4}}\frac{1-\cos 2x}{2}dx$$

$$=\frac{1}{2}\Big[x-\frac{1}{2}\sin 2x\Big]_0^{\frac{\pi}{4}}=\frac{\pi}{8}-\frac{1}{4}$$ 答

よって，(＊)より

$$I_4=\frac{3}{4}I_2-\frac{1}{4\cdot 2^2}=\frac{3}{4}\left(\frac{\pi}{8}-\frac{1}{4}\right)-\frac{1}{16}=\frac{3}{32}\pi-\frac{1}{4}$$ 答

**Process**

$\sin^n x=\sin x\cdot\sin^{n-1}x$ と考えて部分積分法を用いる

↓

積分についての漸化式を求める

**核心はココ！**

**sin，cos の $n$ 乗の積分を計算するときは部分積分法で漸化式を求めよ！**

## 139 媒介変数で表された曲線　Lv. ★★★

問題は57ページ

**考え方**　（2）まず，曲線 $C$ を図示し，面積を求める部分を正確に捉えよう。曲線 $C$ は媒介変数表示されているので，積分によって面積を求める際には，置換積分法が有効である。

**解答**

（1）$\dfrac{dy}{dt}=\sin t+t\cos t-\sin t$

$=t\cos t$

$y$ の増減表は右表のようになる。よって

| $t$ | 0 | $\cdots$ | $\dfrac{\pi}{2}$ | $\cdots$ | $\pi$ |
|---|---|---|---|---|---|
| $\dfrac{dy}{dt}$ | 0 | ＋ | 0 | － | |
| $y$ | 2 | ↗ | 極大 | ↘ | 0 |

$t=\dfrac{\pi}{2}$ のとき　**最大値** $1+\dfrac{\pi}{2}$，

$t=\pi$ のとき　**最小値** 0　答

（2）$\dfrac{dx}{dt}=\sin t\geqq 0\quad(0\leqq t\leqq\pi)$

曲線 $C$ の概形は右図のようになり，$x=1-\cos t$ とおくと

$$S=\int_0^2 y\,dx=\int_0^\pi y\frac{dx}{dt}dt$$

$$=\int_0^\pi(\sin t+t\sin^2 t+\cos t\sin t)dt$$

$$=\int_0^\pi\left(\sin t+t\cdot\frac{1-\cos 2t}{2}+\frac{1}{2}\sin 2t\right)dt$$

$$=\left[\frac{t^2}{4}-\cos t-\frac{1}{4}\cos 2t\right]_0^\pi-\frac{1}{2}\int_0^\pi t\cos 2t\,dt$$

ここで，第2項の定積分は

$$\left[t\cdot\frac{\sin 2t}{2}\right]_0^\pi-\int_0^\pi\frac{\sin 2t}{2}dt=0-\left[-\frac{1}{4}\cos 2t\right]_0^\pi=0$$

となるから　$S=\left(\dfrac{\pi^2}{4}+1-\dfrac{1}{4}\right)-\left(-\dfrac{5}{4}\right)=\dfrac{\pi^2}{4}+2$　答

**Process**

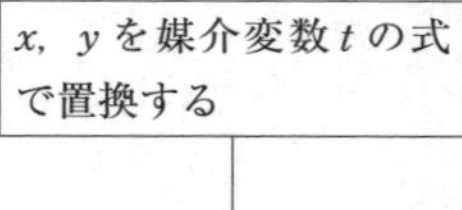
$x$，$y$ を媒介変数 $t$ の式で置換する

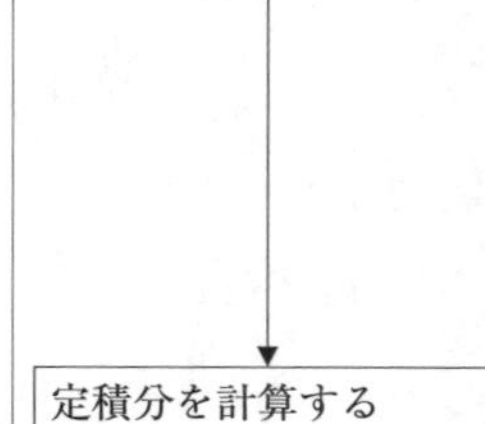
定積分を計算する

核心はココ!

**媒介変数表示された関数の積分は置換積分法で計算せよ！**

## 140 サイクロイド Lv.★★★

問題は57ページ

**考え方** 媒介変数表示された曲線で囲まれた部分の面積は置換積分法を用いて計算する。$x$ を $\theta$ の式に置換する際は，文字の値の対応に十分注意して積分区間を置き換えること。

**解答**

（1）$\dfrac{dx}{d\theta}=1-\cos\theta$，$\dfrac{dy}{d\theta}=\sin\theta$

また，点 $\left(\dfrac{\pi}{2}-1,\ 1\right)$ に対応する $\theta$ の値は，連立方程式

$$\begin{cases}\theta-\sin\theta=\dfrac{\pi}{2}-1 & \cdots\cdots ① \\ 1-\cos\theta=1 & \cdots\cdots ②\end{cases}$$

の解である。②より　$\cos\theta=0$　∴　$\theta=\dfrac{\pi}{2}$，$\dfrac{3}{2}\pi$

さらに①より $\theta=\dfrac{\pi}{2}$ で，このとき　$\dfrac{dy}{dx}=\dfrac{\sin\theta}{1-\cos\theta}=1$

よって，接線 $l$ の方程式は

$$y-1=x-\left(\frac{\pi}{2}-1\right)$$

すなわち　$y=x-\dfrac{\pi}{2}+2$　**答**

（2）問題の部分の面積を $S$ とすると

$$S=\int_0^{\frac{\pi}{2}-1}\left(x-\frac{\pi}{2}+2\right)dx-\int_0^{\frac{\pi}{2}}y\frac{dx}{d\theta}d\theta$$

ただし　$y\dfrac{dx}{d\theta}=(1-\cos\theta)^2=1-2\cos\theta+\dfrac{1+\cos 2\theta}{2}$

よって，求める面積は

$$S=\left[\frac{x^2}{2}+\left(2-\frac{\pi}{2}\right)x\right]_0^{\frac{\pi}{2}-1}-\left[\frac{3}{2}\theta-2\sin\theta+\frac{\sin 2\theta}{4}\right]_0^{\frac{\pi}{2}}$$

$$=\left(\frac{\pi}{2}-1\right)\left(\frac{3}{2}-\frac{\pi}{4}\right)-\left(\frac{3}{4}\pi-2\right)=\frac{1}{2}+\frac{\pi}{4}-\frac{\pi^2}{8}$$　**答**

**Process**

曲線上の特徴的な点について，対応する媒介変数の値を求める

↓

積分区間に注意して面積を立式する

↓

面積を求める

**核心はココ！**

**媒介変数表示された関数を考えるときは対応する媒介変数の値も意識せよ！**

## 141 区分求積法　Lv. ★★★

問題は57ページ

**考え方**　$a_n$をガウス記号$[x]$を含まない形の式で表すことはできない。そこで，ガウス記号の定義から，$x-1<[x]\leqq x$となることから，極限を考えたい式を不等式で評価しよう。すると，はさみうちの原理が利用できそうであるが，極限の計算には一工夫必要。式の形から区分求積法が発想できるとよい。

**解答**

$[x]$の定義より　$\sqrt{2n^2-k^2}-1<[\sqrt{2n^2-k^2}]\leqq\sqrt{2n^2-k^2}$

が成り立つから

$$\frac{\sqrt{2n^2-k^2}-1}{n^2}<\frac{[\sqrt{2n^2-k^2}]}{n^2}\leqq\frac{\sqrt{2n^2-k^2}}{n^2}$$

$k=1,\ 2,\ 3,\ \cdots,\ n$として辺々を加えると

$$\frac{1}{n}\sum_{k=1}^{n}\sqrt{2-\left(\frac{k}{n}\right)^2}-\frac{1}{n}<a_n\leqq\frac{1}{n}\sum_{k=1}^{n}\sqrt{2-\left(\frac{k}{n}\right)^2}$$

$n\to\infty$のとき，$\dfrac{1}{n}\to0$で

$$\lim_{n\to\infty}\frac{1}{n}\sum_{k=1}^{n}\sqrt{2-\left(\frac{k}{n}\right)^2}=\int_0^1\sqrt{2-x^2}\,dx$$

よって，はさみうちの原理を用いて　$\displaystyle\lim_{n\to\infty}a_n=\int_0^1\sqrt{2-x^2}\,dx$

$x=\sqrt{2}\sin\theta$とおくと

$$\sqrt{2-x^2}=\sqrt{2(1-\sin^2\theta)}=\sqrt{2}\cos\theta$$

$$\frac{dx}{d\theta}=\sqrt{2}\cos\theta$$

| $x$ | $0\to1$ |
|---|---|
| $\theta$ | $0\to\dfrac{\pi}{4}$ |

$$\therefore\quad\int_0^1\sqrt{2-x^2}\,dx=\int_0^{\frac{\pi}{4}}2\cos^2\theta\,d\theta=\int_0^{\frac{\pi}{4}}(1+\cos2\theta)d\theta$$

$$=\left[\theta+\frac{1}{2}\sin2\theta\right]_0^{\frac{\pi}{4}}=\frac{\pi}{4}+\frac{1}{2}$$

すなわち，求める極限値は　$\displaystyle\lim_{n\to\infty}a_n=\frac{\pi}{4}+\frac{1}{2}$　答

**Process**

ガウス記号$[x]$の定義より$a_n$を不等式で評価する

↓

区分求積法の利用を考え$\displaystyle\lim_{n\to\infty}\frac{1}{n}\sum_{k=1}^{n}f\left(\frac{k}{n}\right)$の形の式をつくる

↓

区分求積法を用いて極限を定積分で表す

↓

はさみうちの原理を用いて極限を求める

**ガウス記号を含む数列の極限は**
**はさみうちの原理を用いて計算せよ！**

## 142 回転体の体積比 Lv.★★★

問題は58ページ

**考え方** 回転軸からの距離を求め，立式すればよいが，座標軸に関する対称性や図形の特徴に着目して，できるだけ計算量が少なくて済む工夫をしよう。

**解答**

問題の部分は $x$ 軸，$y$ 軸に関して対称である。

$y=3$ のとき

$$x^2-3=1 \qquad \therefore \quad x=\pm 2$$

右図の斜線部分を回転させて

$$\frac{V_1}{2}=\pi\cdot 3^2\cdot 2-\int_1^2 \pi y^2\,dx$$

$$\frac{V_2}{2}=\int_0^3 \pi x^2\,dy$$

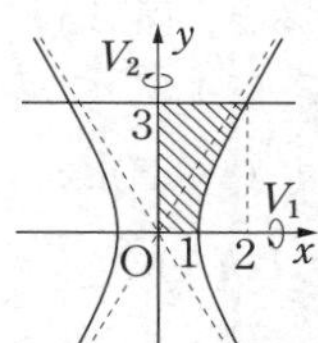


ここで

$$y^2=3x^2-3,\ \ x^2=\frac{y^2}{3}+1$$

であるから

$$\frac{V_1}{2}=18\pi-\pi\Big[x^3-3x\Big]_1^2=14\pi$$

$$\frac{V_2}{2}=\pi\left[\frac{y^3}{9}+y\right]_0^3=6\pi$$

$$\therefore \quad \frac{V_1}{V_2}=\frac{14\pi}{6\pi}=\frac{7}{3}$$ 答

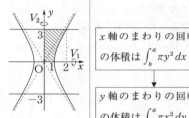

**Process**

$x$ 軸のまわりの回転体の体積は $\int_b^a \pi y^2\,dx$

↓

$y$ 軸のまわりの回転体の体積は $\int_b^a \pi x^2\,dy$

**核心はココ！**

**回転体の体積を求めるときは**
**積分変数に注意して断面積を計算せよ！**

## 143 水の体積　Lv.★★★

問題は58ページ

**考え方**　水の量を体積として捉えよう。すると，球を平面で分割してできる立体の体積の問題となる。体積を求める際には，立体を回転体とみて立式しよう。

**解答**

最初に容器に入っていた水の量 $V_0$ は

$$V_0=\frac{4}{3}\pi\cdot 2^3\times\frac{1}{2}=\frac{16}{3}\pi$$

こぼれた水の量を $V$ とすると，図形 $x^2+y^2\leqq 4$ $(0\leqq x\leqq h)$ を $x$ 軸のまわりに回転させて

$$V=\int_0^h \pi y^2\,dx=\pi\int_0^h(4-x^2)\,dx$$

$$=\pi\left[4x-\frac{x^3}{3}\right]_0^h=\frac{12h-h^3}{3}\pi$$

$V:(V_0-V)=11:5$ より $V:V_0=11:16$ すなわち $16V=11V_0$ であるから

$$16\cdot\frac{12h-h^3}{3}\pi=11\cdot\frac{16}{3}\pi$$

$$12h-h^3=11$$

$$(h-1)(h^2+h-11)=0$$

$$\therefore\quad h=1,\ \frac{-1\pm3\sqrt{5}}{2}$$

$0<h<2$ より，求める $h$ は

$h=1$ **答**

このとき，$\sin\alpha^\circ=\dfrac{1}{2}$ で $0<\alpha<90$ であるから

$\alpha=30$ **答**

**Process**

立体を回転体とみて体積を立式する

↓

体積についての条件式に代入する

**球を平面で分割してできる立体は回転体として扱え！**

第48回

## 144 回転軸を含む回転体の体積 Lv.★★★

問題は58ページ

**考え方** 図形 $C$ のうち $y$ 軸の左側にある部分を右方へ折り曲げたとき，円弧と $y$ 軸で囲まれた図形を回転させる，と考えよう。体積の計算では，被積分関数の形に着目して置換積分法を用いるとよい。

**解答**

図形 $C$ は，円 $(x-1)^2+y^2=4$ の周および内部で，$x$ 軸に関して対称である。ここで

$$(x-1)^2=4-y^2$$

$$\therefore\quad x=1\pm\sqrt{4-y^2}$$

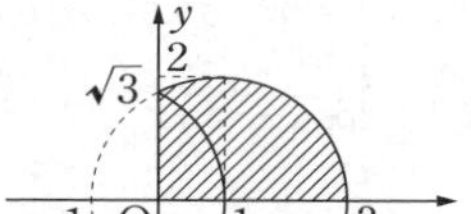

であり，右図の斜線部分を $y$ 軸のまわりに回転させてできる立体の体積を $V$ とすると

$$V=\int_0^2\pi(1+\sqrt{4-y^2})^2dy-\int_{\sqrt{3}}^2\pi(1-\sqrt{4-y^2})^2dy$$

$$=\pi\int_0^{\sqrt{3}}(5-y^2)dy+2\pi\left(\int_0^2\sqrt{4-y^2}\,dy+\int_{\sqrt{3}}^2\sqrt{4-y^2}\,dy\right)$$

$y=2\sin\theta$ とおくと

$$\sqrt{4-y^2}\frac{dy}{d\theta}=2\cos\theta\cdot2\cos\theta$$

$$=4\cos^2\theta=2(1+\cos2\theta)$$

| $y$ | $0$ | $\sqrt{3}$ | $2$ |
|---|---|---|---|
| $\theta$ | $0$ | $\frac{\pi}{3}$ | $\frac{\pi}{2}$ |

となるから，かっこの中の定積分は

$$\int_0^{\frac{\pi}{2}}(2+2\cos2\theta)d\theta+\int_{\frac{\pi}{3}}^{\frac{\pi}{2}}(2+2\cos2\theta)d\theta$$

$$=\Big[2\theta+\sin2\theta\Big]_0^{\frac{\pi}{2}}+\Big[2\theta+\sin2\theta\Big]_{\frac{\pi}{3}}^{\frac{\pi}{2}}=\frac{4}{3}\pi-\frac{\sqrt{3}}{2}$$

$$\therefore\quad V=\pi\left[5y-\frac{y^3}{3}\right]_0^{\sqrt{3}}+2\pi\left(\frac{4}{3}\pi-\frac{\sqrt{3}}{2}\right)=3\sqrt{3}\pi+\frac{8}{3}\pi^2$$

よって，求める立体の体積は　$2V=6\sqrt{3}\pi+\frac{16}{3}\pi^2$ 答

**Process**

$y$ 軸のまわりの回転体の体積は $\int_b^a\pi x^2dy$

↓

$\sqrt{a^2-x^2}$ の形に着目して置換積分法を用いる

↓

立体の体積を求める

**$\sqrt{a^2-x^2}$ の形の積分は**
**$x=a\sin\theta$ と置換せよ！**

## 145 定積分で表された関数の最大・最小 Lv.★★★

問題は59ページ

**考え方**　（1）$\dfrac{d}{dx}\displaystyle\int_a^x g(t)dt=g(x)$ であることを利用しよう。これを用いる際には，被積分関数に $x$ を含んでいないことに注意が必要である。

**解答**

（1）$f(x)=x\displaystyle\int_0^x \cos t\,dt-\int_0^x \sin t\,dt$ であるから

$$f'(x)=\int_0^x \cos t\,dt+x\cos x-\sin x$$

$$=\Big[\sin t\Big]_0^x+x\cos x-\sin x=x\cos x\quad \text{答}$$

（2）（1）の $f'(x)$ から，$0\leqq x\leqq 2\pi$ における $f(x)$ の増減表は次表のようになる。

| $x$ | $0$ | $\cdots$ | $\dfrac{\pi}{2}$ | $\cdots$ | $\dfrac{3}{2}\pi$ | $\cdots$ | $2\pi$ |
|---|---|---|---|---|---|---|---|
| $f'(x)$ | $0$ | $+$ | $0$ | $-$ | $0$ | $+$ | |
| $f(x)$ | | ↗ | 極大 | ↘ | 極小 | ↗ | |

$$f(x)=\int_0^x (x\cos t-\sin t)dt=\Big[x\sin t+\cos t\Big]_0^x$$

$$=x\sin x+\cos x-1\quad\cdots\cdots\cdots\cdots(*)$$

であり

$$f(0)=0,\ f\left(\frac{\pi}{2}\right)=\frac{\pi}{2}-1,\ f\left(\frac{3}{2}\pi\right)=-\frac{3}{2}\pi-1,$$

$f(2\pi)=0$

以上から，求める最大値，最小値，およびそのときの $x$ の値は

$x=\dfrac{\pi}{2}$ のとき，最大値 $\dfrac{\pi}{2}-1$,

$x=\dfrac{3}{2}\pi$ のとき，最小値 $-\dfrac{3}{2}\pi-1$　答

**Process**

被積分関数に変数 $x$ が含まれない形に変形する

↓

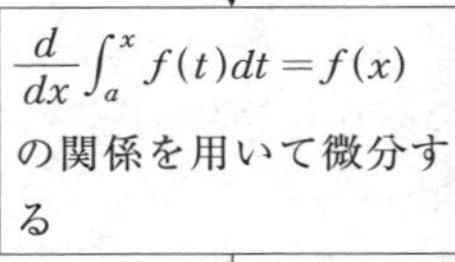

$\dfrac{d}{dx}\displaystyle\int_a^x f(t)dt=f(x)$ の関係を用いて微分する

↓

関数の増減を調べる

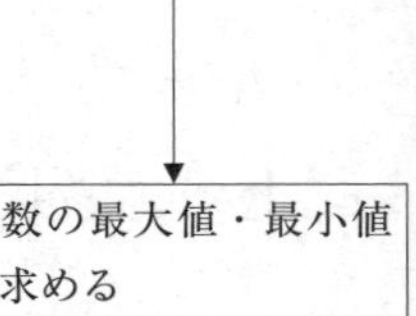

↓

関数の最大値・最小値を求める

**核心はココ!**

$\dfrac{d}{dx}\displaystyle\int_a^x f(t)dt=f(x)$ の関係を用いるときは

被積分関数から変数を追い出せ！

## 146 媒介変数表示された曲線と体積 Lv.★★★

問題は59ページ

**考え方** (1) 媒介変数表示された曲線の概形をかくので，$x$，$y$ それぞれを媒介変数 $t$ で微分し，増減を調べればよい。

(2) $S$ を求める式が与えられているので，まずは計算に必要となる $\left(\dfrac{dx}{dt}\right)^2$，$\left(\dfrac{dy}{dt}\right)^2$ を求めてみよう。

(3) 求める立体の体積は $\pi\int_0^{2\pi r} y^2\,dx$ と表される。本問では $x$，$y$ それぞれが媒介変数 $t$ で表されているので，置換積分法を用いるとよい。

**解答**

(1) $\dfrac{dx}{dt}=2r(1-\cos^2 t+\sin^2 t)=4r\sin^2 t$

$\dfrac{dy}{dt}=2r\cdot 2\sin t\cos t=2r\sin 2t$

より，$x$，$y$ の増減表は次表のようになる。

| $t$ | $0$ | $\cdots$ | $\dfrac{\pi}{2}$ | $\cdots$ | $\pi$ |
|---|---|---|---|---|---|
| $\dfrac{dx}{dt}$ | $0$ | $+$ | $+$ | $+$ | $0$ |
| $x$ | $0$ | ↗ | $\pi r$ | ↗ | $2\pi r$ |
| $\dfrac{dy}{dt}$ | $0$ | $+$ | $0$ | $-$ | $0$ |
| $y$ | $0$ | ↗ | $2r$ | ↘ | $0$ |

また，$t \neq 0$，$\pi$ のとき $\quad \dfrac{dy}{dx}=\dfrac{\frac{dy}{dt}}{\frac{dx}{dt}}=\dfrac{\cos t}{\sin t}$

より $\quad \displaystyle\lim_{t\to+0}\frac{dy}{dx}=+\infty$，$\displaystyle\lim_{t\to\pi-0}\frac{dy}{dx}=-\infty$

よって，点Pが描く曲線の概形は，右図のようになる。 答

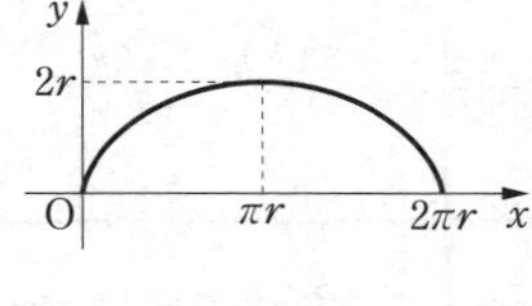


(2) $\left(\dfrac{dx}{dt}\right)^2=16r^2\sin^4 t$

$\left(\dfrac{dy}{dt}\right)^2=16r^2\sin^2 t\cos^2 t$

より

**Process**

$\dfrac{dx}{dt}$，$\dfrac{dy}{dt}$ をそれぞれ求める

曲線の概形をかく

$$\sqrt{\left(\frac{dx}{dt}\right)^2+\left(\frac{dy}{dt}\right)^2}=\sqrt{16r^2\sin^2 t(\sin^2 t+\cos^2 t)}$$
$$=\sqrt{16r^2\sin^2 t}$$
$$=4r\sin t\quad(\because\quad r>0,\ \sin t\geqq 0)$$

であるから

$$S=\int_0^{\pi}4r\sin t\,dt=\Big[-4r\cos t\Big]_0^{\pi}=4r+4r$$
$$=8r$$ 答

（3）求める体積は

$$\pi\int_0^{2\pi r}y^2\,dx=\pi\int_0^{\pi}4r^2\sin^4 t\cdot 4r\sin^2 t\,dt=16\pi r^3\int_0^{\pi}\sin^6 t\,dt$$

ここで，$I_n=\int_0^{\pi}\sin^n t\,dt$ とおくと $n\geqq 3$ のとき

$$I_n=\int_0^{\pi}\sin^{n-1}t\cdot\sin t\,dt=\int_0^{\pi}\sin^{n-1}t\cdot(-\cos t)'\,dt$$
$$=\Big[\sin^{n-1}t\cdot(-\cos t)\Big]_0^{\pi}+\int_0^{\pi}(n-1)\sin^{n-2}t\cdot\cos^2 t\,dt$$
$$=(n-1)\int_0^{\pi}(\sin^{n-2}t-\sin^n t)dt$$

であるから　$I_n=(n-1)(I_{n-2}-I_n)$　　$\therefore\quad I_n=\dfrac{n-1}{n}I_{n-2}$

また

$$I_2=\int_0^{\pi}\sin^2 t\,dt=\int_0^{\pi}\frac{1-\cos 2t}{2}dt$$
$$=\left[\frac{1}{2}t-\frac{1}{4}\sin 2t\right]_0^{\pi}=\frac{\pi}{2}$$

より，求める体積を $V$ とすると

$$V=16\pi r^3\cdot I_6=16\pi r^3\cdot\frac{5}{6}\cdot I_4=16\pi r^3\cdot\frac{5}{6}\cdot\frac{3}{4}\cdot I_2$$
$$=16\pi r^3\cdot\frac{5}{6}\cdot\frac{3}{4}\cdot\frac{\pi}{2}$$
$$=5\pi^2 r^3$$ 答

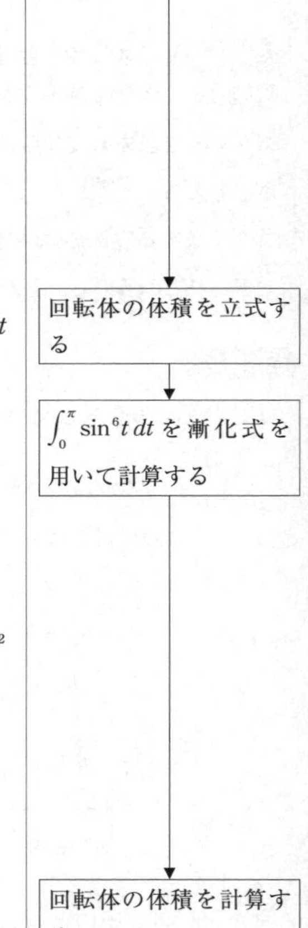
回転体の体積を立式する
$\int_0^{\pi}\sin^6 t\,dt$ を漸化式を用いて計算する
回転体の体積を計算する

核心はココ!

**sin，cos の $n$ 乗の積分を計算するときは**
**部分積分法で漸化式を求めよ！**

## 147 定積分で表された関数と面積 Lv.★★★

問題は59ページ

**考え方** (1) $x=1$ における $y$ の値 $f(1)$ と微分係数 $f'(1)$ を求めればよい。

(2) $f(x)$ の原始関数を見つけるのは難しいが，微分するのは簡単である。そこで，$f(x)$ を $1\cdot f(x)$ とみて，部分積分法を用いるとよい。

**解答**

(1) $t=\tan\theta$ とおくと，$\dfrac{dt}{d\theta}=\dfrac{1}{\cos^2\theta}$

| $t$ | $0\ \to\ 1$ |
|---|---|
| $\theta$ | $0\ \to\ \dfrac{\pi}{4}$ |

$$f(1)=\int_0^1\frac{1}{1+t^2}dt$$

$$=\int_0^{\frac{\pi}{4}}\frac{1}{1+\tan^2\theta}\cdot\frac{1}{\cos^2\theta}d\theta=\Big[\theta\Big]_0^{\frac{\pi}{4}}=\frac{\pi}{4}$$

また，$f'(x)=\dfrac{1}{1+x^2}$ であるから　　$f'(1)=\dfrac{1}{2}$

よって，$y=f(x)$ の $x=1$ における法線の方程式は

$$y-\frac{\pi}{4}=-2(x-1)\qquad\therefore\quad y=-2x+2+\frac{\pi}{4}\quad\text{答}$$

(2) $f'(x)=\dfrac{1}{1+x^2}>0$ より，$f(x)$ は増加関数で

$x>0$ のとき　　$f(x)>f(0)=0$

問題の図形は右図の斜線部分のようになるから，求める面積を $S$ とすると

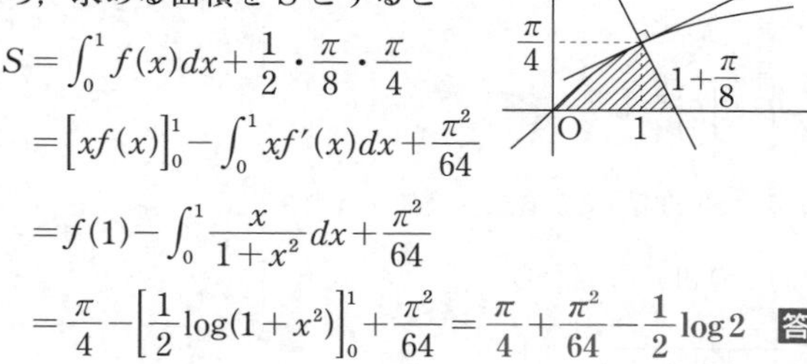

y
$\frac{\pi}{4}$
$1+\frac{\pi}{8}$
O
1
x

$$S=\int_0^1 f(x)dx+\frac{1}{2}\cdot\frac{\pi}{8}\cdot\frac{\pi}{4}$$

$$=\Big[xf(x)\Big]_0^1-\int_0^1 xf'(x)dx+\frac{\pi^2}{64}$$

$$=f(1)-\int_0^1\frac{x}{1+x^2}dx+\frac{\pi^2}{64}$$

$$=\frac{\pi}{4}-\left[\frac{1}{2}\log(1+x^2)\right]_0^1+\frac{\pi^2}{64}=\frac{\pi}{4}+\frac{\pi^2}{64}-\frac{1}{2}\log 2\quad\text{答}$$

**Process**

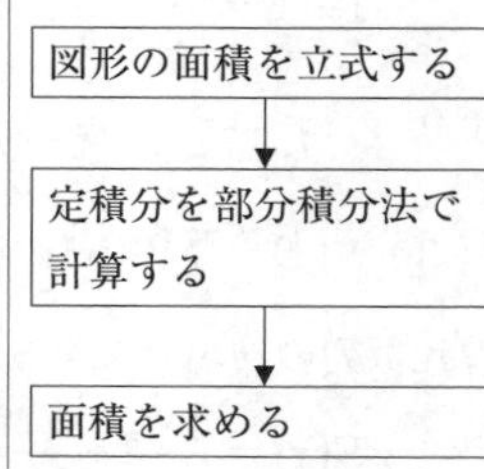

図形の面積を立式する
定積分を部分積分法で計算する
面積を求める

核心はココ!

**定積分で表された関数を積分するときは部分積分法を用いよ！**

第1章 第2章 第3章 第4章 第5章 第6章 第7章 第8章 第9章 第10章 第11章 第12章 第13章

## 148　無限級数の和　Lv. ★★★

問題は60ページ

**考え方**　（1）$S(x)$ の式は和の形で表されているが，通常の多項式と同じように積分できる。この形のままで扱いにくければ，和を実際に書き出してみるとよい。

（3）$f(x)$，$R(x)$ は $\sum$ を用いない形で表されているため，$S(x)$ を $\sum$ を用いない形で表すことが目標となる。$(-1)^{k-1}x^{2k-2}$ を等比数列の一般項とみて，等比数列の和の公式を用いるとよい。

（4）$\int_0^1 R(x)dx$ を計算するのは難しいので，関数の大小関係を用いて，定積分が計算しやすい関数で評価しよう。

**解答**

（1）
$$\int_0^1 S(x)dx=\int_0^1\sum_{k=1}^{n}(-1)^{k-1}x^{2k-2}dx$$
$$=\int_0^1\{1-x^2+x^4-\cdots+(-1)^{n-1}x^{2n-2}\}dx$$
$$=\left[x-\frac{1}{3}x^3+\frac{1}{5}x^5-\cdots+(-1)^{n-1}\cdot\frac{1}{2n-1}x^{2n-1}\right]_0^1$$
$$=\sum_{k=1}^{n}(-1)^{k-1}\cdot\frac{1}{2k-1}$$
（証終）

（2）
$$\int_0^1 f(x)dx=\int_0^1\frac{1}{1+x^2}dx$$

| $x$ | $0\to 1$ |
|---|---|
| $\theta$ | $0\to\frac{\pi}{4}$ |

$x=\tan\theta$ と置換すると
$$1+x^2=\frac{1}{\cos^2\theta},\quad dx=\frac{1}{\cos^2\theta}d\theta$$
より
$$\int_0^1\frac{1}{1+x^2}dx=\int_0^{\frac{\pi}{4}}d\theta=\Big[\theta\Big]_0^{\frac{\pi}{4}}=\frac{\pi}{4}$$ **答**

（3）$S(x)=\sum_{k=1}^{n}(-x^2)^{k-1}$ より，$S(x)$ は，初項1，公比 $-x^2$ の等比数列の初項から第 $n$ 項までの和であるから
$$S(x)=\frac{1-(-x^2)^n}{1-(-x^2)}=\frac{1-(-1)^nx^{2n}}{1+x^2}$$
$$=\frac{1}{1+x^2}-\frac{(-1)^nx^{2n}}{1+x^2}=f(x)-R(x)$$
（証終）

（4）
$$\left|\int_0^1 R(x)dx\right|\leqq\int_0^1|R(x)|dx$$
であり，また
$$|R(x)|=\frac{x^{2n}}{1+x^2}\leqq x^{2n}$$
であるから

**Process**

定積分が計算しやすい関数で評価する

$$\left|\int_0^1 R(x)dx\right| \leqq \int_0^1 x^{2n}dx$$

$$=\left[\frac{1}{2n+1}x^{2n+1}\right]_0^1=\frac{1}{2n+1} \qquad \text{(証終)}$$

定積分を計算し，不等式を証明する

（5）（2），（3）より

$$\int_0^1 S(x)dx=\int_0^1 f(x)dx-\int_0^1 R(x)dx$$

$$=\frac{\pi}{4}-\int_0^1 R(x)dx \quad \cdots\cdots\cdots\cdots\cdots\cdots\cdots\cdots (*)$$

（1）より，求める和は $\displaystyle\lim_{n\to\infty}\int_0^1 S(x)dx$ と等しいので，（＊）の右辺において $n\to\infty$ としたときの極限を求めればよい。（4）より

$$0 \leqq \left|\int_0^1 R(x)dx\right| \leqq \frac{1}{2n+1}$$

証明した不等式を利用する

であり　$\displaystyle\lim_{n\to\infty}\frac{1}{2n+1}=0$

であるから，はさみうちの原理より　$\displaystyle\lim_{n\to\infty}\int_0^1 R(x)dx=0$

ゆえに　$\displaystyle\lim_{n\to\infty}\int_0^1 S(x)dx=\lim_{n\to\infty}\left\{\frac{\pi}{4}-\int_0^1 R(x)dx\right\}=\frac{\pi}{4}$ 答

**核心はココ!**

**定積分を含む不等式の証明では**
**関数の大小関係に着目しよう**

# 第13章　微分法・積分法（数学Ⅲ）

## 149 断面積による体積計算①　Lv.★★★

問題は60ページ
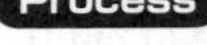

**考え方**　四角形PQRSが通過してできる立体は，柱や錐のように体積が簡単に求まるようなものではない。そこで，この立体を座標平面と平行な面で切り，その断面積を積分する方法で体積を求めよう。本問の場合，四角形PQRSは四角形ABCDと常に平行であるから，四角形ABCDを含む平面が$xy$平面となるように座標軸を設定し，$xy$平面と平行な面で切った断面積を考えるとよいだろう。

**解答**

D(0, 0, 0), A($a$, 0, 0), C(0, $a$, 0), H(0, 0, $a$)となるように座標軸を設定して考える。4点P，Q，R，Sは，それぞれ頂点A，B，C，Dを同時に出発し，同じ速さで動くので，$z$座標は等しい。これら4点の$z$座標が$h$のとき

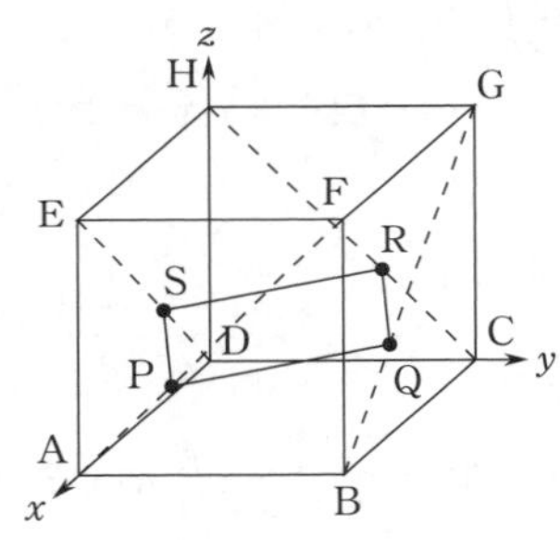


$$P(a,\ h,\ h),\ Q(a-h,\ a,\ h),\ R(0,\ a-h,\ h),\ S(h,\ 0,\ h)$$

と表され

$$PQ=QR=RS=SP=\sqrt{h^2+(a-h)^2}$$
$$=\sqrt{2h^2-2ah+a^2}$$

であるから，四角形PQRSは正方形であり，その面積を$S$とすると

$$S=2h^2-2ah+a^2$$

したがって，求める立体の体積は

$$\int_0^a S\,dz=\int_0^a(2h^2-2ah+a^2)dh=\left[\frac{2}{3}h^3-ah^2+a^2h\right]_0^a$$
$$=\frac{2}{3}a^3-a^3+a^3=\frac{2}{3}a^3$$ **答**

**Process**

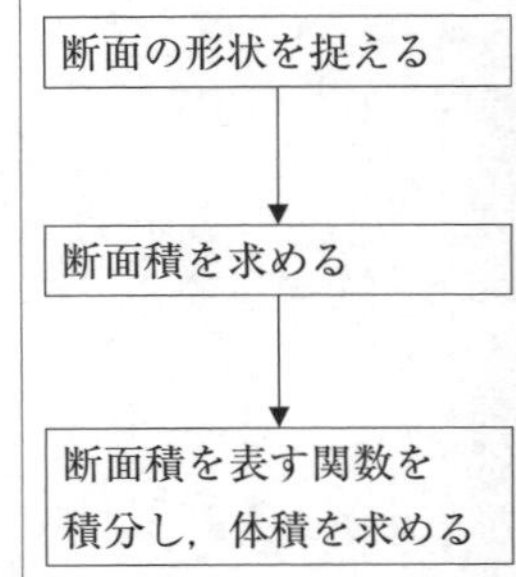

**断面積がわかれば体積もわかる！**

## 150 断面積による体積計算② Lv.★★★

問題は61ページ

**考え方** 三角形が動く方向と垂直な平面による立体の切り口を考える。三角形が動く方向に新たな軸をとり，それを $t$ 軸とすると，立体の体積は断面積 $S$ を $t$ で積分することで求められる。体積を立式する際は，積分区間に注意しよう。

**解答**

$xy$ 平面上で，直線 $l:y=x+a$ と曲線 $C:y=x^2$ の共有点の $x$ 座標は $x^2=x+a$ の実数解である．

$x^2-x-a=0$ を解くと　$x=\dfrac{1\pm\sqrt{1+4a}}{2}$

ただし，$1+4a\geqq 0$ で，$a\leqq 1$ より　$-\dfrac{1}{4}\leqq a\leqq 1$　$\cdots(*)$

この2つの解を $\alpha$，$\beta$ とおくと

$$\mathrm{PQ}=\sqrt{2}\,|\beta-\alpha|=\sqrt{2(1+4a)}$$

であり，右図のように $l$ と $C$ が接するときの接点を $\mathrm{O}'$，$\mathrm{O}'$ を通り $l$ に垂直な直線と $l$ との交点を $\mathrm{T}$ とすると $\mathrm{O'T}=t$ として

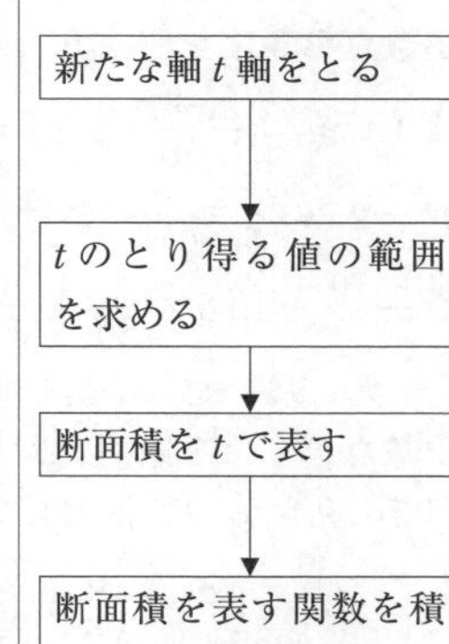


$$t=\frac{1}{\sqrt{2}}\left(a+\frac{1}{4}\right)=\frac{4a+1}{4\sqrt{2}}$$

したがって，$(*)$より　$0\leqq t\leqq\dfrac{5}{4\sqrt{2}}$

また

$$\triangle\mathrm{PQR}=\frac{\sqrt{3}}{4}\mathrm{PQ}^2=\frac{\sqrt{3}}{2}(1+4a)=2\sqrt{6}\,t$$

よって，求める立体の体積 $V$ は

$$V=\int_0^{\frac{5}{4\sqrt{2}}}2\sqrt{6}\,t\,dt=\Big[\sqrt{6}\,t^2\Big]_0^{\frac{5}{4\sqrt{2}}}=\frac{25\sqrt{6}}{32}$$ 答

**Process**

新たな軸 $t$ 軸をとる
↓
$t$ のとり得る値の範囲を求める
↓
断面積を $t$ で表す
↓
断面積を表す関数を積分し，体積を求める

**体積を求めるときは，断面積が計算しやすいように新たな軸をとれ！**

# 補章　統計的な推測，場合の数と確率（期待値）

## 1　標本調査と推定　Lv.★★★

問題は62ページ

**考え方**　（1）標本の平均は，およその平均（仮平均）を考えて計算するとよい。
（3）信頼度 95% の信頼区間では，正規分布表で 0.4750（$= 0.95 \div 2$）となる $z_0$ を読み取る。

**解答**

（1）表 1 の標本の値から 60 をひいた値をすべてたすと

$$(-2)+1+(-4)+(-1)+(-8)+2+5+(-1)+8=0$$

$60+\dfrac{0}{9}=60$ より，表 1 の標本の平均は　　60（g）　答

（2）表 1 の標本の分散は

$$\frac{(-2)^2+1^2+(-4)^2+(-1)^2+(-8)^2+2^2+5^2+(-1)^2+8^2}{9}=20 \quad 答$$

また，標準偏差は　　$\sqrt{20}=2\sqrt{5}$　答

（3）$\sigma^2=25$ のとき，$m$ に対する信頼度 95% の信頼区間は

$$60-1.96\times\frac{5}{\sqrt{9}} \leqq m \leqq 60+1.96\times\frac{5}{\sqrt{9}}$$

$$56.733\cdots \leqq m \leqq 63.266\cdots$$

小数点第 3 位を四捨五入して　　$56.73 \leqq m \leqq 63.27$　答

（4）$m_1=\dfrac{m-10}{50}$，$\sigma_1{}^2=\left(\dfrac{\sigma}{50}\right)^2=\dfrac{\sigma^2}{2500}$　答

$\sigma^2=25$ のとき，$m_1$ に対する信頼度 95% の信頼区間は

$$\frac{60-10}{50}-1.96\times\frac{1}{50}\times\frac{5}{\sqrt{9}} \leqq m_1 \leqq \frac{60-10}{50}+1.96\times\frac{1}{50}\times\frac{5}{\sqrt{9}}$$

$$0.934\cdots \leqq m_1 \leqq 1.065\cdots$$

小数点第 3 位を四捨五入して　　$0.93 \leqq m_1 \leqq 1.07$　答

（5）$n$ 個の卵を抽出したときの標本の平均を $\overline{Y}$ とすると

$$\overline{Y}+1.96\times\frac{5}{\sqrt{n}}-\left(\overline{Y}-1.96\times\frac{5}{\sqrt{n}}\right) \leqq 5$$

$$2\times1.96\times\frac{5}{\sqrt{n}} \leqq 5 \qquad \sqrt{n} \geqq 3.92 \qquad n \geqq 15.3664$$

よって，求める $n$ の最小値は　　16　答

**Process**

標本の平均 $\overline{X}$ を求める

↓

母分散が $\sigma^2$ の母集団から大きさ $n$ の標本を抽出するとき，母平均 $m$ に対する信頼度 95% の信頼区間を $C_1 \leqq m \leqq C_2$ とおくと

$$C_1=\overline{X}-1.96\times\frac{\sigma}{\sqrt{n}}$$

$$C_2=\overline{X}+1.96\times\frac{\sigma}{\sqrt{n}}$$

**核心はココ！**

信頼区間は，正規分布表を用いて
求められるようにしておこう

## 2 期待値① Lv.★★★

問題は64ページ

**考え方** $n$ 試合目で優勝が決まるのは，$(n-1)$ 試合目までに 2 勝し，$n$ 試合目で勝つ場合である。
（3）余事象は「5 試合目で優勝が決まる」という事象ではないことに注意しよう。
（4）まず行われる可能性がある試合数を考えよう。

**解答**

（1）3 試合目でAが優勝するのは，Aが 3 連勝する場合であり，その確率は $p^3$ である。3 試合目でBが優勝する場合も同様に考えて，求める確率は　$p^3+q^3$ **答** ……………………… ①

（2）5 試合目でAが優勝するのは，4 試合目までにAが 2 勝し，5 試合目でAが勝つ場合であり，その確率は

$${}_4C_2p^2(1-p)^2\times p=6p^3(1-p)^2$$

5 試合目でBが優勝する場合も同様に考えて，求める確率は

$$6p^3(1-p)^2+6q^3(1-q)^2$$ **答** ……………………… ②

（3）4 試合目で優勝が決まる確率は，（2）と同様に考えて

$${}_3C_2p^2(1-p)\times p+{}_3C_2q^2(1-q)\times q$$
$$=3p^3(1-p)+3q^3(1-q)$$ ……………………… ③

したがって，5 試合目までに優勝が決まる確率は，$p=q=\frac{1}{3}$ を①～③に代入して　$\frac{2}{27}+\frac{16}{81}+\frac{4}{27}=\frac{34}{81}$

よって，求める確率は，余事象を考えて　$1-\frac{34}{81}=\frac{47}{81}$ **答**

（4）$p=q=\frac{1}{2}$ のとき，引き分けはないので，試合数は 3，4，5 のいずれかである。よって，$p=q=\frac{1}{2}$ を①～③に代入して期待値を求めると　$3\cdot\frac{1}{4}+4\cdot\frac{3}{8}+5\cdot\frac{3}{8}=\frac{33}{8}$ **答**

**Process**

3 試合目で優勝が決まる確率を求める
↓
5 試合目で優勝が決まる確率を求める
↓
4 試合目で優勝が決まる確率を求め，余事象の確率（5 試合目までに優勝が決まる確率）を計算する

変量のとり得る値を押さえる
↓
これらの値をとる確率を求め，期待値を計算する

期待値を求めるときは
まず変量のとり得る値を押さえよう

## 3 期待値②　Lv.★★★

問題は64ページ

**考え方**　(1)(2) まず可能性がある得点を考えよう。このとき，表を利用するとよい。(3) 最初の目が小さい場合は2回目を振った方がよさそうで，大きい場合は2回目を振らない方がよさそうなことは，(2)の結果からもわかるだろう。そこで，最初の目が$n$（$n=1, 2, \cdots, 6$）以上のときに2回目を振らないとして，期待値の大小を比較しよう。このとき，期待値の差を考えると計算が簡単になる。

**解答**

(1) つねに2回振るとき，得点表は次のようになる。

よって，求める期待値は

$$2\cdot\frac{1}{36}+3\cdot\frac{2}{36}+4\cdot\frac{3}{36}+5\cdot\frac{4}{36}+6\cdot\frac{5}{36}=\frac{35}{18}$$ 答

2回目の目

| 最初の目＼ | 1 | 2 | 3 | 4 | 5 | 6 |
|---|---|---|---|---|---|---|
| 1 | 2 | 3 | 4 | 5 | 6 | 0 |
| 2 | 3 | 4 | 5 | 6 | 0 | 0 |
| 3 | 4 | 5 | 6 | 0 | 0 | 0 |
| 4 | 5 | 6 | 0 | 0 | 0 | 0 |
| 5 | 6 | 0 | 0 | 0 | 0 | 0 |
| 6 | 0 | 0 | 0 | 0 | 0 | 0 |

(2) 最初の目が6のとき，2回目を振らないので6点である。このことを，次の得点表の色をつけた部分のように表す。

(1)の得点表との違いは色をつけた部分なので，求める期待値は

$$\frac{35}{18}+6\cdot\frac{6}{36}=\frac{53}{18}$$ 答

2回目の目

| 最初の目＼ | 1 | 2 | 3 | 4 | 5 | 6 |
|---|---|---|---|---|---|---|
| 1 | 2 | 3 | 4 | 5 | 6 | 0 |
| 2 | 3 | 4 | 5 | 6 | 0 | 0 |
| 3 | 4 | 5 | 6 | 0 | 0 | 0 |
| 4 | 5 | 6 | 0 | 0 | 0 | 0 |
| 5 | 6 | 0 | 0 | 0 | 0 | 0 |
| 6 | 6 | 6 | 6 | 6 | 6 | 6 |

(3) (1)，(2)の結果より，つねに2回振るときを除いて考えてよい。最初の目が$n$（$n=1, 2, \cdots, 6$）以上のときに2回目を振らないとし，このときの得点の期待値を$E(n)$とすると，(2)で求めた期待値は$E(6)$である。

$n=5$のときの得点表は次のようになり，(2)の$n=6$のときの得点表との違いは色をつけた部分である。

**Process**

表を利用して，変量のとり得る値を押さえる

↓

これらの値をとる確率を求め，期待値を計算する

↓

(1)との違いに注目して，期待値を計算する

↓

(2)の結果を利用する

したがって

$$E(5)-E(6)$$
$$=\frac{1}{36}(5\cdot6-6)$$
$$=\frac{24}{36}>0$$

2回目の目

| 最初の目 | 1 | 2 | 3 | 4 | 5 | 6 |
|---|---|---|---|---|---|---|
| 1 | 2 | 3 | 4 | 5 | 6 | 0 |
| 2 | 3 | 4 | 5 | 6 | 0 | 0 |
| 3 | 4 | 5 | 6 | 0 | 0 | 0 |
| 4 | 5 | 6 | 0 | 0 | 0 | 0 |
| 5 | 5 | 5 | 5 | 5 | 5 | 5 |
| 6 | 6 | 6 | 6 | 6 | 6 | 6 |

$E(n)$が最大となる$n$を隣り合う2数の差
$E(k)-E(k+1)$
で考える

同様にして

$$E(4)-E(5)=\frac{1}{36}\{4\cdot6-(5+6)\}=\frac{13}{36}>0$$
$$E(3)-E(4)=\frac{1}{36}\{3\cdot6-(4+5+6)\}=\frac{3}{36}>0$$
$$E(2)-E(3)=\frac{1}{36}\{2\cdot6-(3+4+5+6)\}=-\frac{6}{36}<0$$
$$E(1)-E(2)=\frac{1}{36}\{1\cdot6-(2+3+4+5+6)\}$$
$$=-\frac{14}{36}<0$$

よって

$$E(1)<E(2)<E(3),\ E(3)>E(4)>E(5)>E(6)$$

であるから，$n=3$のとき得点の期待値は最大となる。つまり，最初の目が3以上のときに2回目を振らない方がよいので，求める2回目を振る範囲は2以下である。 答

**別解** (3)は，次のように得点の期待値を計算してから，大小を比較してもよい。

$$E(5)=2\cdot\frac{1}{36}+3\cdot\frac{2}{36}+4\cdot\frac{3}{36}+5\cdot\frac{10}{36}+6\cdot\frac{10}{36}=\frac{130}{36}$$
$$E(4)=2\cdot\frac{1}{36}+3\cdot\frac{2}{36}+4\cdot\frac{9}{36}+5\cdot\frac{9}{36}+6\cdot\frac{9}{36}=\frac{143}{36}$$
$$E(3)=2\cdot\frac{1}{36}+3\cdot\frac{8}{36}+4\cdot\frac{8}{36}+5\cdot\frac{8}{36}+6\cdot\frac{8}{36}=\frac{146}{36}$$
$$E(2)=2\cdot\frac{7}{36}+3\cdot\frac{7}{36}+4\cdot\frac{7}{36}+5\cdot\frac{7}{36}+6\cdot\frac{7}{36}=\frac{140}{36}$$
$$E(1)=1\cdot\frac{6}{36}+2\cdot\frac{6}{36}+3\cdot\frac{6}{36}+4\cdot\frac{6}{36}+5\cdot\frac{6}{36}+6\cdot\frac{6}{36}=\frac{126}{36}$$

**最大となる$n$は**
**隣り合う2数の差をとって考えよう**

# 理系数学 入試の核心 標準編 新課程増補版

初版第１刷発行　2005年12月20日
改訂版第１刷発行　2014年３月10日
新課程増補版第１刷発行　2024年３月１日
新課程増補版第３刷発行　2024年９月10日
編者　Ｚ会編集部
発行人　藤井孝昭
発行　Ｚ会
〒411-0033　静岡県三島市文教町1-9-11
【販売部門：書籍の乱丁・落丁・返品・交換・注文】
TEL　055-976-9095
【書籍の内容に関するお問い合わせ】
https://www.zkai.co.jp/books/contact/
【ホームページ】
https://www.zkai.co.jp/books/
装丁　河井宜行・熊谷昭典
印刷・製本　株式会社 リーブルテック


ISBN 978-4-86531-592-9　C7041